高等学校应用型本科"十三五"规划教材

通信电子电路

主　编　李卫东　　江宝安
参　编　徐　晓　　谭丽蕊
　　　　曹李华　　曹文静
主　审　唐林建

西安电子科技大学出版社

内 容 简 介

　　本书以无线通信系统组成为主线,详细介绍了收、发信机的主要单元功能电路。全书共 7 章,主要内容包括绪论,高频小信号谐振放大器,高频谐振功率放大器,正弦波振荡器,振幅调制、解调及变频器,角度调制与解调,反馈控制与整机线路。全书内容丰富,结构完整,重点突出,每章附有小结和思考与练习,部分章节附有仿真实验。

　　本书可作为高等学校相关专业的专科生、本科生的教材和教学参考书,也适合于爱好无线电技术的读者阅读。

图书在版编目(CIP)数据

通信电子电路/李卫东,江宝安主编.—西安:西安电子科技大学出版社,2017.8
　(高等学校应用型本科"十三五"规划教材)
　ISBN 978 - 7 - 5606 - 4616 - 9

Ⅰ.① 通…　Ⅱ.① 李…　② 江…　Ⅲ.① 通信系统—电子电路　Ⅳ.① TN91

中国版本图书馆 CIP 数据核字(2017)第 177769 号

策　　划　戚文艳
责任编辑　雷鸿俊
出版发行　西安电子科技大学出版社(西安市太白南路 2 号)
电　　话　(029)88242885　88201467　　　邮　　编　710071
网　　址　www. xduph. com　　　　　　电子邮箱　xdupfxb001@163. com
经　　销　新华书店
印刷单位　陕西利达印务有限责任公司
版　　次　2017 年 8 月第 1 版　2017 年 8 月第 1 次印刷
开　　本　787 毫米×1092 毫米　1/16　印张　13.5
字　　数　316 千字
印　　数　3000 册
定　　价　26.00 元
ISBN 978 - 7 - 5606 - 4619 - 9/TN
XDUP 4908001 - 1
＊＊＊ 如有印装问题可调换 ＊＊＊

前　言

通信电子电路课程主要讨论无线通信系统中的各基本功能电路的物理实现，重点研究典型电路的基本概念、基本原理和基本分析方法。该课程既是电路基础、电子技术基础等前期课程的延续与扩展，也是开设后续专业课程的必要基础和前提条件，在整个课程体系中起着承上启下的重要作用。

本书按照"突出主干，拓展外围；强化能力，追踪发展；特色鲜明，系统配套"的编写思路，突出了教材的针对性和技能性特点。本书以无线通信设备组成为主线，以各功能电路为内容模块，注重系统结构与单元电路的内在联系，体现了定性描述与定量分析、线性分析与非线性分析、分立元件与集成电路、原理电路与实际电路的有机结合。

本书共分为七章。第 1 章为绪论，主要介绍无线电收、发信设备的组成。第 2 章为高频小信号谐振放大器，主要介绍小信号谐振放大器的工作原理、分析方法以及噪声系数。第 3 章为高频谐振功率放大器，主要介绍高频谐振功率放大器的作用、工作原理和分析方法。第 4 章为正弦波振荡器，主要介绍正弦波振荡器的工作原理及典型电路组成。第 5 章为振幅调制、解调及变频器，主要介绍振幅调制信号、调幅电路和解调电路以及变频器。第 6 章为角度调制与解调，主要介绍调频和调相信号、调频原理与电路以及鉴频原理与电路。第 7 章为反馈控制与整机线路，主要介绍通信设备中所涉及的反馈控制电路以及整机线路的分析等。

本书由李卫东、江宝安主编，徐晓、谭丽蕊、曹李华、曹文静等参编，唐林建主审。在本书的编写过程中，得到了重庆邮电大学移通学院通信与信息工程系等部门有关领导和专家的悉心指导与帮助，同时也得到了西安电子科技大学出版社领导和相关人员的大力支持，在此表示衷心的感谢！由于编者水平有限，书中难免有不妥和疏漏之处，恳请读者批评指正。

编　者

2017 年 5 月

目　录

第 1 章　绪　　论

　　通信电子电路是通信专业的主要基础课程之一，而电磁学是它的理论基础。1864 年英国的 J. C. 麦克斯韦和 1887 年德国的 H. 赫兹分别从理论和实验中证明了电磁波的存在。此后，1895 年意大利的 G. 马可尼首次成功地利用电磁波进行了通信。在通信技术不断发展的今天，通信系统主要包括有线通信、无线通信、光纤通信、卫星通信、移动通信、数据通信或计算机通信等多种通信系统。

　　信号的传输与处理一直是通信电子电路课程研究的主要内容。各类通信系统都是由基本的单元电路组成的，都将从传输与处理信号这一基本点出发来进行研究，例如信号的产生、传输时的放大和处理以及能量的转换等。

　　通信系统的主要任务是完成信息的传输、交换及处理。它包括终端设备、传输设备、交换设备及传输信道。视传输信道的不同，又可分为有线（电缆、光纤、波导等）传输与无线（通过自由空间）传输。最简单的通信方式就是点对点的通信，双方用电话机或对讲机通过一对导线或自由空间进行通信。若实现一点对多点或多点对多点的通信，就必须要通过各种设备所组成的网络来进行，这就比点对点的通信复杂得多，它不仅要采用交换技术，还要采用频率变换及复用技术等。一个点对点通信系统的组成如图 1.0.1 所示。它是由信源、发射设备、信道、接收设备和信宿组成的。信源将要传输的信息（如声音、图片）转换为电信号，该电信号包含了原始消息的全部信息（允许存在一定的误差，或者说是信息损失），称为基带信号。不过这种信号的变换不是本书讨论的重点。信宿将经过处理的基带信号重新恢复为原始的声音或图像。信道是信号的传输通道，也就是传输媒介，不同的信道有不同的传输特性。为了适应信道对传输信号的要求，就必须将已获取的基带信号再作变换，这就是发射设备。发射设备将基带信号（调制信号）经过调制等处理，并使其具有足够的发射功率，再送入信道，实现信号的有效传输。显然，接收设备用来恢复原始基带信号。发射设备及接收设备是本书研究的重点。

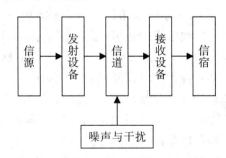

图 1.0.1　通信系统方框图

　　无论有线通信或无线通信，其本质都是利用电磁波来传递信息的通信。目前所使用的频率可高达 10^{12} Hz 以上，随着频率资源的不断开发，通信所利用的波段也在不断扩展。

　　本课程主要研究发射设备和接收设备的工作原理和组成，着重讨论构成发送、接收设备的各个单元电路的原理线路、工作原理及分析方法。

1.1　发射设备的组成

　　能产生高频振荡，并经调制、放大后，将输出的高频功率馈送给传输线路或天线的设备，叫做发射设备，即发射机。发射设备为完成其功能，通常都由多级组成。图1.1.1是一个调幅发射机的简化方框图，下面以此图为例，说明发射机的组成和工作原理。

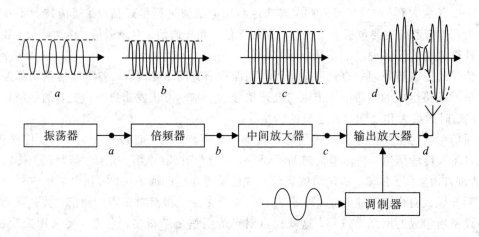

图 1.1.1　调幅发射机方框图

　　首先，说明一下消息、信息与信号的区别。消息是语言、文字、图像、数据等的统称；信息是受信者所得到的新知识；信号则是消息的表现形式，它是带有信息的一种物理量（如电、光、声等）。若将信息变换为随时间变化的电压或电流，则这种带有信息的电压或电流即为电信号。要完成通信，尤其是无线通信，必须产生一个高频率的载波电信号，然后设法将信息对应的电信号"加到"此载波上，这一过程称为调制，即用一个原始电信号（调制信号）去控制电振荡（载波）的参量的过程。

　　调制在无线通信中的作用至关重要。无线电传播一般都采用高频（射频）的一个原因就是高频适于天线辐射和无线传播。无线通信是利用电磁波在自由空间传播信息的，而只有当交变的电磁场的波长与天线的尺寸可以相比拟时，才能向自由空间有效地辐射出电磁波。调制的另一个重要作用是实现信道的复用，提高信道利用率。调制的方法一般分为两大类：连续调制（调幅、调频、调相）及脉冲调制（脉幅、脉宽、脉位）。

　　振荡器的主要作用是产生一定频率的最初高频振荡，通常其振荡功率是很小的。倍频器的主要作用是提高发射机的频率稳定度以及扩展发射机的波段范围。中间放大器的主要作用是将小的高频振荡功率加以放大，供给输出功率放大器所需的激励，它通常由几级放大器构成。输出放大器的主要作用是在激励信号的频率上，产生足够的高频功率，送给天线或传输线路。在调幅电话发射机中，振幅调制通常是在输出放大器中进行的。图1.1.1中的调制器，实际上就是音频放大器，它的功用就是将话音信号放大，供给输出放大器进行调制所需的功率。图上各处的信号波形就反映了发射机的工作过程。

1.2　接收设备的组成

能将天线或传输线路送来的信号加以选择、放大、变换，以获得所需信息的设备叫做接收设备。若其信号源是无线信号，则为无线电接收机，简称接收机。它的基本任务是选择、放大和处理电信号。图 1.2.1 是一个超外差式调幅接收机的简化方框图，下面以此图为例，说明发射机的组成和工作原理。

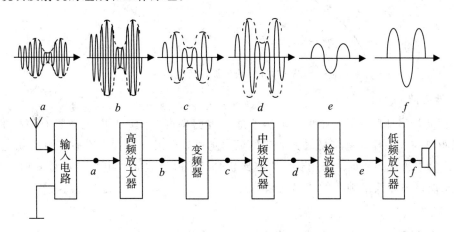

图 1.2.1　超外差式调幅接收机方框图

在自由空间中每时每刻都同时存在着各种不同频率、不同强度的电磁波，其中有各个无线电台发射的，有各种电气设备产生的，有来自宇宙天体的。我们需要接收的，仅是其中之一，称为有用信号，而其他许多不需要的电磁波就是干扰。接收机的重要任务之一，就是选择信号、抑制干扰。接收机选择信号是利用可调整的谐振回路对信号频率的谐振来完成的。在科学技术高度发达的今天，使用的电台越来越多，频道变得十分拥挤，特别是短波范围，这一矛盾更为突出。因此，对短波接收机选择有用信号的能力提出了更高的要求。

目前应用最广泛的无线电接收设备皆属超外差式接收机，图 1.2.1 是超外差式接收机的方框图以及各部分的电压波形。超外差式接收机与其他形式接收机不同的地方是在高频放大器与检波器之间增加了变频器和中频放大器，由于变频器的作用，将不同的信号频率都变成固定的频率，此固定频率通常称为中频，在固定中频上进一步放大与选择，使选择性、放大量等性能得到了极大的提高。当然，由于采用变频器，也会产生新的矛盾，即会受到一些特定频率信号的干扰，诸如中频干扰、镜像干扰以及其他组合干扰等，需要注意与克服。

1.3　无线电波的传播与波段划分

电磁波传播途径有地面波、天波和空间波（包括直射波和由地面或其他地物反射的反射波）三种，如图 1.3.1 所示，下面简述其特点。

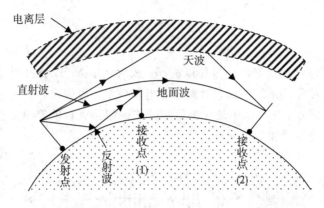

图 1.3.1　　电磁波的传播途径

1. 地面波

地面波是沿地球表面传播的。虽然地球的表面是弯曲的，但电磁波具有绕射的特点，其传播距离与大地损耗有密切关系，工作频率愈高，衰减就愈大，传播的距离就愈短。因此，利用绕射方式传播时，采用长、中波比较合适。由于地面的电性能在较短时间内的变化不大，所以电磁波沿地面的传播比较稳定。

2. 天波

天波是利用电离层的反射进行传播的。由于太阳的照射，在距离地面高度约 100 km 的高空，有一厚约 20 km 的电离层，称 E 层；在距离地面高约 200～400 km 处，有电离层 F 层。一般中波在夜间可经 E 层反射而传播，短波则经 F 层反射而传播，超短波由于频率过高，电离层的离子、电子密度不够大，故超短波都穿透电离层而不能反射回地面。

3. 空间波

空间波是电磁波由发射天线直接辐射至接收天线的。由于地面及建筑物等的反射亦能抵达接收天线，故空间波实际上是直射波和反射波的合成，此现象称多径传播。

表 1.3.1 概括地说明了各个无线电波波段的划分、传播特性及应用场合，仅供参考。

表 1.3.1　　无线电波波段的划分

序号	频段名称	频率范围	波长范围	传播特性	应用场合
1	极低频(ELF)	3～30 Hz	$10^7 \sim 10^8$ m	传播损耗小，通信距离远，信号稳定可靠，渗入地层、海水能力强	潜艇通信、远洋通信、远程导航等
2	超低频(SLF)	30～300 Hz	$10^6 \sim 10^7$ m		
3	特低频(ULF)	0.3～3 kHz	$10^5 \sim 10^6$ m		
4	甚低频(VLF)	3～30 kHz	$10^4 \sim 10^5$ m		
5	低频(LF)	30～300 kHz	$10^3 \sim 10^4$ m	夜间传播与 VLF 相同，但稍微有点不可靠，白天吸收大于 VLF，频率愈高，吸收愈大，每季均有变化	除上述外，有时还可用于地下通信等

续表

序号	频段名称	频率范围	波长范围	传播特性	应用场合
6	中频(IF)	$0.3\sim3$ MHz	$10^2\sim10^3$ m	夜间比白天衰减小,夏天比冬天衰减大,长距离通信不如低频可靠,频率愈高愈不可靠	广播、船舶通信、飞行通信
7	高频(HF)	$3\sim30$ MHz	$10\sim100$ m	远距离通信完全由电离层决定,每时、每日、每季都有变化,情况好时,远距离通信的衰减很低	中远距离通信与广播
8	甚高频(VHF)	$30\sim300$ MHz	$1\sim10$ m	特性与光波类似,直线传播,与电离层无关(能穿透电离层,不被其反射)	移动通信、电视、调频电台、雷达、导航等
9	特高频(UHF)	$0.3\sim3$ GHz	$1\sim10$ dm	均属微波波段,传播特性与 VHF 相似	与 VHF 类同,还适用于散射通信、流星余迹通信、卫星通信等
10	超高频(SHF)	$3\sim30$ GHz	$1\sim10$ cm		
11	极高频(EHF)	$30\sim300$ GHz	$1\sim10$ mm		
12	至高频	$300\sim3000$ GHz	$1\sim10$ dmm		

小 结

本章主要描述了无线通信系统的组成和工作过程。

1. 无线通信系统由信源、发射设备、信道、接收设备和信宿组成,本章重点分析了收发设备的组成。

2. 发射设备由高频振荡器、倍频器、中间放大器、输出放大器、调制器、天线、电源等构成。

3. 接收设备主要分析了超外差式接收机的组成:天线、高频小信号谐振放大器、变频器、中频小信号谐振放大器、解调器、低频功率放大器、终端等。

4. 无线电波的频率不同,具有不同的特点,因此可将其划分为不同的波段;无线电波传播的方式可分为地面波传播、天波传播和空间波传播。

思考与练习

一、填空题

1. 能产生射频振荡,并经调制、放大后,将输出的射频功率馈送给传输线路或天线的设备叫做(　　　　)。

2. 能将天线或传输线路送来的信号加以选择、放大、变换,以获得所需信息的设备叫做（　　　　）。

3. 天波是利用电离层的（　　　　）而进行的传播。

4. 空间波实际上是直射波和反射波的合成，此现象叫做（　　　　）。

5. 频率为 3～30 MHz 称为（　　　　）频段，它对应的波长是（　　　　　　），又称为（　　　　）波段。

二、画图题

1. 画出超外差调幅接收机的方框图。

2. 画出超外差调频接收机的方框图。

3. 画出调幅发射机的方框图。

第 2 章　　高频小信号谐振放大器

2.1　概　　述

高频小信号谐振放大器主要用于各种无线电接收设备及高频仪表中，一方面可以对窄带信号实现不失真放大，另一方面可滤除带外信号，抑制噪声和干扰，有选频作用。所谓"高频"，通常指低于微波频率范围的信号频率，信号频率在数百千赫至数百兆赫，属于窄带放大器。所谓"小信号"的"小"字，主要是强调放大这种信号的放大器工作在线性范围内（晶体管工作于甲类状态），即对其放大过程而言，电路中的晶体管工作在小信号放大区域中，非线性失真很小。这时允许把晶体管看成线性元件，因此可作为有源四端网络来分析。所谓"谐振"，主要是指放大器的负载为谐振回路（如 LC 谐振回路等）。

谐振放大器主要由放大器和调谐回路两部分组成，不同的通信设备，对高频小信号谐振放大器的要求可能不同。在分析时，主要用如下参数来衡量电路的技术指标。

1. 中心频率

中心频率是谐振放大器的工作频率，一般用 f_0 表示。其工作范围很宽，一般为几百千赫至几百兆赫。中心频率是由通信系统的要求来确定的。工作频率是设计放大器时，确定放大器件与选频器件频率参数的主要依据。

2. 增益

增益分为电压增益和功率增益。电压增益等于放大器输出电压与输入电压之比；而功率增益等于放大器输出给负载的功率与输入功率之比。用于各种通用接收机中的中放电路的增益一般为 $80 \sim 100 \ dB$。

3. 通频带与选择性

因为放大器所放大的信号一般都是已调信号，含有一定的边频，为了使信号不失真地传输，所以放大器必须要有一定的通频带，允许主要边频通过，即通频带应大于或者等于有用信号频谱的宽度。电压增益下降 $3 \ dB$ 时所对应的频带宽度，称为放大器的通频带，用 $2\Delta f_{0.7}$（或 B_w）表示。一般调幅收音机的通频带约为 $8 \ kHz$，调频广播接收机的通频带约为 $200 \ kHz$，电视接收机的通频带为 $6 \sim 8 \ MHz$。

选择性是指对通频带以外干扰信号的衰减能力，或指放大器从各种不同频率的信号中选出有用信号，抑制干扰信号的能力。若通频带过宽，则会使无用信号也进入通道而产生干扰，即选择性变差；若通频带过窄，虽然可保证选择性，但容易导致信号的失真。

4. 噪声系数 N_F

放大器工作时，由于种种原因产生的载流子不规则运动，将会在电路中形成噪声，从而使信号受到影响。噪声系数可理解为信号通过放大器后，信噪比变坏的程度。噪声系数是用来表征放大器的噪声性能好坏的一个参量。如果 $N_F = 1$，说明信号通过放大器后，信噪比没有变坏；如果 $N_F > 1$，则说明信噪比变坏了。通常噪声系数都大于1，因此，要求放大器的噪声系数尽量接近1。

2.2 *LC* 谐振回路

在通信电路中，经常需要从很多不同频率的信号中选出某一个频率附近的有用信号，这就是选频作用，通常是由谐振回路来完成的。利用谐振回路的幅频特性与相频特性还能完成一些其他电路功能（例如移相、信号变换等）。通信电路中使用的谐振回路都是由电感、电容和电阻组成的。按电感、电容与外接信号源连接方式的不同，可分为串联和并联调谐回路两种类型。因为在谐振放大器中，谐振回路多以并联的方式出现在电路中，所以下面主要讨论并联谐振回路，而对串联谐振回路只作简单介绍。

2.2.1 串、并联谐振回路的基本特性

1. *LC* 并联谐振回路

给电感、电导（电阻）和电容的并联回路电流源 $\dot{I}$ 激励将会出现电压谐振现象，如图 2.2.1 所示。这里电感、电容的损耗电阻都包括在电导 G_0 中。

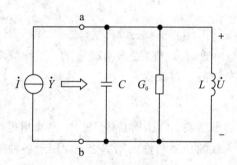

图 2.2.1　并联谐振回路

1）阻抗特性

如图 2.2.1 所示，从 a、b 两点向右看的并联回路输入导纳 $\dot{Y}$ 为

$$\dot{Y} = G_0 + j\omega C + \frac{1}{j\omega L} = G_0 + j\left(\omega C - \frac{1}{\omega L}\right)$$

$$= G_0\left[1 + j\frac{\omega_0 C}{G_0}\left(\frac{\omega}{\omega_0} - \frac{\omega_0}{\omega}\right)\right] \tag{2.2.1}$$

当 $j\omega L + \frac{1}{j\omega C} = 0$ 时，或者说当 $\omega = \omega_0 = \frac{1}{\sqrt{LC}}$ 时，导纳 $\dot{Y}$ 的模达到最小值（$\dot{Y} = G_0$），

且是实数，响应电压 $\dot{U}$ 的模达到最大值并与 $\dot{I}$ 同相。这种情况称为并联谐振，ω_0 称为并联谐振回路的固有角频率，简称谐振频率。通常把回路在谐振时，回路的吞吐功率和损耗功率之比定义为回路的"品质因数"Q，因此并联谐振回路的 Q 值为

$$Q = \frac{\omega_0 C}{G_0} = \frac{1}{\omega_0 L G_0} = \frac{R_0}{\omega_0 L} \tag{2.2.2}$$

再定义 $\varepsilon = \frac{\omega}{\omega_0} - \frac{\omega_0}{\omega} = \frac{f}{f_0} - \frac{f_0}{f}$ 为回路的相对失谐。$\xi = \varepsilon Q$ 为回路的广义失谐（或一般失谐），因此，式(2.2.1)可写成：

$$\dot{Y} = G_0(1 + jQ\varepsilon) = G_0(1 + j\zeta) \tag{2.2.3}$$

当回路相对失谐 ε 很小，也就是说 ω 和 ω_0 非常接近时，相对失谐 ε 有如下近似式：

$$\varepsilon = \frac{\omega}{\omega_0} - \frac{\omega_0}{\omega} = \frac{\omega^2 - \omega_0^2}{\omega \omega_0} \approx \frac{(\omega + \omega_0)(\omega - \omega_0)}{\omega_0^2}$$

$$\approx \frac{2\omega_0(\omega - \omega_0)}{\omega_0^2} \approx \frac{2\Delta\omega}{\omega_0} \tag{2.2.4}$$

这样，广义失谐 ξ 在 ω 很接近于 ω_0 时也有近似式：

$$\xi \approx \frac{2\Delta\omega}{\omega_0} Q \tag{2.2.5}$$

其中，$\Delta\omega \approx \omega - \omega_0$。这样并联回路的响应电压 $\dot{U}$ 为

$$\dot{U} = \frac{\dot{I}}{\dot{Y}} = \frac{\dot{I}}{G_0(1 + j\xi)} = \frac{\dot{U}_0}{1 + j\xi} \tag{2.2.6}$$

式中，$\dot{U}_0$ 为谐振时回路的响应电压，因此幅频特性为

$$U = \frac{U_0}{\sqrt{1 + \xi^2}} \tag{2.2.7}$$

相频特性（这里仍指阻抗角 φ 和频率的关系，而非导纳角与频率的关系）为

$$\varphi = -\arctan\xi \tag{2.2.8}$$

幅频特性和相频特性如图 2.2.2 所示。

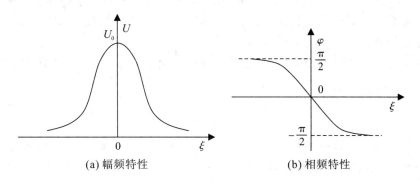

(a) 幅频特性　　　　　　　　(b) 相频特性

图 2.2.2　并联谐振回路的幅频特性与相频特性

2) 通频带和矩形系数

由式(2.2.6)和图 2.2.2(a)描述的回路幅频特性看出，当 $\omega = \omega_0$（$\xi = 0$）时，电压 U 达到最大值 U_0，而当 ω 偏离 ω_0 时，U 则迅速减小。

通频带指的是响应电压 $U \geqslant U_0 / \sqrt{2}$ 所对应的频率范围宽度，记作 B（或 $2\Delta f_{0.7}$）。

若将式(2.2.7)用 U 的最大值 U_0 归一化，即

$$\alpha = \frac{U}{U_0} = \frac{1}{\sqrt{1+\xi^2}} \qquad (2.2.9)$$

则称 α 为回路的谐振曲线。这样通频带 B 也可定义为 $\alpha \geqslant 1/\sqrt{2}$ 所对应的范围的宽度，如图 2.2.3 所示。令 $\alpha \geqslant 1/\sqrt{2}$，可解得上下限对应的广义失谐 $\xi_\text{上}$ 和 $\xi_\text{下}$：

$$\begin{cases} \xi_\text{上} = 1 \\ \xi_\text{下} = -1 \end{cases} \qquad (2.2.10)$$

将它代入式 $(2.2.5)$，可得

$$B = 2\Delta\omega_{0.7} = \omega_\text{上} - \omega_\text{下} = \frac{\omega_0}{Q} \quad 或 \quad B = \frac{f_0}{Q} \qquad (2.2.11)$$

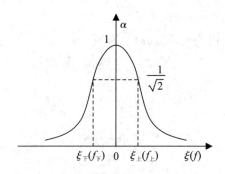

图 2.2.3　回路的谐振曲线与通频带

由此得出一个重要结论：并联回路的通频带反比于回路的 Q 值，即 Q 值越大通频带越窄，反之通频带越宽。

选择性是谐振回路的另一个重要指标，它表示回路对通频带以外干扰信号的抑制能力。在多路通信中，应根据对相邻频道信号抑制程度的要求来决定。一个理想的谐振回路，其幅频特性应是一个矩形，在通频带内信号可以无衰减地通过，通频带以外衰减为无限大。实际谐振回路选频性能的好坏，应以其幅频特性接近矩形的程度来衡量。为了便于定量比较，引用矩形系数这一指标。

矩形系数的定义为：谐振回路的 α 值下降到 0.1 时与 α 值下降到 0.7 时，频带宽度 $B_{0.1}$ 与频带宽度 $B_{0.7}$ 之比，用符号 $K_{0.1}$ 表示，即

$$K_{0.1} = \frac{B_{0.1}}{B_{0.7}} \qquad (2.2.12)$$

图 2.2.4 是实际回路和理想回路的幅频特性。由该图可知，理想回路的矩形系数 $K_{0.1} = 1$，而与实际回路的矩形系数显然相差甚远。

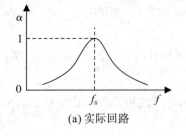
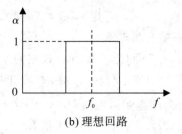

(a) 实际回路　　　　　　　　　　(b) 理想回路

图 2.2.4　幅频特性

由定义，令 $\dfrac{1}{\sqrt{1+\xi}} = 0.1$，可得

$$\xi = Q\frac{2\Delta\omega_{0.1}}{\omega_0} = \sqrt{99} \qquad (2.2.13)$$

所以

$$2\Delta\omega_{0.1} = \frac{\omega_0}{Q}\sqrt{99}, \quad K_{0.1} = \frac{2\Delta\omega_{0.1}}{2\Delta\omega_{0.7}} = \sqrt{99} \approx 9.95 \gg 1 \qquad (2.2.14)$$

可见 LC 并联回路的矩形系数远大于 1，与理想选频特性比较，频率的选择性较差。

3）并联谐振时电感、电容上的电压

谐振时并联回路的电压 $\dot U = \dot I_0/G_0$，因此电感、电容上的电流分别为

$$\dot I_{\mathrm L} = \frac{\dot I_0}{G_0}\cdot\frac{1}{\mathrm j\omega_0 L} = -\mathrm j\dot I_0 Q \qquad (2.2.15)$$

$$\dot I_{\mathrm C} = \frac{\dot I_0}{G_0}\cdot \mathrm j\omega_0 C = \mathrm j\dot I_0 Q \qquad (2.2.16)$$

由此可得出结论：并联谐振回路谐振时，电抗元件的电流振幅是输入电流振幅的 Q 倍（注意这里 Q 是回路的"品质因数"，而非电感或电容元件的品质因数 $Q_{\mathrm L}$ 或 Q_C），而电容的电流超前输入电流 $\pi/2$，电感的电流落后输入电压 $\pi/2$ 相角。

2. LC 串联谐振回路

在 LC 串联谐振回路中，信号源、电感 L、电容 C 这三者首尾相连构成串联关系，如图 2.2.5 所示。其中，L 和 C 的损耗电阻都包括在 R_0 中，因此图中 L、C 是理想的器件。所以在调谐放大器中，谐振回路作为放大器的负载常采用并联方式。在此就不详细讨论串联谐振回路了，但考虑到内容的完整性，将串联

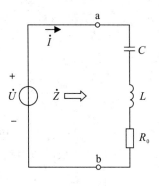

图 2.2.5　串联谐振回路

谐振回路和并联谐振回路的基本特性列在表 2.2.1 中，以便读者对比学习这两种方式的谐振回路，并注意到串联谐振回路和并联谐振回路互为对偶电路。

表 2.2.1　串、并联谐振回路的基本特性

	串联回路	并联回路
激励源	电压 $\dot U$	电流 $\dot I$
响应	电流 $\dot I$	电压 $\dot U$
谐振频率 ω_0	$\omega_0 = \dfrac{1}{\sqrt{LC}}$	$\omega_0 = \dfrac{1}{\sqrt{LC}}$
$\omega < \omega_0$	$\varphi < 0$；容性失谐	$\varphi > 0$；感性失谐
$\omega = \omega_0$	$\varphi = 0$；纯阻性	$\varphi = 0$；纯阻性
$\omega > \omega_0$	$\varphi > 0$；感性失谐	$\varphi < 0$；容性失谐
相对失谐 ε	$\varepsilon = \left(\dfrac{\omega}{\omega_0}\right) - \left(\dfrac{\omega_0}{\omega}\right)$	$\varepsilon = \left(\dfrac{\omega}{\omega_0}\right) - \left(\dfrac{\omega_0}{\omega}\right)$

	串联回路	并联回路
广义失谐 ξ	$\xi = Q\varepsilon$	$\xi = Q\varepsilon$
通频带 B_W	$B_W = \dfrac{f_0}{Q}$	$B_W = \dfrac{f_0}{Q}$
回路品质因数 Q	$Q = \dfrac{\omega_0 L}{R_0} = \dfrac{1}{\omega_0 L R_0}$	$Q = \dfrac{\omega_0 L}{R_0} = \dfrac{1}{\omega_0 L R_0}$

2.2.2 负载和信号源内阻的影响

前面对谐振回路的讨论都没有考虑信号源和负载，下面以并联谐振回路为例，分析有信号源和负载后对谐振回路的影响。

当考虑负载 R_L 和信号源内阻 R_S 时，并联谐振回路如图 2.2.6 所示。由该图可知，当 R_S、R_L 接入回路时，不改变回路的谐振频率，仍为 $\omega_0 = \dfrac{1}{\sqrt{LC}}$。

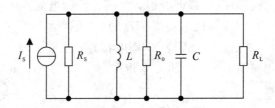

图 2.2.6 带信号源内阻和负载的并联谐振回路

回路的等效品质因数（称为有载 Q 值）为

$$Q_L = \frac{R_S \ // \ R_L \ // \ R_0}{\omega_0 L}$$

空载时的品质因数为

$$Q_0 = \frac{R_0}{\omega_0 L}$$

两者比较可得 $Q_L < Q_0$，由此可见，当 LC 谐振回路外接信号源内阻 R_S 和负载 R_L 后，回路的损耗增加，有载 Q_L 值下降，因此通频带加宽，选择性变坏。

实际信号源内阻和负载并不一定都是纯电阻，也有可能有电抗成分（一般是容性）。在低频时，电抗成分一般可忽略，但高频时就要考虑它对谐振回路的影响。考虑信号源输出电容和负载电容时的并联谐振回路如图 2.2.7 所示。图中 C_S 是信号源输出电容，C_L 是负载电容。回路总电容为 $C_\Sigma = C_S + C + C_L$。

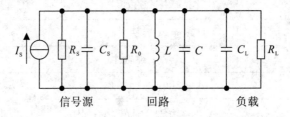

图 2.2.7 考虑信号源输出电容和负载电容的并联谐振回路

在谐振回路计算中，并联谐振回路谐振频率降低，并且 C_S、C_L 的不稳定将使回路的频率特性不稳定，在设计高频谐振回路时应考虑这个问题。

例 2.1　设计一并联谐振回路，谐振频率 $f_0 = 5\ \text{MHz}$，回路电容 $C = 50\ \text{pF}$，计算所需线圈的电感值 L。若线圈品质因数 $Q_0 = 100$，计算回路谐振电阻及回路带宽。若要求增加回路的带宽为 $0.5\ \text{MHz}$，则应在回路上并联多大电阻才能满足要求？

解　（1）计算 L 值：

$$f_0 = \frac{1}{2\pi\sqrt{LC}} \Rightarrow L = \frac{1}{(2\pi f_0)^2 C} = 20.3\ \mu\text{H}$$

（2）回路谐振电阻和带宽：

$$R_P = Q_0 \omega_0 L = 63.7\ \text{k}\Omega$$

$$B = \frac{f_0}{Q_0} = 50\ \text{kHz}$$

（3）设回路上并联电阻为 R_L，并联后总电阻为 $R_P \mathbin{/\!\!/} R_L$，回路的有载品质因数为 Q_L，则

$$Q_L = \frac{f_0}{B_L} = \frac{5}{0.5} = 10$$

又有品质因数定义：

$$Q_L = \frac{R_P \mathbin{/\!\!/} R_L}{\omega_0 L} \Rightarrow R_P \mathbin{/\!\!/} R_L = Q_L \omega_0 L = 6.38\ \text{k}\Omega$$

$$R_L = \frac{6.38 R_P}{R_P - 6.38} = 7.09\ \text{k}\Omega$$

故需要在回路上并联 $7.09\ \text{k}\Omega$ 的电阻。

2.2.3　谐振回路的接入方式

实际电路中信号源内阻 R_S 及负载 R_L 的数值是固定的，对 LC 谐振回路影响较大，会减小 Q 值，加宽通频带，使选择性变坏。在通信电路中常采用 LC 阻抗变换的方法，使信号源或负载不直接并入回路的两端，而是经过一些简单的变换电路，把它们折算到回路两端。通过改变电路的参数，达到要求的回路特性。下面介绍几种工程中常用的阻抗变换电路

1. 阻抗的串、并联等效变换

在回路计算中经常会遇到阻抗的串、并联变换。要使图 2.2.8 所示的串联支路和并联支路等效，必须使它们的输入阻抗 $\dot{Z}_S$ 和 $\dot{Z}_P$ 相等。

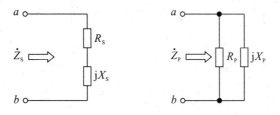

图 2.2.8　串、并联变换

显然有：

$$\dot{Z}_{\mathrm{S}} = R_{\mathrm{S}} + \mathrm{j}X_{\mathrm{S}} \tag{2.2.17}$$

$$\dot{Z}_{\mathrm{P}} = \frac{\mathrm{j}X_{\mathrm{P}}R_{\mathrm{P}}}{R_{\mathrm{P}} + \mathrm{j}X_{\mathrm{P}}} = \frac{X_{\mathrm{P}}^{2}R_{\mathrm{P}}}{R_{\mathrm{P}}^{2} + X_{\mathrm{P}}^{2}} + \mathrm{j}\,\frac{R_{\mathrm{P}}^{2}X_{\mathrm{P}}}{R_{\mathrm{P}}^{2} + X_{\mathrm{P}}^{2}} \tag{2.2.18}$$

要求 $\dot{Z}_{\mathrm{S}} = \dot{Z}_{\mathrm{P}}$，即要求它们的实部和虚部分别相等，即

$$\frac{X_{\mathrm{P}}^{2}R_{\mathrm{P}}}{R_{\mathrm{P}}^{2} + X_{\mathrm{P}}^{2}} = R_{\mathrm{S}} \tag{2.2.19}$$

$$\frac{R_{\mathrm{P}}^{2}X_{\mathrm{P}}}{R_{\mathrm{P}}^{2} + X_{\mathrm{P}}^{2}} = X_{\mathrm{S}} \tag{2.2.20}$$

将式(2.2.20)除以式(2.2.19)正好是串联支路或并联支路的品质因数 Q，即

$$\frac{X_{\mathrm{S}}}{R_{\mathrm{S}}} = \frac{R_{\mathrm{P}}}{X_{\mathrm{P}}} = Q \tag{2.2.21}$$

这就是说串、并联支路要等效，它们的品质因数一定要相同。

若将式(2.2.21)分别代入式(2.2.19)和式(2.2.20)即可得出串、并联变换的基本公式：

$$R_{\mathrm{P}} = R_{\mathrm{S}}(1 + Q^{2}) \tag{2.2.22}$$

$$X_{\mathrm{P}} = X_{\mathrm{S}}\left(1 + \frac{1}{Q^{2}}\right) \tag{2.2.23}$$

当支路的 Q 值较大(如 $Q \geqslant 10$)时，则有近似式：

$$R_{\mathrm{P}} \approx Q^{2}R_{\mathrm{S}} \tag{2.2.24}$$

$$X_{\mathrm{P}} \approx X_{\mathrm{S}} \tag{2.2.25}$$

从这两式可以看到，在高 Q 值情况下，等效的串联支路和并联支路的电抗值基本相等，而并联支路的电阻是串联支路电阻的 Q^{2} 倍。应特别注意的是这种等效只在某一个频率点上互相等效，因为不同的频率对应的 Q 值不同。

在以后"通信电路"的学习中会经常运用到这一变换关系，应分别针对不同的 Q 值，选用相应的式子计算。

下面将这种变换用于分析另一种并联谐振回路，将它变换成上节中分析过的形式。如图 2.2.9(a)所示的谐振回路是实际电路中经常遇到的并联谐振回路。利用串、并联阻抗的变换可以在固有频率 ω_{P} 点上把电路变换成如图 2.2.9(b)所示的标准并联谐振回路。

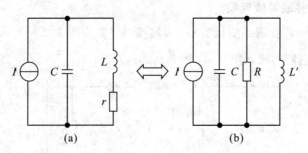

图 2.2.9　串、并联变换

根据串、并联阻抗的变换关系得

$$R = r(1 + Q^{2}) \tag{2.2.26}$$

$$\omega_{\mathrm{P}}L' = \omega_{\mathrm{P}}L\left(1 + \frac{1}{Q^2}\right) \tag{2.2.27}$$

一般 Q 值总是比较大，当（如 $Q \geqslant 10$）时，可得近似式：

$$L' \approx L \tag{2.2.28}$$

$$R \approx Q^2 r \tag{2.2.29}$$

在以后各章的分析中经常会用到这两个近似式。

2. 互感变压器接入方式

互感变压器接入电路如图 2.2.10 所示，其等效电路如图 2.2.11 所示。变压器的原边线圈就是回路的电感线圈，副边线圈接负载 R_{L}。设原边线圈匝数为 N_1，副边线圈匝数为 N_2，且原、副边耦合很紧（$k=1$），损耗忽略不计。根据等效前后负载上得到功率相等的原则，可得到等效后的负载阻抗 R'_{L}，即

$$\frac{U_1^2}{R'_{\mathrm{L}}} = \frac{U_2^2}{R_{\mathrm{L}}} \Rightarrow \frac{R'_{\mathrm{L}}}{R_{\mathrm{L}}} = \frac{U_1^2}{U_2^2} \tag{2.2.30}$$

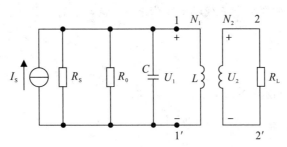

图 2.2.10　互感变压器接入电路图

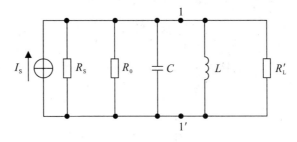

图 2.2.11　互感变压器接入电路等效电路图

因全耦合变压器初次级电压比 U_1/U_2 等于相应线圈匝数比 N_1/N_2，故有

$$R'_{\mathrm{L}} = \left(\frac{N_1}{N_2}\right)^2 R_{\mathrm{L}} = \frac{R_{\mathrm{L}}}{p^2} \tag{2.2.31}$$

其中，$p = N_2/N_1$，定义为互感变压器的接入系数，可通过改变 p 来调整 R'_{L} 的大小。

3. 抽头部分接入方式

在"通信电路"中经常运用部分接入的谐振回路进行阻抗变换。如图 2.2.12 所示电路，负载 G_{L} 不是接在并联谐振回路的 a、b 两端，而是部分地接在 L_2 两端（即 c、d 两端），因为 L_2 是总电感 $L_1 + L_2$ 的一部分，因而称为部分接入。现在要讨论的是在谐振时从 a、b 两端向回路看的谐振电导 G_{e} 是什么，在高 Q 值情况下做近似推导。

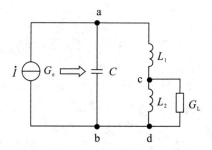

图 2.2.12 并联谐振回路的部分接入

设谐振时 a、b 两点的谐振电导为 G_e，如果在 a、b 两点加一个电流源 $\dot{I}$，那么在谐振时电流源输入给回路的有功功率为

$$P_i = \frac{I^2}{2G_e} = \frac{1}{2}U_{ab}^2 \cdot G_e$$

这部分有功功率全部给了负载 G_L，因为电感、电容不消耗功率。负载 G_L 得到的有功功率 P_L 为

$$P_L = \frac{1}{2}U_{cd}^2 \cdot G_L \tag{2.2.32}$$

显然，要使它们等效，这两个功率就应相等，即

$$U_{ab}^2 \cdot G_e = U_{cd}^2 \cdot G_L$$

$$G_e = \left(\frac{U_{cd}}{U_{ab}}\right)^2 \cdot G_L \tag{2.2.33}$$

定义 c、d 两端对并联回路 a、b 的接入系数 p（或 n）为

$$p = \frac{U_{cd}}{U_{ab}} \tag{2.2.34}$$

由于 G_L 远小于 $\frac{1}{\omega L_2}$，G_L 的接入对 U_{cd} 的影响很小，可以忽略。因此，图 2.2.12 电路的接入系数 p 为

$$p = \frac{U_{cd}}{U_{ab}} \approx \frac{L_2}{L_1 + L_2}$$

引入接入系数以后，式(2.2.33) 就可以写成：

$$G_e = p^2 G_L \tag{2.2.35}$$

或者写成电阻变换的形式：

$$R_e = \frac{R_L}{p^2} \tag{2.2.36}$$

具体来说这种等效关系是这样的：如果把 $L_1 + L_2$ 和 C 的并联回路封在一个"黑盒子"中，则在 c、d 两点接电导 G_L，还是在 a、b 两点接 G_e，在外电路看来是完全等效的。我们还能把这种等效关系进一步引申。在 c、d 两点接电导 G_L，则在 a、b 两点接入的谐振电导则为 G_e；反过来，如在 a、b 两点接电导 G_e，则在 c、d 两点向回路看的谐振电导为 G_L，如图 2.2.13 所示。

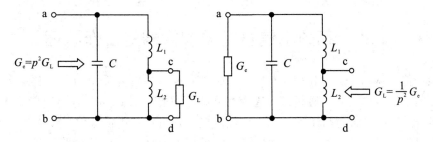

图 2.2.13　电导变换关系

与电导(或电阻)的变换关系相类似,可以证明对电纳(或电抗),电源部分接入有同样的等效变换关系如图 2.2.14 所示。此等效指的是回路的电压,各支路的电流及回路的损耗功率均相等。

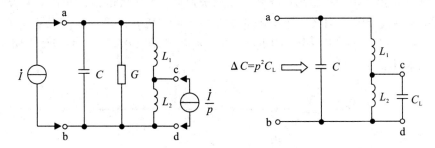

图 2.2.14　电流源、电抗部分接入的变换关系

回路部分接入的形式很多,但接入系数都可按定义式(2.2.34)计算。由于只考虑高 Q 时的近似情况,因此计算电压比时应忽略负载对分压比的影响。各种形式的部分接入电路归纳于表 2.2.2 中。

表 2.2.2　各种部分接入电路与接入系数

部分接入形式	c、d 两端对回路 a、b 的接入系数
C　M　L_1　c　L_2　d	(1) $p = \dfrac{L_2 + M}{L_1 + L_2 + 2M}$ (2) 若 L_1、L_2 间为紧耦合($M = \sqrt{L_1 L_2}$),则 $p = \dfrac{N_{cd}}{N_{ab}}$($N$ 为线间匝数)
C　L_1　M　L_2　c　d	(1) $P = \dfrac{M}{L_1}$ (2) 若 L_1、L_2 间为紧耦合,则 $p = \dfrac{N_{cd}}{N_{ab}}$
L　C_1　c　C_2　d	$p = \dfrac{C_1}{C_1 + C_2}$

2.3　高频小信号谐振放大器的工作原理

高频小信号调谐放大器作用是放大微弱的有用信号并滤除无用的干扰和噪声信号。其主要指标是电压放大倍数、通频带、选择性和矩形系数。对高频小信号调谐放大器来说，由于信号较弱，可以认为晶体管工作在线性范围内，用高频小信号线性模型来分析。又由于工作频率较高，所以晶体管的放大性能分析采用 Y 参数高频等效电路。

2.3.1　晶体管高频小信号等效电路

1. 晶体管混合 π 型等效电路

图 2.3.1 给出了一个完整的晶体管共发射极混合 π 型等效电路。图中 b、c、e 三点代表晶体管基极、集电极和发射极三个电极的外部端子，b′ 代表设想的基极内部端子。因为晶体管的 b′、c、e 三个电极用一个 π 型电路等效，而 b 至 b′ 又串联一个基极体电阻 $r_{bb'}$，所以称为混合 π 型电路。

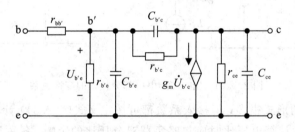

图 2.3.1　混合 π 型等效电路

这个等效电路共有 8 个参数，比较复杂。下面分别介绍各元件参数的物理意义。

（1）发射结的结电阻 $r_{b'e}$：晶体管处于放大区时，发射结总是处于正向偏置状态，所以 $r_{b'e}$ 的数值比较小，一般是几百欧，它的大小随工作点电流而变。

（2）集电结电阻 $r_{b'c}$：由于集电结总是处于反向偏置状态，所以 $r_{b'c}$ 较大，约为 $10\ \mathrm{k\Omega} \sim 10\ \mathrm{M\Omega}$，一般可忽略不计。

（3）发射结电容 $C_{b'e}$：它随工作点电流增大而增大，主要为扩散电容，数值范围为 $20\ \mathrm{pF} \sim 0.01\ \mu\mathrm{F}$。

（4）集电结电容 $C_{b'c}$：它随 c、b 间反向电压的增大而减小，它会引起交流反馈，可能引起自激，希望其值小些，数值一般在 $10\ \mathrm{pF}$ 左右。

（5）基区体电阻 $r_{bb'}$：它是从基极引线端 b 到有效基区 b′ 的电阻。不同类型的晶体管 $r_{bb'}$ 的数值也不一样。$r_{bb'}$ 的存在，使得输入的交流信号产生损耗，所以 $r_{bb'}$ 的值应尽量小，一般为 $15 \sim 50\ \Omega$。

（6）电流源 $g_m \dot{U}_{b'e}$：代表晶体管的电流放大作用。它与加到发射结上的实际电压 $\dot{U}_{b'e}$ 成正比。比例系数 g_m 称为晶体管的跨导，它是等效电路中最重要的参数，它的大小反映了发射结电压对集电极电流的控制能力，g_m 越大，控制能力越强。它可表示为 $g_m = I_{CQ}/26\ \mathrm{mV}$，单位为 S(西门子)。

（7）集-射极电阻 r_{ce}：它表示集电极电压 $\dot{U}_{ce}$ 对集电极电流的影响。r_{ce} 的数值一般在几十千欧以上，典型值为 $30 \sim 50$ kΩ，常忽略不计。

（8）集-射极电容 C_{ce}：这个电容通常很小，一般为 $2 \sim 10$ pF。

晶体管的混合 π 型等效电路分析法物理概念比较清楚，对晶体管放大作用的描述比较全面，各个参数基本上与频率无关。因此，这种电路可以适用于相当宽的频率范围。但这个等效电路比较复杂，在实际应用中，可以根据具体情况，把某些次要的因素忽略。例如，高频时，$C_{b'c}$ 的容抗较小，和它并联的集电结电阻 $r_{b'c}$ 就可以忽略；此外，集-射极电容 C_{ce} 可以合并到集电极回路之中，集-射极电阻 r_{ce} 较大故可以忽略。考虑这些情况后可以得到简化的五参数混合 π 型等效电路，如图 2.3.2 所示。这种简化的等效电路，基本上能满足工程计算的要求。

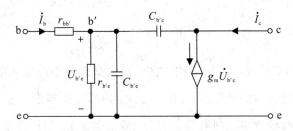

图 2.3.2　简化的混合 π 型等效电路

尽管图 2.3.2 比较简化，但各元件的数值不易测量，计算起来仍较烦琐。高频放大器的分析往往不采用混合 π 型等效电路，而采用 Y 参数等效电路。

2. 晶体管 Y 参数等效电路

Y 参数等效电路是抛开晶体管的内部电路结构，只从外部来研究它的作用，把晶体管看做一个有源线四端网络，用一组网络参数来构成其等效电路。具体来说，只要能够确定晶体管的输入端和输出端的电流-电压关系，就可以解决问题。晶体管的 Y 参数等效电路如图 2.3.3 所示。

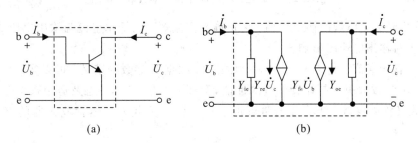

(a)　　　　　　　　　　　　　(b)

图 2.3.3　共射晶体管 Y 参数等效电路

Y 参数具有导纳量纲，是导纳参数。把晶体管视为四端网络，如图 2.3.3(a) 所示。其 Y 参数等效电路如图 2.3.3(b) 所示，两个端口的变量用 $\dot{I}_b$、$\dot{U}_b$、$\dot{I}_c$、$\dot{U}_c$ 表示，得到的 Y 参数方程为

$$\begin{cases} \dot{I}_b = \dot{Y}_{ie}\dot{U}_b + \dot{Y}_{re}\dot{U}_c \\ \dot{I}_c = \dot{Y}_{fe}\dot{U}_b + \dot{Y}_{oe}\dot{U}_c \end{cases} \tag{2.3.1}$$

式中 4 个 Y 参数下标 e 表示共射连接。

在式(2.3.1)中，若令 $\dot{U}_c = 0$，即将网络输出端交流短路，可得

$$\dot{Y}_{\text{ie}} = \frac{\dot{I}_{\text{b}}}{\dot{U}_{\text{b}}} \bigg|_{\dot{U}_{\text{c}}=0}, \quad \dot{Y}_{\text{fe}} = \frac{\dot{I}_{\text{c}}}{\dot{U}_{\text{b}}} \bigg|_{\dot{U}_{\text{c}}=0}$$

$\dot{Y}_{\text{ie}}$ 是共射极晶体管的输入导纳。它是输出交流短路时的输入电流与输入电压的比值，表示输入电压对输入电流的影响。

$\dot{Y}_{\text{fe}}$ 是共射极晶体管的正向传输导纳。它是输出交流短路时输出电流与输入电压的比值，表示输入电压对输出电流的控制作用，决定晶体管的放大能力。$|\dot{Y}_{\text{fe}}|$ 数值越大，晶体管的放大作用越强。

同理，令输入端交流短路，即 $\dot{U}_{\text{b}} = 0$，可得

$$\dot{Y}_{\text{re}} = \frac{\dot{I}_{\text{b}}}{\dot{U}_{\text{c}}} \bigg|_{\dot{U}_{\text{b}}=0}, \quad \dot{Y}_{\text{oe}} = \frac{\dot{I}_{\text{c}}}{\dot{U}_{\text{c}}} \bigg|_{\dot{U}_{\text{b}}=0}$$

$\dot{Y}_{\text{re}}$ 是共射极晶体管的反向传输导纳。它是输入交流短路时输入电流与输出电压的比值，表示输出电压对输入端的反作用。$|\dot{Y}_{\text{re}}|$ 越大，内部反馈越强。它的存在会造成放大器工作的不稳定，应尽可能减小以削弱其影响。一般情况下 $\dot{Y}_{\text{re}}$ 的值很小，在实际应用中为了简化问题的分析可以忽略，其简化的共射晶体管 Y 参数等效电路如图 2.3.4 所示。

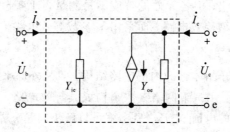

图 2.3.4　简化的共射晶体管 Y 参数等效电路

$\dot{Y}_{\text{oe}}$ 是共射极晶体管的输出导纳。它是输入交流短路时输出电流与输出电压的比值，表示输出电压对输出电流的影响。

当晶体管的直流工作点和工作频率确定后，根据 Y 参数的定义，可以实际测量放大器的 Y 参数。Y 参数取决于晶体管本身的性能（型号、接法、工作状态及运用频率等），与外电路无关，故又称内参数。此等效电路再加上信号源及负载为晶体管放大器的 Y 参数等效电路。

Y 参数等效电路的优点是电路简单，计算方便。其缺点是参数随频率而变，晶体管手册无法给出所有频率的 Y 参数，但一般都给出了高频三极管在一定测试条件下的 Y 参数值。

对于高频小信号放大器来说，由于信号微弱，可以认为它是工作在晶体管的线性范围之内，这时允许把晶体管看成线性元件，因此可作为有源四端网络来分析。同时，单调谐回路放大器一般采用 LC 并联谐振回路作为负载的放大器，它是分析高频小信号调谐放大器的基础。作为放大器核心部件的晶体管，因工作频率很高，且工作在窄带，故可用高频 Y 参数等效电路来分析。再加上谐振电路与晶体管都是并联的，导纳可直接相加，计算更方

便，所以用导纳进行分析比较方便。

2.3.2　单调谐共发放大器的工作原理

1. 电路组成

图 2.3.5 为共射单调谐回路放大器原理电路，从中可以看出它主要由输入回路、晶体管和负载三部分组成。

（1）输入回路：一般由调谐回路或滤波回路构成。它把从天线信号中选择出的有用信号输入到晶体管基极。

（2）晶体管：它是调谐放大器具有放大作用的核心部件。

（3）负载：一般由 LC 谐振回路构成放大器的负载，它具有选频作用。当信号在 LC 并联谐振回路的谐振频率附近时，回路阻抗最大，放大器增益就高；反之，如果信号频率远离谐振频率，则回路阻抗急剧下降，放大器就无放大作用。

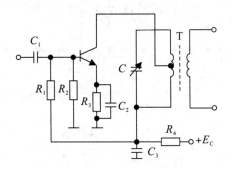

图 2.3.5　共射极单调谐放大器原理电路

2. 等效电路

1) 交流等效电路

图 2.3.5 所示电路包含直流和交流两种通路。研究放大器的增益、通频带等指标需要分析其交流等效电路，图 2.3.6 为其交流等效电路。

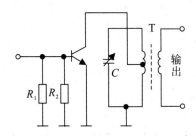

图 2.3.6　交流等效电路

2) 高频晶体管等效

在分析放大器的增益、矩形系数、通频带等技术指标时，$\dot{Y}_{re}$ 影响不大，可以忽略，故暂不考虑晶体管内部反馈的影响。忽略输出电压 $\dot{U}_c$ 通过反向传输导纳 $\dot{Y}_{re}$ 对输入电流的影响后，晶体管则成为单向化器件。用高频晶体管 Y 参数等效电路来代替晶体管就可得到单调谐放大器的 Y 参数等效电路，如图 2.3.7 所示。图中 $g_{1,2}$ 表示 R_1 和 R_2 并联后的总电导，

LC 调谐回路的 L 和 C 用理想元件代替，g_0 表示空载回路的损耗电导，g_L 和 C_L 分别表示下级放大器的输入电导和输入电容。虚线框内为晶体管的 Y 参数等效电路。

3）阻抗匹配变换及合并同类项

由前面的讨论可知，晶体管接入回路的接入系数 $p_1 = L_1/L$，负载接入回路的接入系数 $p_2 \approx M/L$，若看成全耦合，则 $p_1 = N_1/N$，$p_2 = N_2/N$。其中，N 为 LC 回路（初级回路）电感线圈的匝数，N_1 为 L_1 电感线圈的匝数，N_2 为负载回路（次级回路）电感线圈的匝数，M 为初级回路与次级回路的互感耦合。现将图 2.3.7 进行简化，即将晶体管等效受控源 $\dot{Y}_{fe}\dot{U}_s$，输出导纳 $\dot{Y}_{oe}$，负载 g_L、C_L 均折合到 LC 回路两端。

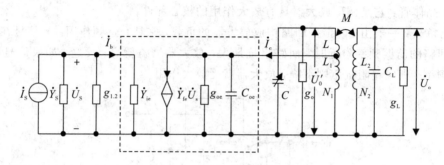

图 2.3.7　单调谐放大器的 Y 参数等效电路

记

$$\begin{cases} C'_{oe} = p_1^2 C_{oe} & C'_L = p_2^2 C_L \\ g'_{oe} = p_1^2 g_{oe} & g'_L = p_2^2 g_L \end{cases} \tag{2.3.2}$$

$$\dot{U}'_o = \frac{\dot{U}_o}{p_2} \tag{2.3.3}$$

晶体管的等效电流源 $\dot{Y}_{fe}\dot{U}_S$ 等效到回路两端为 $p_1\dot{Y}_{fe}\dot{U}_S$，因为通常有 $g_S \gg g_{1,2}$，所以可以把 $g_{1,2}$ 忽略。

由上述可进一步简化结果，如图 2.3.8 所示。图中

$$\begin{cases} g_\Sigma = p_1^2 g_{oe} + g_0 + p_2^2 g_L \\ C_\Sigma = p_1^2 C_{oe} + C + p_2^2 C_L \end{cases} \tag{2.3.4}$$

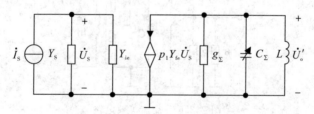

图 2.3.8　单向化的简化 Y 参数等效电路

3. 主要技术指标

1）电压增益

电压增益定义为

$$\dot{A}_u = \frac{\dot{U}_o}{\dot{U}_S} \qquad\qquad (2.3.5)$$

由图 2.3.8 可见

$$\dot{U}'_o = -\frac{p_1 Y_{fe} \dot{U}_S}{Y} \qquad\qquad (2.3.6)$$

$$\dot{Y} = g_\Sigma + j\omega C_\Sigma + \frac{1}{j\omega L} = g_\Sigma\left(1 + jQ_L\frac{2\Delta f}{f_0}\right) \qquad (2.3.7)$$

式中，$\dot{Y}$ 为回路两端的等效导纳，负号表示输出电压的正方向与等效电流源的正方向相反。由式(2.3.5)和式(2.3.6)可得

$$\dot{A}_u = -\frac{p_1 p_2 \dot{Y}_{fe}}{\dot{Y}} \qquad\qquad (2.3.8)$$

回路谐振时，$\dot{Y} = g'$，所以在谐振时的电压增益为

$$|\dot{A}_{u0}| = \frac{p_1 p_2 |\dot{Y}_{fe}|}{g_\Sigma} \qquad\qquad (2.3.9)$$

$$\dot{A}_{u0} = -\frac{p_1 p_2 \dot{Y}_{fe}}{g_\Sigma} \qquad\qquad (2.3.10)$$

2）通频带

单级单调谐放大器的谐振曲线如图 2.3.9 所示。

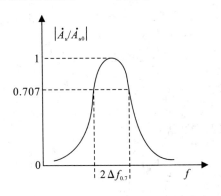

图 2.3.9　单级调谐放大器的谐振曲线

由放大器通频带的定义可知，当 $\left|\dfrac{\dot{A}_u}{\dot{A}_{u0}}\right| = \dfrac{1}{\sqrt{2}}$ 时，可得 3 dB 通频带为

$$B = 2\Delta f_{0.7} = \frac{f_0}{Q_L} \qquad\qquad (2.3.11)$$

上式说明，单调谐放大器的通频带取决于回路的谐振频率 f_0 和有载品质因数 Q_e。当 f_0 已选定时，Q_L 越高，通频带越窄；Q_L 越低，通频带越宽。

3）矩形系数

根据矩形系数的定义，令

$$\left|\frac{\dot{A}_u}{\dot{A}_{u0}}\right| = \frac{1}{\sqrt{1 + \left(Q_L \dfrac{2\Delta f_{0.1}}{f_0}\right)^2}} = 0.1$$

则

$$2\Delta f_{0.1} = \sqrt{99}\,\frac{f_0}{Q_L}$$

而

$$2\Delta f_{0.7} = \frac{f_0}{Q_L}$$

所以，矩形系数

$$K_{0.1} = \frac{2\Delta f_{0.1}}{2\Delta_{0.7}} = \sqrt{99} \approx 10 \qquad (2.3.12)$$

理想的矩形系数应等于 1，上述结论表明，单调谐放大器的矩形系数 $K_{0.1}$ 远大于 1，即它的谐振曲线和矩形相差较远，所以其选择性不好，抑制邻频干扰的能力较差。

例 2.2　如图 2.3.10 所示，设工作频率 $f_0 = 10.7$ MHz，回路电容 $C = 56$ pF，$L = 4\ \mu$H，$Q_0 = 100$，线圈匝数 $N_{1\sim3} = 100$，接入系数 $p_1 = 0.25$，$p_2 = 0.25$。测得晶体管的 Y 参数如下：$g_{ie} = 0.96$ mS，$C_{ie} = 23$ pF，$g_{oe} = 0.058$ mS，$C_{oe} = 10$ pF，$Y_{fe} = (37 - j4.1)$ mS，$Y_{re} = (0.038 - j0.00058)$ mS。求：（1）单级放大倍数 A_{u0}；（2）单级通频带 B。

解　设不考虑 Y_{re} 的作用，忽略基极偏置电阻，得折合后的微变等效电路如图 2.3.11 所示。

电导：

$$g_0 = \frac{1}{Q_0\omega_0 L} = 37.2\ \mu\text{S}$$

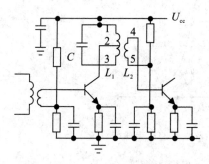
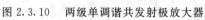
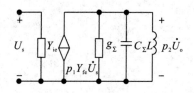

图 2.3.10　两级单调谐共发射极放大器　　　　图 2.3.11　微变等效电路

回路总电导：

$$g_\Sigma = p_1^2 g_{oe} + g_0 + p_2^2 g_{ie} = 0.1\ \text{mS}$$

（1）单级放大器谐振时的放大倍数（电压增益）：

$$A_{u0} = \frac{p_1 p_2\,|Y_{fe}|}{g_\Sigma} = 22.9$$

（2）有载品质因数为

$$Q_L = \frac{1}{\omega_0 L g_\Sigma} = 36.9$$

单级通频带

$$B = \frac{f_0}{Q_L} = 0.29 \text{ MHz}$$

2.3.3　多级单调谐回路放大器

在实际应用中,往往需要把很微弱的信号放大到足够大,这就要求放大器具有比较高的增益。例如,雷达或通信接收机对微弱信号的放大主要依靠中频放大器,且要求中频放大器有$10^4 \sim 10^6$的放大倍数。显然,单级放大器无法达到如此高的增益。因此高频放大器常常采用多级单调谐放大器级联而成,如图2.3.12所示。

下面讨论多级单调谐放大器级联后,其总的增益、总的通频带、矩形系数等与单级调谐放大器的关系。

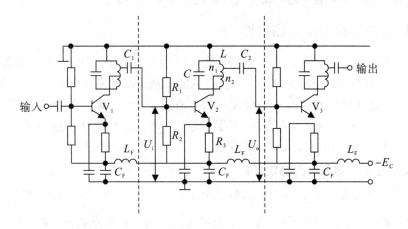

图 2.3.12　三级高频单调谐回路放大器

1. 多级单调谐放大器的增益

假设有 n 级放大器级联,各级的电压增益分别为 A_1,A_2,$\cdots$,A_n,级联后总的增益为各级电压增益的积,即

$$A_\Sigma = A_1 \cdot A_2 \cdot \cdots \cdot A_n \tag{2.3.13}$$

如果各级放大器的增益相同,则

$$A_\Sigma = A_1^n$$

2. 多级单调谐放大器的通频带

n 级相同的单调谐放大器级联时,总通频带为

$$B_\Sigma = \sqrt{2^{\frac{1}{n}} - 1} \cdot \frac{f_0}{Q_L} = \sqrt{2^{\frac{1}{n}} - 1} \cdot B_1 = \Phi_1(n) \cdot B_1 \tag{2.3.14}$$

上式表明,n 级单调谐放大器的总通频带 B_Σ 为单级调谐放大器通频带的 $\Phi_1(n)$ 倍。式中 $\Phi_1(n)$ 称为带宽缩减因子,它表示总通频带缩减到单级通频带的倍数,它总是小于1,n 愈大,其值愈小。所以,n 级总通频带比单级小。级数越多(n 越大)时,总通频带越窄。n 为不同值时 $\Phi_1(n)$ 的数值如表2.3.1所示。

表 2.3.1   单调谐带宽因子和矩形系数与 n 的关系

n	1	2	3	4	5	6	7	8	∞
$\Phi_1(n)$	1	0.61	0.51	0.44	0.39	0.35	0.32	0.3	
$K_{0.1}$	9.95	4.7	3.75	3.40	3.20	3.10	3.00	2.94	2.60

3. 多级单调谐放大器的矩形系数

根据矩形系数的定义，同样可求出 n 级单调谐放大器的矩形系数与级数 n 的关系，见表 2.3.1。从表 2.3.1 中可以看出，多级单调谐放大器电路的电压增益随 n 的增加明显增加，矩形系数也有改善，选择性提高，但通频带变窄。为了满足总通频带的要求，势必要增宽单级放大器的通频带，这就要降低回路 Q_L 值，导致放大器增益的下降。因此，对于多级单调谐放大器来说，选择性、通频带、增益之间的矛盾比较突出。

2.3.4 小信号谐振放大器的稳定性

在高频电路中，调谐放大器的工作稳定性是指放大器的工作状态（直流偏置）、器件参数、电路元件参数等发生变化时，以及不可避免的一些外界干扰存在时，放大器主要特性的稳定程度。一般不稳定现象是中心频率偏移，通频带变窄、谐振曲线变形等；极端不稳定情况是放大器的自激（或寄生振荡）。因此，放大器的工作稳定性是最基本的要求，特别是在整个工作频段内必须使放大器远离自激。

1. 共发射极放大器的最大稳定增益

考虑晶体管内反馈后的高频放大器等效电路如图 2.3.13 所示。由于内反馈的存在，在放大器的输入端将产生一个反馈电压 $\dot{U}'_S$，现定义放大器的稳定系数 $\dot{S}$ 为放大器信号源电压 $\dot{U}_S$ 与 $\dot{U}'_S$ 的比值，即 $\dot{S} = \dot{U}_S / \dot{U}'_S$。

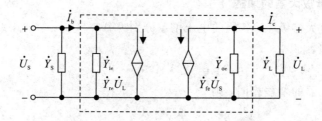

图 2.3.13   共射晶体管 Y 参数等效电路

由图 2.3.13 可见

$$\dot{U}'_S = -\frac{\dot{Y}_{re}\dot{U}_L}{\dot{Y}_S + \dot{Y}_{ie}} = -\frac{\dot{Y}_{re}\dot{U}_L}{\dot{Y}_1} \tag{2.3.15}$$

$$\dot{U}_L = -\frac{\dot{Y}_{fe}\dot{U}_S}{\dot{Y}_{oe} + \dot{Y}_L} = -\frac{\dot{Y}_{fe}\dot{U}_S}{\dot{Y}_2} \tag{2.3.16}$$

$$\dot{S} = \frac{\dot{U}_S}{\dot{U}'_S} = \frac{\dot{Y}_1\dot{Y}_2}{\dot{Y}_{fe}\dot{Y}_{re}} \tag{2.3.17}$$

当 $\dot{S}$ 为正实数时，表明 $\dot{U}'_s$ 与 $\dot{U}_s$ 同相，满足自激振荡的相位条件。当 $|\dot{S}|>1$ 时，$|\dot{U}_s|>$ $|\dot{U}'_s|$，放大器不会自激；当 $|\dot{S}|\leqslant 1$ 时，放大器不稳定。为使放大器远离自激状态而稳定地工作，单级放大器通常选 $|\dot{S}|=5\sim 10$。若 $\dot{S}$ 过大，将导致增益下降太多。

当晶体管的工作频率远低于特征频率时，反向传输导纳中电纳起主要作用，经推导得

$$|\dot{A}_{u0}|=\sqrt{\frac{2|\dot{Y}_{fe}|}{|\dot{S}|\omega_0 C_{re}}}=\sqrt{\frac{2g_m}{|\dot{S}|\omega_0 C_{b'c}}} \qquad (2.3.18)$$

上式说明，放大器的电压增益与稳定系数 $|\dot{S}|$ 的平方根成反比，$|\dot{S}|$ 愈大，稳定性愈高，而增益愈小。当取 $|\dot{S}|=5$ 时，得到最大稳定增益

$$|\dot{A}_{u0}|_s=\sqrt{\frac{2|\dot{Y}_{fe}|}{5\omega_0 C_{re}}}=\sqrt{\frac{g_m}{2.5\omega_0 C_{b'c}}} \qquad (2.3.19)$$

上式是以保证放大器获得稳定可靠工作的电压增益，又称为最大稳定增益。单管共发高频放大器的电压增益由于稳定性的限制，不可能做得很高。至此，可归纳出小信号谐振放大器的晶体管选择原则为：为了工作的稳定性好，应选择 $C_{b'c}$ 小的晶体管；为了使灵敏度高，应选择噪声系数或噪声温度低的晶体管（尤其是高放管）；还应正确选择晶体管的工作点（获得高增益、低噪声）。

2. 克服内反馈的方法

反向传输导纳 $\dot{Y}_{re}\neq 0(C_{b'c}\neq 0)$，它是引起晶体管内部反馈的主要原因，输出信号会通过 $\dot{Y}_{re}$ 反馈到输入端，从而引起放大器工作不稳定，$\dot{Y}_{re}$ 越大，反馈越强，则放大器可能产生正弦或者其他形式的振荡，即产生自激，使放大器无法正常工作。其主要表现有两个方面：一方面是由于内部反馈作用使放大器的输入回路与输出回路加重之间互相牵连，这种互相牵连现象，也即电路的双向性给电路调试、综合调整带来了许多麻烦；另一方面是使放大器工作不稳定，因为放大后的输出电压通过反馈导纳 $\dot{Y}_{re}$ 将一部分输出信号反馈到输入端，反馈到输入端后又经晶体管再次放大，然后通过 $\dot{Y}_{re}$ 又反馈到输入端，如此循环不止，往往产生寄生振荡（或自激），从而破坏了放大器的正常工作。

解决上述不良影响的方法主要有中和法和失配法两种。

1）中和法

中和法是解决放大器的增益和稳定性之间矛盾的一种有效措施。它的方法是在晶体管的输入端和输出端之间引入一个外加的反馈电路（中和电路），使它的作用与晶体管内部反馈的作用相互抵消。通常是在输出回路与晶体管基极之间接入一电容来实现中和作用，该电容亦称作中和电容。

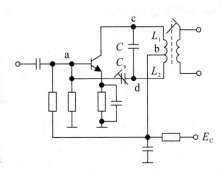

图 2.3.14　采用中和法的谐振放大器

以图 2.3.14 所示的单调谐放大器为例进行分析，图 2.3.15(a) 为其交流等效电路。图中，$C_{b'c}$ 为晶体管的集电结电容，它跨接在晶体管的输入端与输出端之

间，引起晶体管的内部反馈，C_n 为外加的中和电容，其作用是为了抵消 $C_{b'c}$ 的影响。

从图 2.3.15(a) 中可以看出，未加中和电容 C_n 时，由于 $C_{b'c}$ 的作用，有反馈电流 I_r（内部反馈电流）流进 a 点（晶体管输入端）；加 C_n 后，由于 C_n 的作用引出另一反馈电流（外部反馈电流）I_n 流出 a 点。如果 C_n 的值选择合理，使 $I_r = I_n$，则两电流在 a 节点正好相互抵消，即 $\sum I_a = I_r - I_n = 0$。这样引起放大器不稳定的内部反馈电流 I_r 不会进入晶体管基极，从而消除了晶体管内部的不稳定因素的影响。

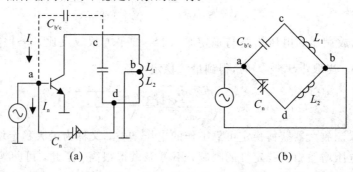

图 2.3.15　中和法的原理电路

上述过程可以看做一个电桥平衡的过程，如图 2.3.15(b) 所示。$C_{b'c}$、C_n 及回路电感 L_1 和 L_2 正好构成一个桥式电路，根据电桥平衡原理，若电桥对边两臂的阻抗乘积相等，则 cd 两端（放大器输出端）的电压不会对 ab 两端（放大器输入）产生影响，即放大器的输出信号不会反馈到输入端。根据电桥平衡条件，有

$$\omega L_1 \frac{1}{\omega C_n} = \omega L_2 \frac{1}{C_{b'c}}$$

即

$$C_n = \frac{L_1}{L_2} C_{b'c} \tag{2.3.20}$$

可见，在电路的 ad 两点间外接一个中和电容，使之成为电桥的一个臂，并适当选择 C_n 的值，使之满足电桥平衡条件，就可以消除 $C_{b'c}$ 引起的内部反馈，提高放大器的稳定性。

图 2.3.14 是采用自耦变压器耦合的连接方法来连接中和电容的。除此之外也可以采用变压器耦合的连接方法，即调谐回路接在变压器的初级，中和电容接在次级。如图 2.3.16 所示。在这里需注意同名端的位置，应使高频信号通过变压器后反相一次，否则不仅不能克服晶体管的内部反馈，反而会起相反的作用。

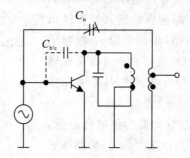

图 2.3.16　变压器耦合的中和连接

中和法的主要优点是增益高，因为它不是靠牺牲增益来获取稳定性的。但其缺点也是突出的，主要有三点：一是中和不彻底，实际上 $\dot{Y}_{re}$ 还有电导部分；二是与工作点关系大，因 $C_{b'c}$ 与工作点有关；三是与频率有关，因 $\dot{Y}_{re}$ 中的等效电容与频率有关。由上可知，在波段工作时中和法的中和效果较差，在要求严格的场合一般都采用失配法而不用中和法。

2）失配法

失配法（单向化）的道理很容易理解，当输出电路严重失配时，输出电压相应减小，反馈到输入端的信号就进一步减弱，对输入电路的影响也随之减小。通过增大负载电导，使输出电路严重失配，失配越严重，输出电路对输入回路的反馈作用就越小，这样，放大器基本上可以看做是单向化的。常用的办法是将两晶体管按共射 — 共基方式连接，做成复合管形式。

图 2.3.17 为某接收机高频放大电路，该电路采用了共射 — 共基组合电路。由于作为共射电路负载的共基输入导纳较大，因而使共射电路输出端负载失配，电压增益降低，输出电压减小，从而共射电路虽然电流增益较小（接近为1），但其电压增益较大。所以二者级联后，互相补偿，电流与电压增益都比较大。与中和法相比，失配法的突出特点是能在频率较宽的范围内削弱内部反馈的影响，因此适合于做频率可调节的高频调谐放大器。

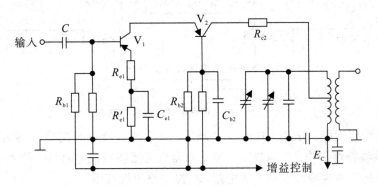

图 2.3.17　采用共射 — 共基组合电路的高频放大电路

2.4　集中选频放大器与集成放大器

在现代电子技术中，随着固体滤波技术的发展，已设计和生产出能满足不同电路要求的集中选频器。近年来，各种每级都配有调谐回路的选频放大电路已逐渐被高增益宽带线性放大器和各种集中选频器组成的放大电路所代替，从而使电路的调整大大简化，电路频率特性得到改善，电路稳定性也得到很大提高，应用越来越广泛。

2.4.1　基本组成与特点

多级调谐回路放大器虽然增益高，但调整相当麻烦，工作也不易稳定，而且通频带、选择性也难以满足现代化通信、雷达系统、电视系统等越来越高的要求。

集中选频放大器的组成如图 2.4.1 所示。集中选频器主要起选频作用，以对可能进入宽带放大器的带外干扰与噪声信号进行一定的衰减，改善信号的质量，一般是陶瓷滤波器、石英晶体滤波器、声表面滤波器、集中 LC 滤波器等。前置宽带放大器主要起放大作用，使信号达到足够的幅度，以补偿后面集中滤波器的损耗。它一般为集成运算放大器，也可以是分立元件组成的高增益放大器。

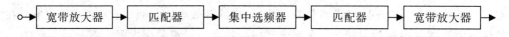

图 2.4.1　集中选频放大器的组成

前面的宽带放大器多采用集成电路宽带高增益的多级放大器，增益可达 60 dB 以上，在电视接收机中应用较多。加在选频器与放大器之间的匹配器一般为 LC 匹配网络，以保证选频器能满足对信号的选择性要求。随着电子技术的飞速发展和新型元器件的不断涌现，小信号选频放大器越来越多地采用放大与选频两种功能相对集中、分开制作的办法。

与分散选频式的多能调谐放大器相比，集中选频放大器有以下特点：

(1) 可选用矩形系数接近于 1 的优质滤波器，因而放大器的选择性好，调整也容易。

(2) 变换中心频率和带宽方便。如图 2.4.2 所示，只要拨动开关 S，即可更换滤波器，从而改变中心频率和带宽。

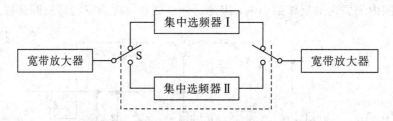

图 2.4.2　中心频率和宽带可变的集中选频放大器

(3) 温度稳定性好。分散式选频放大器中，每个滤波器都与温度敏感的晶体管相连，因此温度对滤波特性影响大。而集中选频放大器只与滤波器相连的晶体管才对滤波性能产生影响。如果选用温度特性好的宽放电路，则温度稳定性就更好。

(4) 采用集成的宽放集中放大器，可以缩小电路体积，提高工作可靠性，从而优化电路。

(5) 易于大规模生产，成本低。

2.4.2　集中滤波器

1. 陶瓷滤波器

陶瓷滤波器是利用陶瓷片的压电效应制成的，它的材料一般是锆钛酸铝陶瓷。制作时，先在陶瓷片的两面涂上氧化银浆，然后加高温使之还原为银，并且牢固附着在陶瓷片上，形成两个电极，再经过直流高压极化后，陶瓷片就有了压电效应。所谓压电效应，就是当有机械力(压力或张力)作用于陶瓷片时，陶瓷片的表面就会出现等量的正负电荷，称为正压电效应。反之，当陶瓷片的两面加上极性不同的电压时，陶瓷片的几何尺寸就会发生变化(伸长或缩短)，称为反压电效应。显然，如果陶瓷片两个端面上加上交流电压，陶瓷片就会随交流电压极性周期性地变化而产生机械振动，同时由于反压电效应，陶瓷片两端面产生极性周期变化的正负电荷，即产生交流电流。当外加电压的频率正好等于陶瓷片固有振动频率(其值取决于陶瓷片的结构和几何尺寸)时，将会出现谐振现象，此时机械振动最强，形成的交流电流也最大，这就表明压电陶瓷片具有与谐振电路相似的特性。

陶瓷滤波器的等效电路和电路符号如图 2.4.3 所示。图中，C_0 等效于压电陶瓷片的固定电容值（或称静态电容值），L_q、C_q、r_q 分别等效于陶瓷片机械振动时的惯性、弹性、摩擦损耗。可见陶瓷滤波器有两个谐振点：

一个是由 L_q、C_q、r_q 组成的串联谐振回路，其谐振频率为

$$\omega_q = \frac{1}{\sqrt{L_q C_q}} \tag{2.4.1}$$

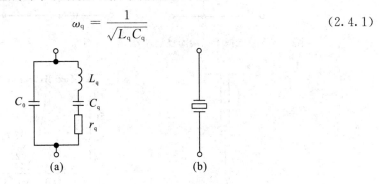

图 2.4.3   陶瓷滤波器的等效电路及电路符号

另一个是由 L_q、C_q、r_q 和 C_0 组成的并联谐振回路，其谐振频率为

$$\omega_p = \frac{1}{\sqrt{L_q \cdot \dfrac{C_q C_0}{C_q + C_0}}} = \frac{1}{\sqrt{L_q C_q}} \cdot \sqrt{1 + \frac{C_q}{C_0}} = \omega_q \cdot \sqrt{1 + \frac{C_q}{C_0}} \tag{2.4.2}$$

通常 $C_0 \gg C_q$，所以 $\omega_p \approx \omega_q$，即两个谐振频率相距很近。当外加信号频率等于陶瓷滤波器的串联谐振频率 ω_q（或 f_q）时，会发生串联谐振，陶瓷滤波器的等效电抗为 0；当外加信号频率等于陶瓷滤波器的并联谐振频率时，会发生并联谐振，其电抗为无穷大。陶瓷滤波器电抗频率特性曲线如图 2.4.4 所示。

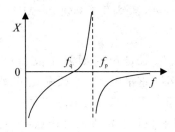

图 2.4.4   陶瓷滤波器的抗频率特性曲线

如果用两个陶瓷片连成如图 2.4.5 所示的形式，并适当选择串臂和并臂滤波器的谐振频率，即可获得比较理想的滤波特性。压电陶瓷片的厚度、半径不同时，其等效参数也不相同。若将不同谐振频率的若干个压电陶瓷片组合连接，就可获得矩形系数接近于 1 的理想滤波器，如图 2.4.6 所示。图 2.4.7 所示为三端陶瓷滤波器的电路符号。图 2.4.8 为一典型三端陶瓷滤波器的传输特性（其中心频率为 465 kHz）。

陶瓷滤波器的工作频率可以从几百千赫到几兆赫。其主要缺点是频率特性曲线难以控制，生产一致性差，通频带往往不够宽等。

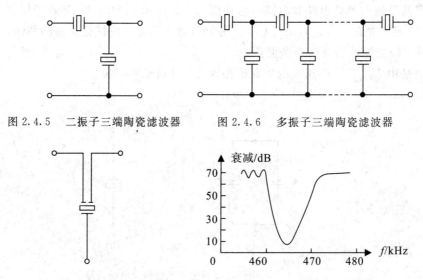

图 2.4.5　二振子三端陶瓷滤波器　　　　图 2.4.6　多振子三端陶瓷滤波器

图 2.4.7　三端陶瓷滤波器电路符号　　　图 2.4.8　三端陶瓷滤波器的传输特性

2. 石英晶体滤波器

晶体滤波器和陶瓷滤波器一样,也是利用压电效应原理制成的。晶体滤波器的材料是石英晶体。石英是一种天然矿石,采用切割工艺,按照一定方位将晶体切成薄片,切片的尺寸和厚度随工作频率不同而不同。石英晶片切割加工后,两面敷银,再用引线引出,封装即成。

晶体滤波器具有比陶瓷滤波器更高的品质因数,一般 Q 值可在几千以上,特殊情况下 Q 值可达 1 万左右,因此可以得到上下变化极陡的谐振曲线。

石英晶体的等效电路、电路符号、电抗频率曲线都和压电陶瓷片一样。实际使用中晶体滤波器的工作频率比陶瓷滤波器高一些,约为几千赫到 100 MHz,其稳定性也比陶瓷滤波器好。

3. 声表面波滤波器

目前应用最广泛的集中选频器是声表面波滤波器(Surface Acoustic Wave Filter, SAWF)。这种滤波器具有体积小、重量轻、中心频率高(几兆赫至 1 GHz)、相对带宽较宽(可达 30%)、矩形系数可接近于 1 等特点。它采用与集成电路工艺相同的平面加工工艺,具有制造简单、成本低、重复性和设计灵活性高等优点,在通信、雷达、彩电等电子设备中得到了广泛应用。

滤波器的基片材料是石英、铌酸锂、钛酸钡等压电晶体,经表面抛光后在晶体表面蒸发上一层金属膜,并经光刻工艺制成如图 2.4.9(a)所示的两组相互交错的叉指形金属电极,它具有能量转换的功能,所以称为叉指换能器。在声表面波滤波器中,输入端和输出端各有一个这样的换能器。

当在一组换能器两端加上交流信号电压时,由于压电晶片的反压电效应,压电晶片产生弹性振动,并激发出与外加信号电压同频率的弹性波,即声波。这种声波的能量主要集中在晶体的表面,深度仅为弹性波的一个波长,故称声表面波。叉指电极产生的声表面波,沿着与叉指电极垂直的方向双向传输,其中一个方向的声波被吸声材料吸收,另一个方向的声波则传送到输出端叉指换能器,通过正压电效应还原成电信号送入负载。

当信号频率等于叉指换能器的固有频率 ω_0 时,换能器产生共振,输出信号幅度最大,

当信号频率偏离 ω_0 时，输出信号幅度减小，所以声表面波滤波器有选频作用。在谐振时，叉指换能器的等效电路可用电容 C 和电阻 R 并联组成的等效电路来表示，如图 2.4.9(b) 所示。图 2.4.9(c) 为声表面波滤波器的电路符号。

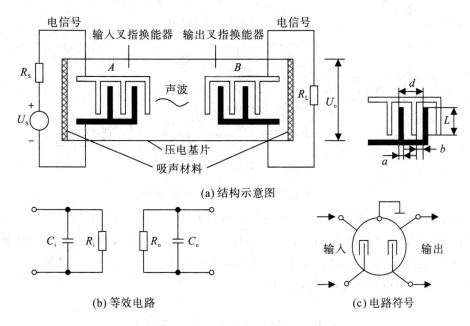

(a) 结构示意图

(b) 等效电路　　　　　　　　　　(c) 电路符号

图 2.4.9　声表面波滤波器的结构示意图、等效电路及电路符号

2.4.3　集中选频放大器实例

图 2.4.10(a) 给出了用于电视机中放电路的声表面波滤波器实用电路，图 2.4.10(b) 是该电路的中频放大器的幅频特性，它是由 SAWF 来实现的。经过 SAWF 中频滤波以后的图像中频 (PIF) 信号输入到集成中放电路中，经过三级具有 AGC 特性的中频放大级放大后，送到视频同步检波器。从图 2.4.10(b) 可看到，采用声表面波滤波器后，中放电路能够获得比 LC 中频滤波器更优良的幅频特性。

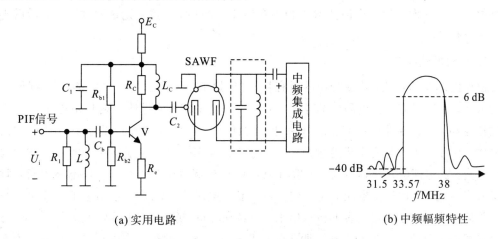

(a) 实用电路　　　　　　　　　　(b) 中频幅频特性

图 2.4.10　用于电视机中放电路的声表面波滤波器

图 2.4.11 为彩色电视机中由多个陶瓷滤波器组成的色度信号与伴音信号分离电路。彩色电视机中，从视频检波出来的信号同时包含有中频频率为 6.5 MHz、带宽为 130 kHz 的调频伴音信号及中频频率为 4.43 MHz、带宽为 1.3 MHz 的色度信号。

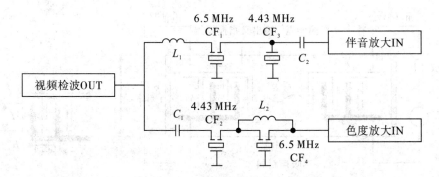

图 2.4.11　彩色电视机色度信号与伴音信号分离电路

因此，在视频检波以后，必须由滤波器分别将两种信号取出来。电路中，三端陶瓷滤波器 CF_1 与 CF_2 的中心频率分别为 4.43 MHz 和 6.5 MHz，各自将对应频率的信号取出来，而两端陶瓷滤波器则构成陷波器，将串到对方信道的信号吸收掉。与滤波器相连的电感与电容和滤波器内部电容构成匹配网络。

2.5　电噪声与噪声系数

2.5.1　电子噪声的基本概念

在通信设备及高频仪表中，除了有用信号外，还有许多不需要的信号，一般称之为干扰及噪声。通常将有确定来源、有规律的外部与内部的无用信号称为干扰，如 50 Hz 的电源干扰、工业干扰及无线电波干扰等；将电子线路中某些元器件产生的随机起伏的电信号称为噪声，因为这种信号都是与电子或载流子的电扰动有关，故统称为电子噪声。在电子线路中的噪声来源主要是电阻热噪声和半导体噪声。下面着重讨论这两种噪声，最后再讨论噪声系数。

1. 电阻的热噪声

根据物理学的观点，构成物质的所有粒子(包括带电的微粒 —— 自由电子)都处于热运动状态。一个具有一定电阻值的导体，由于有一定的温度，导体中的自由电子处于不规则的热运动，通过导体任一截面的自由电子数目是随时间而变化的，即使在导体两端无外加电压，在导体中也会有由于这种热运动而引起的电流，这种呈起伏状态的电流称为起伏噪声电流。此电流流过导体本身，就会在其两端产生起伏噪声电压，对外电路而言，就是起伏噪声电动势。由于此电压非常微弱，用一般的电压表是难以测量出来的，必须要经过高增益放大之后，才能在电表上指示出来，或者在耳机(扬声器)中听到沙沙声。

根据热力学统计理论和实践证明，在电阻 R 两端产生的热噪声电动势的均方值为

$$\overline{E_n^2} = 4KTRB_n \tag{2.5.1}$$

式中：K 为波尔兹曼常数，其值为 1.38×10^{23} 焦耳／度（绝对温度）；T 为电阻的绝对温度（K），0 K $= -273$ ℃；B_n 为表示能够通过接收机（或网络）的噪声频谱宽度，亦称等效噪声带宽。

由式(2.5.1)可知，电阻 R 越大，频带越宽，温度越高，则噪声电压就越大。但实际上，这个关系式并不能全面地表示出电阻中的噪声电平。电阻中的实际噪声还与电阻的材料、结构有关。如老设备中曾用过的实心碳质电阻，由于其颗粒状碳粉之间接触电阻的不稳定，因而其噪声较大，而各种薄膜型电阻不是颗粒结构，噪声较小。此外，小型电阻体积小，不易散热，其噪声也要大一些。

对于含有电抗元件的网络，总是把元件中的损耗用等效的集中电阻元件表示，它所产生的热噪声可用式(2.5.1)来计算，而认为电抗元件是无耗的，不会产生噪声。

例如，天线等效电路由辐射电阻 R_A 和电抗 X_A 组成。辐射电阻只表示天线接收或辐射信号功率，它不同于天线导体的电阻（近似等于零），就天线本身而言，热噪声是非常小的。但是，天线周围的介质微粒处于热运动状态，这种热运动产生扰动的电磁波辐射（噪声功率），而且这种扰动辐射被天线接收后又辐射出去。当接收功率与辐射功率相等时，天线与其周围介质处于热平衡状态，因此天线中就有了噪声。因为热辐射是由介质微粒热运动产生的，所以天线噪声具有热起伏性质，也叫天线热噪声。

2. 电子器件的噪声

1）电子二极管的噪声

目前广泛采用电子二极管作为标准噪声发生器，供测试噪声的仪器使用。电子二极管的噪声是一种典型的散粒噪声。

电子二极管加上一定灯丝电压后，灯丝（阴极）就发射电子，当阳极正向电压足够大时，阳极电流就达到饱和值。阳极电流的大小取决于阴极温度，温度愈高，阳极电流愈大。

当灯丝电压及阳极电压不变时，用电流表测量的指示是恒定的。但若在阳极电路中串接一个小电阻，将宽带示波器并接于电阻两端观察阳极电流之波形，可看出它是上下起伏波动的，其波形和电阻热噪声的波形一样。这是因为即使灯丝电压和阳极电压保持不变，从阴极发射出来的电子数目并不是每瞬间都相等，实际上是围绕着一个平均值上下随机地波动，形成起伏现象，这是由电子的散粒性形成的，通常称之为散粒噪声。实验和理论皆可证明，散粒噪声的频谱在很宽的频率范围内都是均匀的，是一种白噪声。

2）晶体二极管的噪声

同电子二极管一样，晶体二极管的噪声主要也是散粒噪声。

3）晶体三极管的噪声

晶体三极管的噪声问题比较复杂，产生噪声的原因也比较多，例如有基极体电阻的热噪声、载流子运动的散粒噪声、分配噪声、渡越噪声、$1/f$ 噪声等等。晶体管的噪声对频率也不是均匀分布的，在低频段是随工作频率的升高而下降，在某频段表现为均匀的，超过某频率又迅速增大。晶体管的噪声还与工作状态、信号源内阻有关。总之，计量晶体管的噪声要以实验为主，一般计量其总效果，用噪声系数表示。晶体管手册中，通常给出某频段和某工作状态时的噪声系数。例如晶体管 3DG56B，在 $f = 100$ MHz，$I_E = 3$ mA，$U_{CB} = 6$ V 时，噪声系数 $N_F = 4$ dB。关于噪声系数的意义，后面将介绍。

3. 噪声系数与噪声温度

从效果来看，一个实际线性网络的噪声性能好坏，可以用它的输出噪声电平大小或输出信噪比的高低来衡量。而实际上，这两个参量并不能真正反映网络本身的噪声性能。首先，网络的输入端总要与信号源相连，因此网络的输出噪声中，不仅有网络本身的，也有来自信号源内阻的热噪声。其次，网络输出端的信噪比总是与输出信号强度有关，而输出信号强弱又与输入信号强度和网络增益等特性有关。再次，在由多个网络组成的系统中，单纯考虑整个系统的输出信噪比，并不能说明各个网络对此信噪比的影响程度，也就不能确切地掌握改进整个系统输出信噪比的方向。

考虑到上述诸因素，引入了"噪声系数"这个概念，它可以比较确切地在数量上评价网络本身的噪声性能。

1) 噪声系数的定义

图 2.5.1 所示为一线性四端网络，其中 S_i 为网络的输入信号功率，N_i 为网络的输入噪声功率(信号源内阻 R_S 产生的噪声)，S_o 为网络的输出信号功率($S_o = K_P \cdot S_i$)，N_o 为网络的输出噪声功率，N_A 为网络内部噪声在输出端产生的功率。

图 2.5.1　线性四端网络

对于一个线性四端网络，其噪声系数 N_F 的定义如下：

$$N_F = \frac{输入端信噪比}{输出端信噪比} = \frac{\dfrac{S_i}{N_i}}{\dfrac{S_o}{N_o}} \tag{2.5.2}$$

即当网络输入端接上一个标准信号源时，它的输入端信噪比与输出端信噪比之比值，就称为该网络的噪声系数。

所谓"标准信号源"，即指该信号源除了包含信号电压 U_S 和内阻 R_S 外，还包含由该内阻所产生的热噪声电压，并规定 R_S 的温度为 290 K(标准噪声温度)。

由式(2.5.2)又可得 N_F 的另一种形式：

$$N_F = \frac{N_o}{\dfrac{S_o N_i}{S_i}} = \frac{N_o}{K_P N_i} \tag{2.5.3}$$

式中，$K_P = S_o / S_i$，是网络的功率放大倍数。

式(2.5.3)表明，N_F 等于网络总输出噪声功率 N_o 与信号源内阻在输出端所产生的噪声功率($K_P N_i$)的比值，而 N_o 等于 $K_P N_i$ 与网络内部噪声在输出端产生的功率 N_A 之和，即

$$N_o = K_P N_i + N_A$$

将其代入式(2.5.3)，可得到

$$N_F = 1 + \frac{N_A}{K_P N_i} \tag{2.5.4}$$

若网络是理想的，无内部噪声，即 $N_A = 0$，则 $N_F = 1(0 \text{ dB})$，即信号通过网络后其信噪比未发生变化，则有

$$\frac{S_i}{N_i} = \frac{S_o}{N_o}$$

若网络内部有噪声，$N_A \neq 0$，则

$$\frac{S_i}{N_i} > \frac{S_o}{N_o} \qquad N_F > 1$$

显然，噪声系数就是网络输出的信噪比相对其输入端信噪比变坏的倍数。N_F 数值越大，说明网络内部噪声越大，其噪声性能越差。所以，用噪声系数来衡量一个设备的噪声性能是合适的。

2）噪声温度

在许多情况下，特别是在低噪声系统中，如卫星通信地面站的接收机中，常用噪声温度 T_e 而不用 N_F 来表示设备的噪声性能。

T_e 的定义是：假设实际网络内部的噪声功率 N_A 是由信号源内阻 R_S 的热噪声所产生的，此时 R_S 的温度即为 T_e。利用式（2.5.3）和式（2.5.4）可得到：

$$N_F = 1 + \frac{T_e}{T} \tag{2.5.5}$$

或

$$T_e = (N_F - 1)T \tag{2.5.6}$$

显然，噪声温度 T_e 与内部噪声功率 N_A 相对应。这一概念可以推广到系统内有多个噪声源的场合，或者推广到多级放大器中，利用噪声均方相加的原则，可以用电路中某一点（大多数为信号源内阻 R_S 上）的噪声温度相加来求总的噪声温度和噪声系数。采用噪声温度还有一个优点，即在某些低噪声器件或系统中，内部噪声很小，噪声系统仅稍大于 1，这时用噪声温度比用噪声系统更能比较出各器件或系统之间的差别。

2.5.2　多级线性放大器的噪声系数

无线电设备是由许多单级放大器组成的。分析研究其总噪声系数与各级噪声系数之间的关系是有实际意义的，因为它指出了降低噪声系数的方向。下面首先看看两级电路的情况。

设两级放大器的噪声如图 2.5.2 所示，每一、二级的额定功率增益、噪声系数、内部噪声分别为 K_{PM1}、N_{F1}、N_{A1} 和 K_{PM2}、N_{F2}、N_{A2}，KTB_n 是信号源内阻的热噪声输送给放大器的额定功率。设等效噪声频带为 B_n。

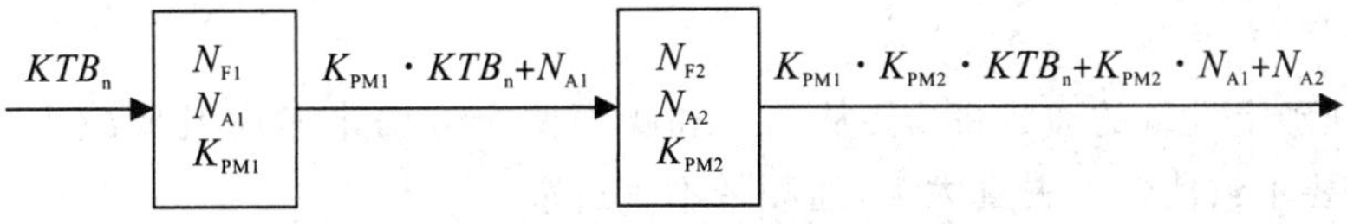

图 2.5.2　两级线性放大器的噪声

当两级放大器没有连接时，由式（2.5.4）可知，第一级放大器的噪声系数为

$$N_{F1} = \frac{N_{oM1}}{K_{PM1} KTB_n}$$

式中，N_{oM1} 由两部分组成：一是被放大了的输入噪声功率；二是放大器本身的内部噪声在输出端产生的噪声功率 N_{A1}，则有

$$N_{F1} = \frac{N_{oM1}}{K_{PM1} \cdot KTB_n} = \frac{K_{PM1}KTB_n + N_{A1}}{K_{PM1} \cdot KTB_n}$$

$$= 1 + \frac{N_{A1}}{K_{PM1} \cdot KTB_n}$$

所以

$$N_{A1} = (N_{F1} - 1)K_{PM1} \cdot KTB_n \tag{2.5.7}$$

同理，第二级放大器的内部噪声在输出端产生的噪声功率 N_{A2} 为

$$N_{A2} = (N_{F2} - 1)K_{PM2} \cdot KTB_n \tag{2.5.8}$$

但需注意，必须将两级放大器断开，并将信号源移至第二级的输入端，方能得出上式。

然后，再将两级放大器连接起来，则有总的输出噪声额定功率：

$$N_{oM} = K_{PM1}K_{PM2} \cdot KTB_n + K_{PM2}N_{A1} + N_{A2} \tag{2.5.9}$$

将式(2.5.7)、式(2.5.8)代入上式，即可求出总的噪声系数：

$$N_F = \frac{N_{oM}}{K_{PM} \cdot KTB_n} = 1 + (N_{F1} - 1) + \frac{N_{F2} - 1}{K_{PM1}}$$

$$= N_{F1} + \frac{N_{F2} - 1}{K_{PM1}} \tag{2.5.10}$$

上式可推广到多级放大器，其总的噪声系数为

$$N_F = N_{F1} + \frac{N_{F2} - 1}{K_{PM1}} + \frac{N_{F3} - 1}{K_{PM1}K_{PM2}}$$

$$+ \frac{N_{F4} - 1}{K_{PM1}K_{PM2}K_{PM3}} + \cdots + \frac{N_{Fn} - 1}{K_{PM1} \cdots K_{PM(n-1)}}$$

$$\tag{2.5.11}$$

由上式可见，多级线性放大器总的噪声系数主要取决于前一、二级，而和后面各级的噪声系数几乎没有关系。这是由于前两级放大器的内部噪声被放大的倍数大，它在输出端总噪声中所占的比重大，所起的作用也大。因此，在多级线性放大器中，最关键的是第一级，不仅要求它的噪声系数小，而且要求它的功率增益尽可能高。我们在超外差接收机中设置高频放大器，其重要原因之一就在于此。

2.5.3　减小噪声系数的方法

根据上面的分析，可得出如下几种减小噪声系数的方法：

（1）合理选择晶体管及其电路。选 N_F 小的晶体管，但要正确选择工作点，尽量使其稳定增益高。

（2）合理确定设备的通频带。要从信号和噪声两个方面来考虑既要减小噪声（通频带尽量窄），又要不致使信号失真太大（通频带不宜过窄）。

（3）合理选择信号源内阻。要使信号源内阻近似等于网络的输入电阻，以取得最大的功率增益和最小的噪声系数。

（4）降低放大器的工作温度。特别是前端主要器件的工作温度应尽量低。对灵敏度要求特别高的设备，这一点尤为重要。

小　　结

本章讨论的内容是学习本课程的重要基础内容。

1. 串联谐振电路是指将电感、电容、信号源三者串联连接；并联谐振回路是指将电感、电容、信号源三者并联连接。它们的共同点如下：

（1）当 Q 值较高时，谐振频率均为

$$f_0 = \frac{1}{2\pi\sqrt{LC}} \qquad \omega_0 = \frac{1}{\sqrt{LC}}$$

（2）广义失谐量均为

$$\xi = Q\varepsilon = Q\frac{2\Delta f}{f_0}$$

（3）通频带均可表示为

$$B_{\mathrm{W}} = \frac{f_0}{Q}$$

2. 串联谐振电路和并联谐振回路的不同点如下：

（1）串联谐振回路谐振时，其电感和电容上的电压为信号源电压的 Q 倍，为电压谐振；并联谐振回路谐振时，电感和电容支路的电流为信号源电流的 Q 倍，为电流谐振。

（2）串联谐振回路失谐，当 $f > f_0$ 时，回路呈感性，$f < f_0$ 时，回路呈容性；并联谐振回路失谐，当 $f > f_0$ 时，回路呈容性，$f < f_0$ 时，回路呈感性。

（3）串并联阻抗互换时，

$$X_串 = X_并，R_并 = Q^2 R_串（Q \text{ 较大时}）$$

（4）回路采用抽头接入的目的是减小负载和信号源内阻对回路的影响，由部分折合到回路的全部时，等效电阻提高 $1/p^2$ 倍，即采用抽头接入时，回路的 Q 值提高了。

3. 小信号谐振放大器的选频性能可由通频带和选择性两个质量指标衡量。矩形系数可以衡量实际幅频特性接近理想幅频特性的程度，矩形系数越接近 1，则选择性越好。

4. 高频小信号放大器由于信号小，可以认为工作在晶体管的线性范围内，所以常采用等效电路法进行分析。Y 参数和 π 型等效电路是描述晶体管工作状况的重要等效模型。为计算方便，常使用 Y 参数等效电路对放大器的性能指标进行计算，Y 参数不仅与静态工作点有关，还会随工作频率的变化而变化。

5. 高频小信号谐振放大器的主要性能指标是：增益、通频带、矩形系数、波段平稳度、带宽增益积等。

6. 为了克服自激，常采用中和法和失配法。

7. 噪声系数的概念为我们设计电路提供了理论指导。噪声系数的大小反映了系统内部噪声的大小。

思考与练习

一、填空题

1. 限制晶体管高频运用的因素主要有三个：（   ）、（   ）、（   ）。

2. Y 参数等效电路的优点是（   ），缺点是（   ）。

3. 晶体管内部反馈的不良影响是（   ）。

4. 克服晶体管内部反馈影响的措施有（   ）和（   ）。

5. 小信号谐振放大器中，使并联谐振回路电感支路的电阻 r 加大，则回路的通频带将变（   ）。

6. 随着级数的增多，多级小信号放大器的总通频带将（   ），总增益将（   ），总矩形系数将（   ），总的稳定性将（   ）。

7. 实际矩形系数越趋近于（   ），则谐振曲线越接近于矩形，曲线边沿下降越陡直，表明抑制其干扰信号的能力越强，选择性越好。

8. 某单调谐小信号谐振放大器，若工作频率为 $1\,\mathrm{MHz}$，有载品质因素 $Q_L = 100$ 矩形系数，则矩形系数 $K_{0.1} = （   ）$，带宽 $B = （   ）$。

二、判断题

1. 串联谐振电路谐振时，等效为纯电阻，阻抗值最大。（   ）

2. 串联谐振回路的通频带反比于回路的 Q 值，Q 值越大通频带越窄，反之通频带越宽。（   ）

3. 对于高频小信号放大器来说，由于信号微弱，可以认为它是工作在晶体管的线性范围之内，这时允许把晶体管看成有源四端网络来分析。（   ）

4. 单调谐放大器的矩形系数 $K_{0.1}$ 远大于 1，所以其选择性较好，但抑制邻道干扰的能力很差。（   ）

5. 多级小信号放大器总的矩形系数和级数的多少无关。（   ）

三、选择题

1. 当电容和电感组成并联谐振回路时，回路的品质因数 Q 值主要取决于（   ）。

    A. 电感的品质因数　　　　　　　　B. 电容的品质因数

    C. 回路的固有谐振频率　　　　　　D. 外加信号的频率

2. 串联 LC 谐振电路的固有谐振频率为 ω_0，若外加信号角频率 $\omega = \omega_0$，则流过串联 LC 谐振电路的电流达到（   ）。

    A. 最小　　　　　　　　　　　　　B. 最大

    C. 0　　　　　　　　　　　　　　　D. 无法判断

3. 反映了放大器输入电压对输出电流的控制作用的 Y 参数是（   ）。

    A. Y_{ie}　　　　　　　　　　　　　B. Y_{fe}

    C. Y_{re}　　　　　　　　　　　　　D. Y_{oe}

4. 单调谐小信号放大器，当回路的 Q 值升高时，则（　　）。

A. 谐振曲线变尖　　　　　　　　B. 矩形系数变小

C. 谐振曲线变尖，矩形系数变小　　D. 无法判断

5. 某多级单调谐小信号放大器，总的矩形系数 K 将（　　）。

A. 增大　　　　　　　　　　　　B. 减小

C. 不变　　　　　　　　　　　　D. 不确定

6. 为了使小信号调谐放大器具有良好的选择性，应该（　　）。

A. 采用多级单调谐放大器　　　　B. 采用多级双调谐放大器

C. 采用级联电路　　　　　　　　D. 采用集中选频放大器

四、综合题

1. 高频小信号调谐放大器有哪些主要技术指标？

2. 高频小信号调谐放大器中为什么要引入接入系数？

3. 影响谐振放大器稳定性的因素是什么？

4. 什么是噪声系数？

5. 图 P2.1 四种谐振回路哪些是串联谐振回路，哪些是并联谐振回路？

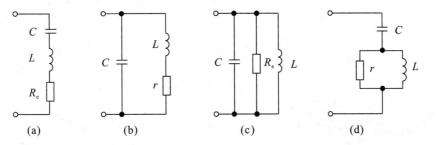

(a)　　　　　　(b)　　　　　　(c)　　　　　　(d)

图 P2.1

6. 有一个并联谐振回路，如图 P2.2 所示。LC 回路的空载品质因数 $Q_0 = 100$，1—3 间电感 $L = 586\ \mu H$，$C = 200\ pF$。各电感间为紧耦合，1—2 为 100 匝，2—3 为 25 匝，4—5 为 15 匝，激励源内阻 $R_S = 5\ k\Omega$，负载 $R_L = 2\ k\Omega$。求回路的通频带 B。

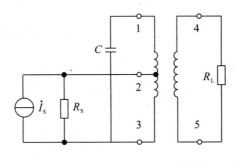

图 P2.2

7. 某单调谐放大器如题 P2.3 所示，已知 $f_0 = 465\ kHz$，$L = 560\ \mu H$，$Q_0 = 100$，$N_{12} = 40$ 圈，$N_{13} = 160$ 圈，$N_{45} = 20$ 圈，晶体管的 Y 参数为：$g_{ie} = 1\ mS$，$g_{oe} = 110\ \mu S$，

$C_{ie} = 400$ pF，$C_{oe} = 62$ pF，$Y_{fe} = 28\angle 34°$mS，$Y_{re} = 2.5\ \mu$S。

试计算：

（1）谐振电压放大倍数 $|A_{u0}|$；

（2）通频带。

（3）回路电容 C。

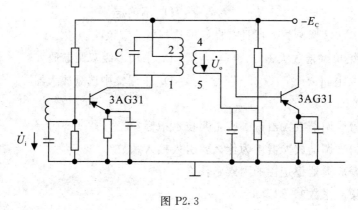

图 P2.3

第 3 章　　高频谐振功率放大器

3.1　概　　述

　　高频谐振功率放大器(简称高频功放)的主要功用是放大高频信号，并且以高效输出大功率为目的。它主要应用于各种无线电发射机中。发射机中的振荡器产生的信号功率很小，需要经多级高频功率放大器才能获得足够高的功率，送到天线辐射出去。高频功放的输出功率范围，可以小到便携式发射机的毫瓦级，大到无线电广播电台的几十千瓦甚至兆瓦级。目前，功率为几百瓦以上的高频功放，其有源器件大多为电子管，几百瓦以下的高频功放则主要采用双极晶体管和大功率场效应管。已知能量(功率)是不能放大的，高频信号的功率放大，其实质是能量转换，即在输入高频信号的控制下将电源直流功率转换成高频功率。在转换的过程中，不可避免地存在能量的损耗，这部分损耗的功率通常变成了热能，如果损耗功率过大，就会使功率放大器过热而损坏。所以功率放大器研究的主要问题是如何减小损耗和获得足够的输出功率。

　　放大器工作在什么状态，直接影响到其能量转换效率。由先修课程可知，低频功率放大器(简称低频功效)可以工作在甲(A)类状态，也可以工作在乙(B)类状态，或甲乙(AB)类状态。乙类状态要比甲类状态效率高(甲类 $\eta_{\max} = 50\%$；乙类 $\eta_{\max} = 78.5\%$)。为了提高效率，高频功率放大器多工作在丙(C)类状态。为了进一步提高高频功率放大器的效率，近年来又出现了 D 类、E 类和 S 类等开关型高频功率放大器。本章主要讨论丙类功率放大器的工作原理。

　　尽管高频功放和低频功放的共同点都要求输出功率大和效率高，但二者的工作频率和相对频带宽度相差很大，因此存在着本质的区别。低频功放的工作频率低，但相对频带很宽。工作频率一般在 $20 \sim 20000\,\mathrm{Hz}$，高频端与低频端之差达 1000 倍。所以，低频功放的负载不能采用调谐负载，而要用电阻、变压器等非调谐负载。而高频功放的工作频率很高，可由几百千赫到几百兆赫，甚至几万兆赫，但相对频带一般很窄。例如，调幅广播电台的频带宽度为 $9\,\mathrm{kHz}$，若中心频率取 $900\,\mathrm{kHz}$，则相对频带宽度仅为 1%。因此，高频功放一般都采用选频网络作为负载，故也称为谐振功率放大器。近年来，为了简化调谐，设计了宽带高频功放，如同宽带小信号放大器一样，其负载采用传输线变压器或其他宽带匹配电路，宽带功放常用在中心频率多变化的通信电台中。本章只讨论窄带高频功放的工作原理。

　　由于高频功放通常工作在丙类，属于非线性电路，因此不能用线性等效电路分析，工程上通常采用图解法(折线法)分析，即用折线段来近似表示电子器件的特性曲线，然后对放大器的工作状态进行分析计算。折线法的物理概念清楚，分析问题也很清楚，但计算准确度较低。

3.2　高频功率放大器的工作原理

3.2.1　电路组成及工作原理

谐振功率放大器一般工作在发射机的末级或末前级，以保证输出信号有较大的功率，并通过天线有效地辐射出去。图 3.2.1 为某高频功放的实际电路图。

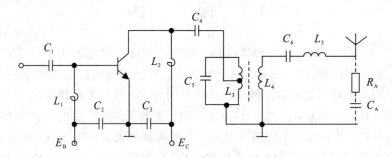

图 3.2.1　高频功放的实际电路图

高频功放主要由以下部分组成：

（1）晶体管：它是电路中的能量转换器件，控制直流能量向交流能量的转换。

（2）电源：高频功放一般包括两个电源，即基极电源 E_B 和集电极电源 E_C。基极电源 E_B 是为了设置合理的工作状态，保证晶体管工作在丙类状态；E_C 提供直流能量。

（3）馈电电路：保证直流电源能馈送到晶体管各电极，同时防止交流信号进入直流电源。馈电电路包括基极馈电（由 L_1、C_1、C_2 构成）和集电极馈电（由 L_2、C_3、C_4 构成）。馈电的形式多种多样，根据具体的需要可选用不同的馈电形式，详细内容将在后面叙述。

（4）耦合回路：主要作用是高效地传输高频信号能量，滤除谐波成分，实现阻抗匹配。高频功放的输入端和输出端均有耦合回路。输入端的耦合回路为高频功放提供激励；输出端的耦合回路就是晶体管集电极的负载，所以输出端的耦合回路又叫做输出回路（由 C_5、C_6、L_3、L_4、L_5、R_A 构成），输出回路应调谐在所需要的输出频率上，并且谐振回路的谐振阻抗应满足工作状态对负载阻抗的要求。输出回路由中介回路（L_3、C_5）和天线回路（L_4、C_6、L_5）构成。C_A、R_A 为等效的天线阻抗。

为了分析方便，由图 3.2.1 所示的实际电路可以得到高频功放的原理电路，如图 3.2.2 所示。除电源和偏置电路外，它还包含晶体管、谐振回路和输入回路三部分。高频功放中常采用平面工艺制造的 NPN 高频大功率晶体管，它能承受高电压和大电流，并有较高的特征频率 f_T。晶体管作为一个电流控制器件，它在较小的激励信号电压作用下，形成基极电流 i_b，i_b 控制了较大的集电极电流 i_c，i_c 流过谐振回路产生高频功率输出，从而完成了把电源的直流功率转换为高频功率的任务。

为了使高频功放高效地输出大功率，常选在 C 类状态下工作。为了保证在 C 类状态下工作，基极偏置电压 E_B 应使晶体管工作在截止区，一般为负值，即静态时发射结为反偏。此时输入激励信号应为大信号，一般在 0.5 V 以上，可达 1～2 V，甚至更大。也就是说，晶体管工作在截止和导通（线性放大）两种状态下，基极电流和集电极电流均为高频脉冲信号。高频功放选用谐振回路作负载，既保证输出电压相对于输入电压不失真，还具有阻抗变换的作用，这是因为集电极电流是周期性的高频脉冲，其频率分量除了有用分量（基波分量）外，还有谐波分量和其他频率成分，用谐振回路选出有用分量，将其他无用分量滤除；通过谐振回路阻抗的调节，从而使谐振回路呈现高频功放所要求的最佳负载阻抗值，即匹配，使高频功放高效地输出大功率。

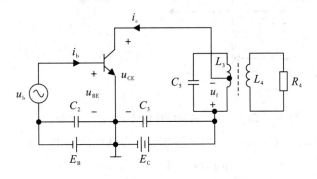

图 3.2.2　高频功放的原理电路图

3.2.2　晶体管特性的折线化分析方法

为了对高频功放进行计算，通常采用折线法对晶体管的转移特性和输出特性曲线进行处理，即将转移特性曲线和输出特性曲线用折线来近似代替，如图 3.2.3 所示。

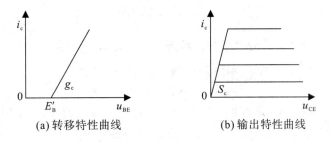

(a) 转移特性曲线　　　　　　　　　(b) 输出特性曲线

图 3.2.3　晶体管特性曲线折线化

图 3.2.3(a) 为折线化后的晶体管转移特性。由该图可见，晶体管在放大区的转移特性可用一条交横轴于 E_B' 且斜率为 g_c 的直线表示，函数式为

$$i_c = g_c(u_{BE} - E_B') \tag{3.2.1}$$

式中：E_B' 为晶体管导通电压（硅管为 $0.5 \sim 0.7$ V；锗管为 $0.2 \sim 0.3$ V）；g_c 为晶体管跨导。

图 3.2.3(b) 为输出特性曲线，其中 s_c 是临界饱和线的斜率。

折线法的好处在于用直线方程取代曲线方程近似表示晶体管特性，使高频功放的分析和计算大大简化。由于高频功放工作在大信号非线性状态，因此，工程上采用这一近似方法进行分析是可行的。

3.2.3　输出电流及电压

1. 集电极余弦脉冲电流的傅里叶分析

将晶体管的转移特性折线化近似后，电流波形如图 3.2.4 所示。

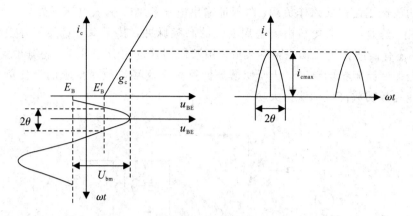

图 3.2.4　转移特性折线化后的 i_c 波形

设输入信号为 $u_b = U_{bm}\cos\omega t$，则由图 3.2.2 得基极回路电压为

$$u_{BE}(t) = E_B + U_{bm}\cos\omega t \tag{3.2.2}$$

当 $u_{BE}(t) < E'_B$ 时，晶体管处于截止状态，此时 $i_c = 0$。

当 $u_{BE}(t) = E'_B$ 时，晶体管处于导通与截止的临界状态，此时 $|\omega t| = \theta$，θ 为导通角，即有

$$E_B + U_{bm}\cos\theta = E'_B \tag{3.2.3}$$

所以

$$\cos\theta = \frac{E'_B - E_B}{U_{bm}} \tag{3.2.4}$$

当 $u_{BE}(t) > E'_B$ 时，晶体管处于导通状态，由图 3.2.4 可得

$$
\begin{aligned}
i_c &= g_c(U_{bm}\cos\omega t + E_B - E'_B) \\
&= g_c U_{bm}(\cos\omega t - \cos\theta)
\end{aligned}
\tag{3.2.5}
$$

当 $\omega t = 0$ 时，$u_{BE}(t)$ 为最大值，集电极电流 i_c 也为最大值 (i_{cmax})，即

$$i_{cmax} = g_c U_{bm}(1 - \cos\theta) \tag{3.2.6}$$

将此式代入式（3.2.5）可得

$$i_c = i_{cmax}\frac{\cos\omega t - \cos\theta}{1 - \cos\theta} \tag{3.2.7}$$

由图 3.2.4 可见，高频功放的集电极电流为周期性的余弦脉冲，且余弦脉冲电流 i_c 的大小和形状由最大值 i_{cmax} 和导通角 θ 决定。利用傅里叶级数将 i_c 展开可得

$$i_c = I_{c0} + I_{c1m}\cos\omega t + I_{c2m}\cos2\omega t + \cdots + I_{cnm}\cos n\omega t + \cdots \tag{3.2.8}$$

其中：

$$I_{c0} = \frac{1}{2\pi}\int_{-\theta}^{+\theta} i_c \, \mathrm{d}\omega t \tag{3.2.9}$$

$$I_{c1m} = \frac{1}{2\pi}\int_{-\theta}^{+\theta} i_c \cos\omega t \, \mathrm{d}\omega t \tag{3.2.10}$$

$$\vdots$$

$$I_{cnm} = \frac{1}{2\pi}\int_{-\theta}^{+\theta} i_c \cos n\omega t \, \mathrm{d}\omega t \tag{3.2.11}$$

将式(3.2.8)代入上面各积分式，积分后可得

$$I_{c0} = i_{cmax}\alpha_0(\theta) \qquad (3.2.12)$$

$$I_{c1m} = i_{cmax}\alpha_1(\theta) \qquad (3.2.13)$$

$$\vdots$$

$$I_{cnm} = i_{cmax}\alpha_n(\theta) \qquad (3.2.14)$$

式中，$\alpha_0(\theta)$，$\alpha_1(\theta)$，$\cdots$，$\alpha_n(\theta)$ 分别称为余弦脉冲的直流、基波和 n 次谐波的电流分解系数。可将 α_0、α_1、α_2、α_3 以及 $g_1(\theta) = \dfrac{I_{c1m}}{I_{c0}} = \dfrac{\alpha_1}{\alpha_0}$ 与导通角 θ 的关系制成曲线，如图 3.2.5 所示，其中 $g_1(\theta)$ 叫做波形系数。余弦脉冲分解系数表见附录一。

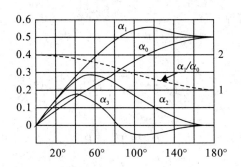

图 3.2.5　余弦脉冲分解系数、波形系数与 θ 的关系曲线

2. 电流、电压波形

由以上分析可知，高频功放的输出电流 i_c 为周期性余弦脉冲电流，那么输出电压是否也是余弦脉冲电压呢？不是，因为晶体管的负载是 LC 并联谐振回路，这是一个选频网络。对直流和高次谐波电流分量而言，LC 并联谐振回路呈现的阻抗近似为零，因此，这些电流分量在谐振回路上无电压输出；对基波电流分量而言，如果 LC 并联谐振回路的固有谐振角频率 ω_0 和基波分量的角频率 ω 相同，即 $\omega_0 = \omega$，则 LC 谐振电路对于基波分量是谐振的，在谐振回路两端产生较大的电压：

$$u_f(t) = U_{fm}\cos\omega t = I_{c1m} \cdot R_c\cos\omega t \qquad (3.2.15)$$

集电极、发射极之间的电压为

$$u_{CE}(t) = E_C - u_f(t) = E_C - I_{c1m} \cdot R_c\cos\omega t \qquad (3.2.16)$$

图 3.2.6 给出了 u_{BE}、i_c、u_f 和 u_{CE} 的波形图。由该图可以看出，当集电极回路调谐时，u_{BEmax}、i_{cmax}、u_{CEmin} 是同一时刻出现的，θ 越小，i_c 越集中在 u_{CEmin} 附近，故损耗将减小，效率得到提高。

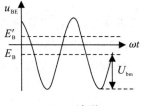

(a) u_{BE} 波形

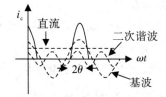

(b) i_c 中的直流、基波和谐波分量

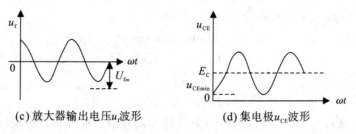

(c) 放大器输出电压u_f波形   (d) 集电极u_{CE}波形

图 3.2.6   谐振功率放大器的电压和电流波形

3.2.4   功率和效率分析

集电极电源提供的直流功率：

$$P_0 = I_{c0}E_C \tag{3.2.17}$$

集电极输出功率：

$$P_1 = \frac{1}{2}I_{c1m}U_{fm} = \frac{1}{2}I_{c1m}^2 R_c = \frac{1}{2}\frac{U_{fm}^2}{R_c} \tag{3.2.18}$$

集电极损耗功率：

$$P_c = P_0 - P_1 \tag{3.2.19}$$

集电极效率：

$$\eta_c = \frac{P_1}{P_0} = \frac{1}{2}\frac{I_{c1m}U_{fm}}{I_{c0}E_C} = \frac{1}{2}\xi g_1(\theta) \tag{3.2.20}$$

式中：$\xi = U_{fm}/E_C$ 为集电极电压利用系数；$g_1(\theta) = I_{c1m}/I_{c0}$ 为波形系数，大小与 θ 有关。

在高频功率放大器中，集电极效率 η_c 是一个非常重要的指标。提高 η_c 不仅可以使设备充分利用，节省能源，更重要的是可以增大输出功率，增加功放管的安全性。由图 3.2.5 所示，θ 越小，g_1 越大，效率越高。但当 θ 很小时，g_1 增加不多，且造成 $\alpha_1(\theta)$ 减小，使输出功率减小，因此为了兼顾功率和效率。丙类功率放大器的导通角一般在 $60° \sim 90°$ 内选择。

3.3   高频功率放大器的工作状态分析

前面介绍过，放大器的工作状态可分为甲类、甲乙类、乙类和丙类等，这是根据放大器在信号一个周期内的导通时间长短而划分的。对于丙类工作的高频功放，这里所说的工作状态是指放大器在导通期间所经历的工作区域不同而划分的状态。凡是导通期间放大器均在放大区工作的状态，称为欠压状态；进入饱和区的状态称为过压状态；正好达到临界饱和线的状态称为临界状态。因此，在高频功放中，如果没有特别说明，工作状态都指的是欠压、过压和临界状态。

由上节分析得知，若已知 i_c 的波形，即可求出 I_{c0} 和 I_{c1m}，从而可确定 P_1、P_0、P_c 和 η_c。i_c 的波形又完全取决于四个电压 $U_{fm}(R_c)$、E_C、U_{bm}、E_B 的大小。其中任一个电压发生变化时，放大器的工作状态都将发生变化，从而导致 i_{cmax} 及 θ 的变化，最终影响到 i_c 的波形。

3.3.1   高频功率放大器的动态特性

当高频功放加上信号源及负载阻抗时，晶体管电流（主要指 i_c）与电极电压 u_{BE} 及 u_{CE} 的关系曲线，即称为高频功放的动态特性。借助于动态特性曲线，可求出三种状态下的 i_c 波形。当放大器工作于谐振状态时，其外部电路的关系为

$$\begin{cases} u_{BE} = E_B + U_{bm}\cos\omega t \\ u_{CE} = E_C - U_{fm}\cos\omega t \end{cases} \tag{3.3.1}$$

要绘制动态特性曲线，只需取不同的 ωt 的值，比如分别取 $\omega t = 0°,1°,2°\cdots$，计算出对应的 u_{BE}、u_{CE} 的值，在晶体管输出特性曲线上描绘出不同 u_{BE}、u_{CE} 值所对应的 i_c 的值，然后逐点相连，即可得到动态特性曲线。但这种方法比较繁琐，适合计算机绘图。其实，当 LC 谐振回路谐振时，可以证明，$i_c \sim u_{CE}$ 坐标平面上的动特性曲线方程在晶体管导通期间是一条直线方程，因此在画晶体管导通期间动态特性时，只需求两个特殊点（A、B 点）即可。而晶体管截止时，由于 $i_c = 0$（忽略 I_{CE0}），其动态特性在横轴上变化，只需求一个最大变化点 C 即可。将 A、B、C 三点相连，就可以画出高频功放完整的动态特性曲线，如图 3.3.1 所示。

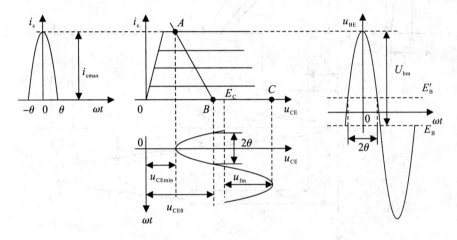

图 3.3.1　高频功放的动态特性

三个特殊点的具体求法是，在式（3.3.1）中，ωt 分别取三个不同特殊值，即

当 $\omega t = 0$ 时，

$$\begin{cases} u_{BE} = U_{BEmax} = E_B + U_{bm} \\ u_{CE} = U_{CEmin} = E_C - U_{fm} \end{cases} \tag{3.3.2}$$

即得 A 点坐标。

当 $\omega t = \theta$ 时，

$$\begin{cases} u_{BE} = E'_B = E_B + U_{bm}\cos\theta \\ u_{CE} = U_{CE0} = E_C - U_{fm}\cos\theta \end{cases} \tag{3.3.3}$$

即得 B 点坐标。

当 $|\omega t| \geqslant \theta$ 时，晶体管进入截止区域，集电极电流 $i_c = 0$，动态特性曲线的工作点在横轴 u_{CE} 上随 ωt 的变化而移动。当 $\omega t = 180°$ 时，$u_{CE} = u_{CEmax} = E_C + U_{fm}$，即为 C 点位置。

综上所述，高频功放的动态特性与 E_B、E_C、U_{bm}、$U_{fm}(R_c)$ 有关，也就是 i_c 波形与 E_B、E_C、U_{bm}、$U_{fm}(R_c)$ 有关。

3.3.2 高频功率放大器的工作状态

前面提到，要提高高频功放的功率、效率，除了工作于 C 类状态外，还应该提高电压利用系数 $\xi = U_{fm}/E_C$，也就是加大 U_{fm}，这是靠增加 R_c 实现的。现在讨论 U_{fm} 由小到大变化时，动态特性曲线的变化。图 3.3.2 表示在三种不同 U_{fm} 时，所对应的三条动态特性曲线及相应的电流、电压波形。

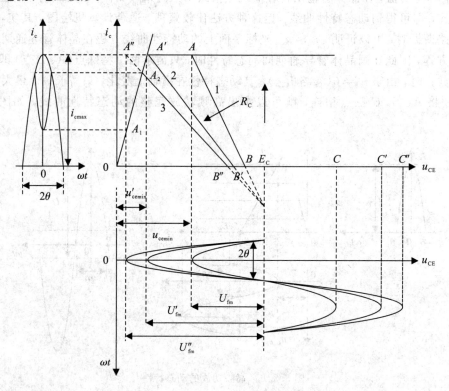

图 3.3.2 i_c 与 $U_{fm}(R_c)$ 的关系曲线

1. 欠压状态

由图 3.3.2 可以看出，在 U_{fm} 不是很大时，晶体管只是在截止和放大区变化，动态特性曲线为折线 ABC（动态曲线 1），而且在此区域内 U_{fm} 增加时，$u_{CEmin} = E_C - U_{fm}$ 减小，A 点将沿着 u_{BEmax} 那条静态特性曲线向左移动，$U_{CE0} = E_C - U_{fm}\cos\theta$ 也减小，B 点也左移，集电极电流 i_c 基本不变，即 I_{c0}、I_{c1m} 基本不变，所以输出功率 $P_1 = \dfrac{1}{2} I_{c1m} U_{fm}$ 随 U_{fm} 增加而增加，而 $P_0 = I_{c0} E_C$ 基本不变，故 η_c 随 U_{fm} 增加而增加，这表明此时集电极电压利用得不充分，这种工作状态称为欠压状态，这时集电极电流波形 i_c 为尖顶余弦脉冲。

2. 临界状态

当 U_{fm} 增大到 $U_{fm} = U'_{fm}$ 时，A 点移至 A' 点，B 点移至 B' 点，动态特性曲线为折线 $A'B'C'$（动态曲线 2），此时放大器处于临界状态，集电极电流波形 i_c 为尖顶余弦脉冲。

3. 过压状态

当 U_{fm} 增大到接近 E_C 时，$U_{fm} > U'_{fm}$，u_{CEmin} 将小于 u_{BEmax}，不仅发射结处于正向偏置，集电结也处于正向偏置，工作于饱和区，放大器工作在过压状态，动态特性曲线为折线 $A_1A_2B''C''$（动态曲线 3）。在饱和区时 i_c 随 u_{CE} 下降迅速下降，A_1A_2 段与饱和区电流下降段重合。集电极电流波形 i_c 为凹顶余弦脉冲。

3.3.3　高频功率放大器的外部特性

高频功放是工作于非线性状态的放大器，同时也可以看成是一高频功率发生器（在外部激励下的发生器）。前面已经指出，高频功率放大器只能在一定的条件下对其性能进行估算。要达到设计要求还需通过对高频功放的调整来实现。为了正确地使用和调整，需要了解高频功放的外部特性。高频功放的外部特性是指放大器的性能随放大器的外部参数变化的规律，外部参数主要包括放大器的负载 R_c、激励电压 U_{bm}、偏置电压 E_B 和 E_C。外部特性也包括负载在调谐过程中的调谐特性。下面将在前面所述工作原理的基础上定性地说明这些特性和它们的应用。

1. 负载特性

当放大器直流电源电压 E_C 和 E_B 及激励电压 U_{bm} 不变，高频功率放大器的负载 R_c 发生变化时，会使动态特性曲线的 A、B 和 C 位置发生变化，从而引起放大器的集电极电流 I_{c0}、I_{c1m}、回路电压 U_{fm}、输出功率 P_1 以及集电极效率 η_c 等发生变化。高频功放的这个特性称为负载特性，它是高频功放的重要特性之一。

当增大负载电阻 R_c 使得 U_{fm} 由小到大变化时，放大器的工作状态将从欠压状态进入临界状态，再进入过压状态。不考虑基区宽变效应时（输出特性曲线是平坦的），在欠压区由于集电极电流 i_{cmax} 不变，导通角 θ 一定，电流 I_{c0}、I_{c1m} 几乎不变；进入过压后，i_c 为凹顶余弦脉冲，i_{cmax} 减小，所以电流 I_{c0}、I_{c1m} 急剧下降。当 R_c 增加时，在欠压区，回路电压 U_{fm} 随 R_c 的加大而加大；进入过压区后，由于电流 I_{c1m} 的急剧下降，使得回路电压 U_{fm} 的增加变得平缓。由此可以画出 I_{c0}、I_{c1m}、U_{fm} 随 R_c 变化的曲线，并根据 I_{c0}、I_{c1m}、U_{fm} 与 P_0、P_1、P_c、η_c 的关系式可以画出 P_0、P_1、P_c、η_c 随 R_c 变化的曲线，如图 3.3.3 所示。

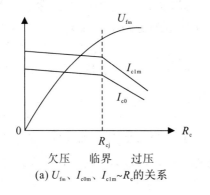
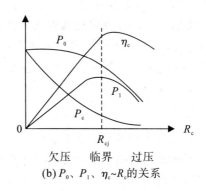

$$(a)\ U_{fm}、I_{c0m}、I_{c1m} \sim R_c\ 的关系 \qquad (b)\ P_0、P_1、\eta_c \sim R_c\ 的关系$$

图 3.3.3　高频功放的负载特性

图 3.3.3(a) 表示了谐振功放在不同工作状态下集电极电流的 I_{c0}、I_{c1m} 和回路负载电压 U_{fm} 与负载电阻 R_c 之间的关系。

在欠压区，考虑基区宽变效应，随着 R_c 增大，i_{cmax} 略减小，相应地 I_{c0}、I_{c1m} 也略减小；电压 $U_{fm} = R_c I_{c1m}$，因 I_{c1m} 略有减小，接近常量，U_{fm} 几乎随 R_c 成正比增加。在临界点后，R_c 再增大，放大器进入过压状态，i_c 为凹顶余弦脉冲，i_{cmax} 下降很快，相应地 I_{c0}、I_{c1m} 也下降很快，且 R_c 增大越多，下降越迅速。$U_{fm} = R_c I_{c1m}$ 随着 R_c 增大略有增大。

图 3.3.3(b) 表示了不同工作状态下功率、效率与 R_c 之间的关系。在欠压区，$P_1 = I_{c1m}^2 R_c / 2$，I_{c1m} 随 R_c 增大略有减小（基本不变），所以 P_1 随着 R_c 增大而增加；在过压区，$P_1 = U_{fm}^2 / 2R_c$，U_{fm} 随 R_c 增大略有增加（基本不变），所以 P_1 随着 R_c 增大而减小。在临界状态，输出功率 P_1 最大。

电源输入功率 $P_0 = I_{c0} E_C$，因为电源电压不变，所以 P_0 和 I_{c0} 变化规律一样；而 $P_c = P_0 - P_1$ 随 R_c 的变化如图 3.3.3(b) 所示。

因为 $\eta_c = P_1/P_0$，在欠压区，P_0 随着 R_c 增大略有减小，P_1 随着 R_c 增大而增加，故 η_c 随着 R_c 增大而增加。在过压区，P_0、P_1 都随着 R_c 增大而减小，但刚过临界点时，P_1 的下降没有 P_0 下降快，η_c 继续有所增加，随着 R_c 进一步增大，P_1 的下降比 P_0 下降快，η_c 随着 R_c 增大而减小。因此在靠近临界点的弱过压区，η_c 的值最大。

值得注意的是，在临界状态，输出功率 P_1 最大，集电极效率 η_c 也较高。这时候的放大器工作在最佳状态。因此，放大器工作在临界状态的等效电阻，就是放大器阻抗匹配所需的最佳负载电阻 R_{cj}。

通过上述讨论可得到以下结论：

（1）欠压状态时，电流 I_{c1m} 基本不随 R_c 变化，放大器可视为恒流源。输出功率 P_1 随 R_c 增大而增加，损耗功率 P_c 随 R_c 减小而增大。当 $R_c = 0$，即负载短路时，集电极损耗功率 P_c 达到最大值，这时有可能烧毁晶体管。因此在实际调整时，千万不可将放大器的负载短路。一般在基极调幅电路中采用欠压工作状态。

（2）临界状态时，放大器输出功率最大，效率也较高，这时放大器工作在最佳状态。一般发射机的末级功放多采用临界工作状态。为了使放大器工作在临界状态，可分别调整接入系数 p_L、等效品质因数 Q_e 等，使放大器谐振负载电阻等于临界状态所要求的数值（$R_c = R_{cj}$），实现阻抗匹配。

（3）过压状态时，若在弱过压状态，输出电压基本不随 R_c 变化，放大器可视为恒压源，集电极效率最高。一般在发射机的激励级和集电极调幅电路中采用弱过压状态。但深度过压时，i_c 波形凹陷严重，谐波增多，很少采用。

在实际调整过程中，调谐功放可能会经历上述三种状态，利用负载特性就可以正确判断各种状态，以进行正确的调整。

2. 放大特性

高频功放的放大特性又叫振幅特性，是指在 E_B、E_C、R_c 一定时，放大器的电流、电压等随输入信号的电压幅值 U_{bm} 的变化关系。讨论放大特性是为了研究在放大某些振幅变化的高频信号时的特点。

当 $U_{bm} < U_{bmj}$ 时，工作于欠压状态，i_c 为一系列尖顶余弦脉冲。i_c 脉冲的峰值 i_{cmax} 与导通角 θ 都将随 U_{bm} 的减小而减小，I_{c1m}、I_{c0} 将随 U_{bm} 的减小而迅速地减小。

当 $U_{bm} > U_{bmj}$ 时，工作于过压状态，i_c 为一系列凹顶余弦脉冲。虽然随着 U_{bm} 的加大，

i_c 的凹陷越深，但其峰值却要随 U_{bm} 的加大而加大，脉冲导通角 θ 也随 U_{bm} 的加大而大。故进入过压区后，随 U_{bm} 的加大，I_{c1m}、I_{c0} 将随之略有增长，如图 3.3.4 所示。

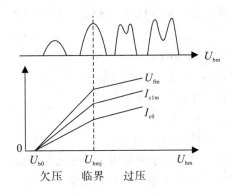

图 3.3.4   放大特性

3. 调制特性

当放大器的 E_c、R_c、U_{bm} 一定时，放大器的性能随 E_B 变化的特性称为基极调制特性；当放大器的 E_B、R_c、U_{bm} 一定时，放大器的性能随 E_c 变化的特性称为集电极调制特性。讨论放大器的调制特性是为了说明放大器用于调幅时的特性。

1）基极调制特性

当 $E_B = E_{Bj}$ 时，放大器工作于临界状态，i_c 为尖顶余弦脉冲，如图 3.3.5 所示。

当 $E_B < E_{Bj}$ 时，放大器工作于欠压状态，i_c 为一系列尖顶余弦脉冲。但应注意，在欠压区内，i_c 脉冲的峰值 i_{cmax} 与导通角 θ 都将随 E_B 的减小而减小，当 E_B 减小到 E_{B0}（$E_{B0} = E'_B - U_{bm}$，称起始偏压）而使 $\theta = 0$ 时，管子截止，即 $i_C = 0$，在欠压区内 I_{c1m}、I_{c0} 将随 E_B 的减小而迅速地减小，如图 3.3.5 所示。

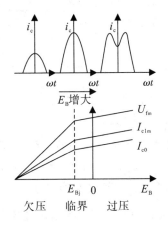

图 3.3.5   基极调制特性

当 $E_B > E_{Bj}$ 时，放大器工作于过压状态，i_c 为一系列凹顶余弦脉冲。但应注意，虽然随着 E_B 的加大，i_c 的凹陷越深，但其峰值却要随 E_B 的加大而加大，脉冲导通角 θ 也随 E_B 的加大而大。故进入过压区后，随着 E_B 的加大，I_{c1m}、I_{c0} 将随之略有增大，如图 3.3.5 所示。U_{fm} 的变化规律与 I_{c1m} 一样。

由于在欠压区内 E_B 能有效地控制 I_{c1m} 的变化，则基极调幅应工作在欠压状态。

2）集电极调制特性

当 $E_C = E_{Cj}$ 时，放大器工作在临界状态，这时 i_c 为尖顶余弦脉冲，如图 3.3.6 所示。

若 $E_C > E_{Cj}$，u_{CEmin} 大于晶体管的饱和压降 u_{CES}，放大器工作在放大区，为欠压工作状态，I_c 为尖顶余弦脉冲，在欠压区内，I_{c1m}、I_{c0} 不变，因实际上存在有基区宽变效应，故欠压区内 I_{c1m}、I_{c0} 随 E_C 的加大而略有上升。

若 $E_C < E_{Cj}$，u_{CEmin} 小于晶体管的饱和压降 u_{CES}，放大器进入饱和区，工作于过压状态，i_c 为凹顶余弦脉冲，E_C 愈小，凹陷愈深，I_{c1m}、I_{c0} 随之明显减小。因 R_c 不变，故 U_{fm} 的变化规律与 I_{c1m} 一致。

由图 3.3.6 可见，在过压区改变 E_C 能有效地控制 I_{c1m} 的变化，故集电极调幅应工作于过压状态。

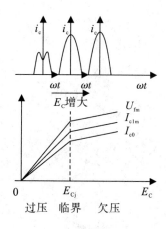

图 3.3.6　集电极调制特性

4. 调谐特性

改变回路元件 LC 的数值时，使放大器的集电极随之而变化的特性称为调谐特性，如图 3.3.7 所示。

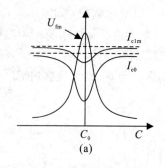 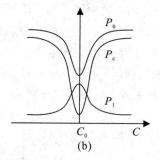

图 3.3.7　高频功放的调谐特性

在讨论高频功放的动态特性时，其前提是其负载回路应是谐振的，呈现为一纯电阻。而实际上回路在调谐时，呈现为一个阻抗 $\dot{Z}_c$。

当回路失谐时，不论是容性失谐还是感性失谐，$\dot{Z}_c$ 的模值都要减小，同时有一个幅角 φ。此时 u_f 与 i_{cmax} 不再同相，即 u_{cemin} 与 u_{bemax} 不在同一时刻出现，并且此时放大器的动态特性也不再是折线段（是椭圆的一部分）。若放大器原来工作于过压状态，随失谐程度的加剧，$|\dot{Z}_c|$ 减小，由图 3.3.3 的负载特性可知放大器由过压状态进入欠压状态，i_c 波形将由原来的凹顶逐渐变为尖顶余弦脉冲。失谐后，I_{c0} 和 I_{c1m} 缓慢增大，而 U_{fm} 迅速下降。图 3.3.7(a) 是谐振功放的调谐特性。可利用 I_{c0} 或 I_{c1m} 最小来指示放大器的调谐，因 I_{c0} 变化明显，用直流显示也方便，故采用 I_{c0} 直流电表指示调谐的较多。

3.4　高频功率放大器的实际线路

3.4.1　直流馈电电路

要想使高频功放正常工作，各电极必须接有相应的直流馈电电路。无论是集电极回路还是基极回路，它们的馈电方式都有串联馈电和并联馈电两种。

1. 集电极馈电电路

我们已经知道，集电极回路的电流为余弦脉冲电流，它包含直流、基波和高次谐波分量。对于这些频率成分，馈电电路的原则如下：

（1）要求直流电流直接通过晶体管外围电路供给集电极以产生直流能量，除了晶体管内阻外，没有其他电阻消耗能量，或消耗能量较小，其等效电路如图 3.4.1(a) 所示。

（2）要求基波分量 i_{c1} 应通过负载回路，以产生高频输出功率。因此，除调谐回路外，其余部分对于 i_{c1} 来说都应是短路的，其等效电路如图 3.4.1(b) 所示。

（3）要求晶体管外围电路对于高次谐波 i_{cn} 均应尽可能接近短路，即高次谐波不应消耗任何能量，其等效电路如图 3.4.1(c) 所示。

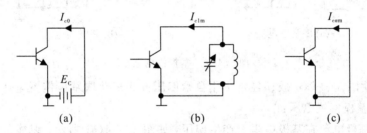

(a)　　　　　　　　　　(b)　　　　　　　　　　(c)

图 3.4.1　集电极电路对不同频率电流的等效电路

图 3.4.2 所示为两种集电极馈电电路，它们的组成均满足以上几条原则。图 3.4.2(a) 为串联馈电方式，图 3.4.2(b) 为并联馈电方式。

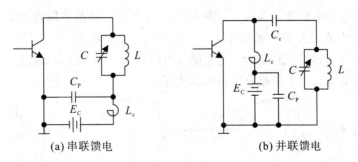

(a) 串联馈电　　　　　　　　　　　(b) 并联馈电

图 3.4.2　集电极馈电电路

串联馈电是指晶体管、负载电路和电源 E_C 三者为串联连接方式；并联馈电则是指晶体管、负载回路和电源 E_C 三者为并联连接方式。图 3.4.2 中，L、C 组成负载回路。L_c 为高频扼流圈，它对直流近似为短路，而对高频则呈现很大的阻抗，近似开路。C_P 为高频旁路电容，作用是防止高频成分进入直流电源。图 3.4.2(b) 中的 C_c 为隔直电容，作用是防止直流进入负载回路。

串联馈电的优点是 E_c、L_c、C_P 处于高频"地"电位，分布电容不影响回路；并联馈电的优点是 LC 处于直流地电位，L、C 元件可以接地，安装方便，使用安全性高。但 L_c、C_P 对地的分布电容对回路产生不良影响，限制了放大器的高端频率。因此，串联馈电一般适用于工作频率较高的电路，而并联馈电一般适用于工作频率较低的电路。

2. 基极馈电电路

基极馈电电路同样有串联馈电和并联馈电两种方式，如图 3.4.3 所示。图中，C_P 为高频旁路电容，图 3.4.3(b) 中的 C_b 为耦合电容，L_c 为高频扼流圈。在实际电路中，工作频率较低或工作频带较宽的功率放大器一般采用如图 3.4.3(a) 所示的串联馈电形式；对于甚高频段的功率放大器，由于采用电容耦合比较方便，则通常采用如图 3.4.3(b) 所示的并联馈电形式。

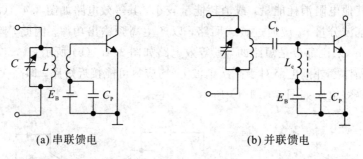

(a) 串联馈电   (b) 并联馈电

图 3.4.3　基极馈电电路

在实际应用中，高频功放还经常采用自给偏压方式来获取基极偏置电压。通常有以下三种方式产生基极偏置电压：

（1）利用基极电流在基极电阻上产生偏压，如图 3.4.4(a) 所示。基本原理为：当晶体管导通时，基极电流 i_b 中的直流 I_{b0} 在 R_b 产生直流电压 $E_B = I_{b0}R_b$，且这个电压对基极而言为负偏置电压。这种方法经常被采用，它的缺点是随着偏置电阻 R_b 的加大，降低了晶体管的集-射间的击穿电压 BU_{CER}。

（2）利用发射极电阻建立偏压，如图 3.4.4(b) 所示。其基本原理与上一种情况相似，也是利用发射极电流 i_e 中的直流分量 I_{e0} 在 R_e 产生直流电压 $E_B = I_{e0}R_e$。这种方法的优点是可以自动维持放大器的工作稳定。当激励加大时，I_{e0} 加大，使负偏压加大，反过来使 I_{e0} 相对增加量减小，这实质上就是直流负反馈作用。

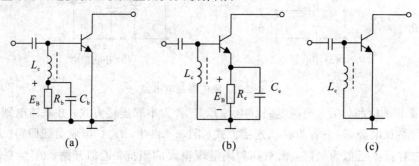

(a)   (b)   (c)

图 3.4.4　自给偏压电路

（3）零偏压，如图 3.4.4(c) 所示。在基极和发射极间用直流电阻很小的扼流圈连通，使发射结没有任何偏置电压。

3.4.2　输出匹配网络

为了与前级和后级电路达到良好的传输和匹配关系，高频功放通常接有输入匹配网络和输出匹配网络，它们通常由二端口网络构成，如图 3.4.5 所示。

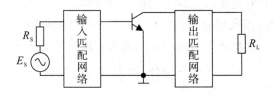

图 3.4.5　放大器的匹配网络

放大器的输出匹配网络一般指晶体管与天线之间的电路，也称输出电路。对它的一般要求是：

（1）能滤除谐波分量；

（2）与天线达到良好的匹配，保证获得较高的输出功率和效率；

（3）能适应波段工作的要求，频率调节方便。

输出回路通常采用两种类型：谐振回路型和滤波器型。前者多用于前级和中间级放大器以及某些需要可调回路的输出放大器；后者多用于大功率、低阻抗的宽带输出放大器。这里主要介绍谐振回路型的输出回路。

谐振回路型的输出回路可分为简单并联回路和耦合回路两种。简单并联回路是将负载通过并联回路接入集电极回路，这种方式的优点是电路简单，缺点是阻抗匹配不易调节，滤波性能不好，故现已很少采用。耦合回路是将天线回路通过互感耦合或其他电抗元件与集电极调谐回路相耦合。图 3.4.6 所示为互感耦合的输出回路。

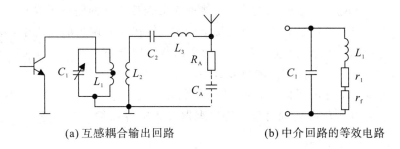

(a) 互感耦合输出回路　　　　　　(b) 中介回路的等效电路

图 3.4.6　互感耦合输出电路

图 3.4.6 中，L_1、C_1 回路称为中介回路，L_2、L_3、C_2 回路称为天线回路。L_3、C_2 为天线回路的调谐元件，它们的作用是使天线回路处于谐振状态，以使天线回路的电流 I_A 达到最大值，即天线回路的辐射功率达到最大。图 3.4.6(b) 为中介回路的等效电路，r_f 代表天线回路谐振时反射到中介回路的等效电路，通常称之为反射电阻，其值可由下面的表达式求出：

$$r_f = \frac{(\omega M)^2}{R_A + r_2} \tag{3.4.1}$$

式中：R_A 为天线等效辐射电阻；r_2 为天线回路的损耗电阻。

因此，中介回路的有载谐振阻抗为

$$R'_c = \frac{L_1}{C_1(r_1 + r_f)} \tag{3.4.2}$$

由上式可知，改变互感 M 就可以在不影响回路调谐的情况下，调整中介回路的有效等效电阻 R'_c，以达到阻抗匹配的目的。在耦合输出回路中，即使天线开路，对电子器件也不会造成严重的损害，而且它的滤波作用要比单调谐回路优良，因而得到了广泛的应用。

为了使器件的输出功率大部分送到负载上，需要使反射电阻 r_f 远大于 r_1，r_1 为中介回路损耗电阻。我们用输出到负载的有效功率与输入到回路的总的交流功率之比来衡量回路传输能力的好坏，称之为中介回路的传输效率，用 η_1 表示：

$$\eta_1 = \frac{r_f}{r_1 + r_f} \tag{3.4.3}$$

无负载时的中介回路谐振阻抗为

$$R_c = \frac{L_1}{C_1 r_1}$$

有负载时的回路谐振阻抗为

$$R'_c = \frac{L_1}{C_1(r_1 + r_f)}$$

所以

$$\eta_1 = \frac{r_f}{r_1 + r_f} = 1 - \frac{r_1}{r_1 + r_f} = 1 - \frac{R'_c}{R_c} = 1 - \frac{Q_e}{Q_0} \tag{3.4.4}$$

式中：Q_e 为有载品质因素；Q_0 为空载品质因素。

可见，要使 η_1 高，则 Q_e 应越小越好，即中介回路的损耗应尽可能小。但从要求回路滤波性能良好方面来考虑，Q_e 又应该足够大，因此，Q_e 的选择应两者兼顾。

为了使输出功率放大器能工作在大功率和高效率状态，必须对放大器进行调整，即调整 R'_c 使其近似等于 R_{ej}。而改变 R'_c 的大小主要是依靠改变中介回路与天线回路的耦合来实现的。在上一节中已经介绍了有关回路的调谐问题，但在开始调整的过程中，必须首先使回路谐振。为了使回路调谐明显，一般应使两个回路的耦合松一些，因为这样天线回路在中介回路的反射电阻小，中介回路的负载 R'_c 大，放大器工作于过压状态，回路阻抗的变化使集电极电流变化大，显示明显；同时，在过压状态下，集电极损耗功率 P_c 小，有利于放大器的安全。然后再逐渐增大耦合度，使放大器进入临界或微过压状态，以达到调整的目的。

放大器工作状态的调整与调谐都是靠电路中各种电表的显示来进行的。天线回路中没有直流流过，I_A 的显示需用高频电流表。电路中接入直流电表时应符合两条原则：电表应接高频地电位，以避免电表的分布电容对放大器的影响；高频电流不得通过直流电表，否则不仅指示不准，且易损坏电表，故所有直流电表都应并接一端接地的旁路电容。

3.4.3　集成高频功率放大器的应用

前面介绍过，非线性状态下工作的高频功放的调整、测试是非常困难和繁琐的。针对这一情况，国内外的很多厂商制造了大量具有良好封装的高频模块放大器。这种模块放大器组件可以完成振荡、变频、调制、功率合成（分解）等多种功能。

根据需求，可以选择不同的模块：有的可以得到大功率；有的可以在很宽的频率范围内工作；有的可以在特定通信频段工作。比如 UTO‑514 模块，是由美国的 AvanTek 公司生产的，在 $30 \sim 200$ MHz 的频率范围中，具有 15 dB 的增益。制造商将模块放大器装填在不同尺寸的金属匣子里，并带有射频同轴连接器的微带线电路板。

这种模块放大器组件解决了系统设计和调试的麻烦，但体积还比较大，随着集成电路工艺水平的提高，在 VHF 频段，甚至在 UHF 频段，出现了集成高频功放。其优点是体积小、可靠性高，但输出功率还不够高，一般为几瓦到几十瓦。比如日本的 M57704 系列、美国 Motorola 公司的 MHW 系列就是其中的代表产品。图 3.4.7 所示为 M57704 系列功放的等效电路。

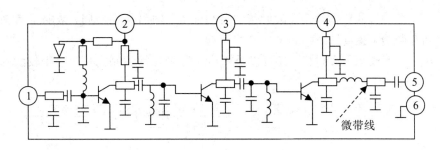

图 3.4.7　M57704 系列功放的等效电路

表 3.4.1 中给出了 MHW 系列的电特性参数。

表 3.4.1　MHW 系列的电特性参数

型　　号	电源电压 /V	输出功率 /W	最小功率增益 /dB	效率 /(%)	最大控制电压 /V	频率范围 /MHz	放大器级数	输入 / 输出阻抗 /Ω
MHW105	7.5	5.0	37	40	7.0	$68 \sim 88$	3	
MHW607‑1	7.5	7.0	7.0	40	7.0	$136 \sim 150$	3	
MHW704	6.0	3.0	3.0	38	6.0	$440 \sim 470$	4	
MHW707‑1	7.5	7.0	7.0	40	7.0	$403 \sim 440$	4	
MHW803	7.5	2.0	2.0	37	4.0	$820 \sim 850$	4	50
MHW804	7.5	4.0	4.0	32	3.75	$800 \sim 870$	5	
MHW903	7.5	3.5	3.5	40	3.0	$890 \sim 915$	4	
MHW914	12.5	14	14	35	3.0	$890 \sim 915$	3	

3.5　倍　频　器

倍频器是一种输出信号的频率等于输入信号频率整数倍的电路，如图 3.5.1 所示。倍频器有两种主要形式：一种是利用丙类或乙类放大器电流脉冲的谐波分量来获得倍频，称丙类倍频器，电子管与晶体管均可组成这类倍频器；第二种是利用晶体管的结电容随电压变化的非线性来获得倍频，叫参量倍频器。本节只介绍第一种形式。

3.5.1 倍频器的作用

倍频器的主要作用如下：

(1) 可降低振荡器的频率。如图 3.5.1 所示，发射机的工作频率为 $4 \sim 16\,\mathrm{MHz}$，因采用了两个 2 倍频的电路，振荡器的频率只有 $2 \sim 4\,\mathrm{MHz}$，在第 5 章将会知道，频率低的振荡器既好做，频率稳定度又高，并且可以采用晶体振荡器。

(2) 加大了输出频率的波段覆盖。主振器的波段系数为 $k_1 = \dfrac{4\,\mathrm{MHz}}{2\,\mathrm{MHz}} = 2$，输出端的波段系数为 $k_2 = \dfrac{16\,\mathrm{MHz}}{4\,\mathrm{MHz}} = 4$，所以倍频器使波段系数由 2 增加到了 4。

(3) 可使发射机的工作稳定。因为倍频器的输入、输出频率不同，减弱了其输出端与输入端的寄生耦合，提高了发射机的工作稳定性。

(4) 对于调频或调相发射机，还可以采用倍频器来加深调制深度，获得较大的频偏或相偏。

图 3.5.1 倍频器的应用

3.5.2 倍频器的电路

图 3.5.2 为丙类晶体管倍频器的原理电路图，从电路形式上看，它与丙类高频功率放大器基本相同。不同之处在于丙类倍频器的集电极谐振回路是对输入频率 f_i 的 n 倍频谐振，而对基波和其他谐波失谐，因而 i_c 中的 n 次谐波通过谐振回路获得最大电压，而基波和其他谐波被滤除。

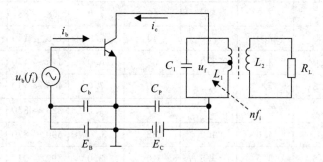

图 3.5.2 丙类晶体管倍频器的原理电路图

借助于前面对丙类功率放大器的基本分析方法，可以进一步分析丙类倍频器的效率、功率并和放大器作比较。

丙类晶体管倍频器的集电极输出功率和效率如下：

$$P_{1n} = \frac{1}{2} I_{cnm} U_{nfm} = \frac{1}{2} i_{cmax} \alpha_n(\theta) U_{nfm} \tag{3.5.1}$$

$$\eta_{cn} = \frac{P_{1n}}{P_0} = \frac{1}{2} \frac{i_{cmax} \alpha_n(\theta) U_{nfm}}{I_{c0} E_C} = \frac{1}{2} \xi \frac{\alpha_n(\theta)}{\alpha_0(\theta)} \tag{3.5.2}$$

由分解系数表可以看出，谐波次数越高，α_n 的值越小，即随着倍频次数的增加，倍频器的输出功率和效率会下降，并且倍频器的功率和效率低于功率放大器的功率和效率。

从余弦脉冲的分解系数表还可以看出：

$$\theta = 120° \quad \alpha_1(\theta) = 0.536 \quad （最大）$$
$$\theta = 60° \quad \alpha_2(\theta) = 0.276 \quad （最大）$$
$$\theta = 40° \quad \alpha_3(\theta) = 0.185 \quad （最大）$$

可见，为了保证倍频器具有较高的输出功率和效率，对于 2 倍频器，θ 应选择在 60° 左右；对于 3 倍频器，θ 应选择在 40° 左右。考虑功率和效率的因素，丙类倍频器的倍频次数不宜过大，一般不超过 5 倍频。

小　　结

1. 高频功放主要用来放大高频大信号，目的是获得高功率和高效率的输出。

2. 高频功放的特点是晶体管基极的偏压小于导通电压，即工作在丙类工作状态，通过减小导通角提高集电极效率，但导通角的减小是有限的。

3. 丙类高频功放工作在非线性区，采用折线近似法和图解法进行分析，其工作状态可分为欠压、临界和过压三种。当谐振电阻、电源电压、信号源大小发生变化时，均会引起放大器工作状态的变化。其中临界状态的输出功率最高，效率也较大，欠压、过压状态主要用于调幅电路，过压状态也可用于中间放大器。

4. 高频功放的主要指标是功率和效率，丙类高频功放利用晶体管的转移特性和输出特性进行分析和计算。

5. 一个完整的高频功放由功放管、馈电电路和阻抗匹配网络构成。不同的馈电形式和不同的阻抗匹配网络都会引起功放性能的变化。

思考与练习

一、填空题

1. 高频功放一般工作于（　　）类，低频功放一般工作于甲类或甲乙类或乙类。

2. 高频功放因信号幅度较大，故一般采用（　　）法进行分析。

3. 凡导通期间放大管均在放大区工作的状态称为（　　）状态；进入饱和区的状态称为（　　）状态；正好达到临界饱和线的状态称为（　　）状态。

4. 在高频功放的三种工作状态之中，临界状态和其他两种工作状态相比，其特点是输出功率 P_1（　　），集电极效率 η_c（　　）。

5. 高频功放 i_c 波形为余弦脉冲，i_c 波形的两个主要参数是（　　）和（　　）。

6. 使用直流电流表指示高频功放的谐振状态时，放大器一般应在（　　）状态下调谐。

7. 对于倍频器输出回路滤波性能的要求比作为放大器时的要求（　　）。

二、选择题

1. 高频功放通常选择为丙类的原因是（　　）。

A. 输出功率大　　　　　　　　　　　　B. 工作效率高

C. 工作稳定 D. 选择性好

2. 高频功放要求的工作状态是( )。

A. 欠压 B. 过压

C. 临界 D. 弱过压

3. 发射机中间级放大器为给后级提供平稳的电平,要求的工作状态是( )。

A. 欠压 B. 过压

C. 临界 D. 弱过压

4. 高频功放的动态特性曲线由功放的( )决定。

A. 输出电路 B. 输入电路

C. 负载 D. 输入电路与输出电路

5. 高频功放工作在过压时,i_c 波形为( )。

A. 尖顶余弦脉冲 B. 余弦波

C. 凹顶余弦脉冲 D. 直线

6. 在晶体管基极调幅电路中,高功放通常工作于( )状态。

A. 临界 B. 过压

C. 欠压 D. 对工作状态无要求

三、判断题

1. 发射机中间级放大器为给后级提供平稳的电平,要求的工作状态是过压。( )

2. 高频功放工作在临界状态,当 E_c 增大时,工作状态会变为过压状态。( )

3. 高频功放在微过压状态时输出的集电极效率最高。( )

4. 高频功放中,与临界状态相比,工作于过压状态时的集电极电流中的基波分量的振幅值会减小。( )

5. 为提高高频功放的功率和效率,导通角越小越好。( )

四、综合题

1. 丙类放大器为什么一定要用调谐回路作为晶体管集电极负载?回路为什么一定要调到谐振状态?回路失谐将产生什么结果?

2. 画出共发射极谐振功率电路,要求:发射极自给偏压,集电极串联馈电。

3. 某晶体管高频功放,已知 $E_c = 24$ V,$I_{c0} = 250$ mA,$P_1 = 5$ W,电压利用系数 $\xi = 1$。试求:P_0、η_c、R_c、I_{c1m} 和 θ。

4. 某谐振功率放大器的理想转移特性曲线如图 P3.1 所示,已知 $u_b = 2\cos\omega t$ (V),$E_c = 24$、$\xi = 0.94$,$E_b = 0.5$ V。试求:θ、U_f、u_{CEmin} 及 i_{cmax}。

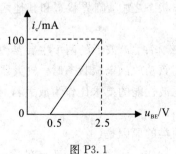

图 P3.1

5. 高频功放导通期间的动态特性如图 P3.2 所示，A 点：$u_{CEmin} = 2.5$ V，$i_{cmax} = 0.6$ A，$\theta = 78°$，$\alpha_1(\theta) = 0.466$，$\alpha_1(\theta) = 0.279$。B 点：$u_{CE0} = 20$ V，$i_{cmax} = 0$。$E_c = 24$ V。试求：临界负载电阻 R_{cj}、输出功率 P_1、输入直流功率 P_0 和集电极效率 η_c。

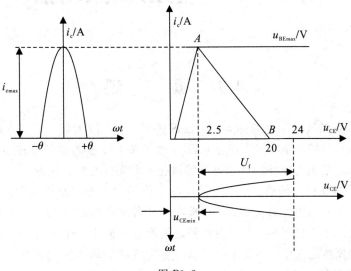

图 P3.2

第4章 正弦波振荡器

4.1 概　　述

输出波形为正弦波的振荡器称为正弦波振荡器。它和放大器一样，也是一种能量转换器，即在输入信号的控制下，将直流能量部分地转换为按输入信号规律变化的交流能量。不同的是，振荡器是在无需外加激励电压的情况下来完成能量转换的。

正弦波振荡器在信息传输系统及无线电测量仪器中有着广泛的应用。例如，在有线及无线电通信、广播或电视发射机中，用它来产生各种所需的载波信号；在超外差式接收机中，它可被用来产生本机振荡信号；在各种通信测量仪器中，还可用它作为各种波段的正弦波信号源。在这些用途中，都要求振荡器产生所需频率和振幅的正弦波信号，其主要技术指标是振荡频率的准确性和稳定度、振荡幅度的大小及其稳定性、振荡波形的非线性失真等，而其中最主要的是振荡频率的稳定度。

按实现振荡的方法而论，正弦波振荡器可分为反馈振荡器和负阻振荡器两大类。凡是将放大器输出信号经过正反馈电路而回授到输入端作为其输入信号，来控制能量转换从而产生等幅持续的正弦振荡的振荡器称为反馈振荡器；凡是将负阻器件接入谐振回路，用来抵消回路中的损耗电阻，从而产生等幅持续的正弦振荡的振荡器称为负阻振荡器。

常用的正弦波振荡器主要由决定振荡频率的选频网络和维持振荡的正反馈放大器组成，这就是反馈振荡器。按照选频网络所采用元件的不同，正弦波振荡器可分为 LC 振荡器、晶体振荡器、RC 振荡器等类型。其中 LC 振荡器和晶体振荡器用于产生高频正弦波，RC 振荡器用于产生低频正弦波。正反馈放大器既可以由晶体管、场效应管等分立器件组成，也可以由集成电路组成，但前者的性能可以比后者做得好些，且工作频率也可以做得更高。正弦波振荡器各频段的频率大致如图 4.1.1 所示。

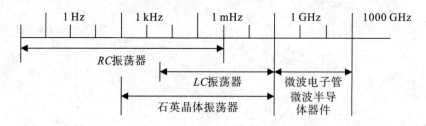

图 4.1.1　各种振荡器的频率

本章重点讨论反馈振荡器的基本工作原理，以及反馈振荡器电路中的 LC 振荡器和晶体振荡器。

4. 2　反馈振荡器的工作原理

我们常见到这样的情况，当有人将他所使用的扩音器的音量开得太大时，会引起一阵刺耳的啸叫声，这种现象叫做扩音系统中的电声振荡，如图 4.2.1 所示。

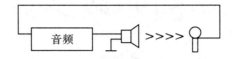

图 4.2.1　扩音系统中的电声振荡

当扬声器靠近话筒时，来自扬声器的声波激励话筒，话筒感应电压并输入至放大器，然后扬声器又把放大了的声音再送回话筒，形成正反馈。如此反复循环，就形成了声电和电声的自激振荡啸叫声。显然，自激振荡是扩音系统所不希望的，它会将有用的广播信号"淹没"掉。这时，通过减小对话筒的输入，或将放大器音量调小，或者移动话筒使之偏离声波的来向，就可以将啸叫现象抑制掉。

反馈振荡器是由反馈放大器演变而来的，讨论反馈振荡器的原理也就是找出其演变条件，即从无到有地建立起振荡的起振条件，产生持续振荡的平衡条件，保证平衡状态下不被外界因素破坏的稳定条件。

4. 2. 1　平衡条件

和分析负反馈原理类似，我们也可以借助方框图来分析由正反馈形成的自激振荡的条件。

图 4.2.2 所示为正反馈放大器的方框图，在无外加输入信号时就成为图 4.2.3 所示的自激振荡器方框图。

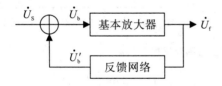

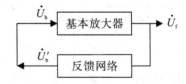

图 4.2.2　正反馈放大器方框图　　　　　图 4.2.3　自激振荡器方框图

设主网络（基本放大器）的电压放大倍数为 $\dot{K} = \dot{U}_{\mathrm{f}}/\dot{U}_{\mathrm{b}}$，反馈网络的反馈系数为 $\dot{\beta} = \dot{U}'_{\mathrm{b}}/\dot{U}_{\mathrm{f}}$，则反馈放大器的电压放大倍数为

$$\dot{K}_{\beta} = \frac{\dot{U}_{\mathrm{f}}}{\dot{U}_{\mathrm{S}}} = \frac{\dot{U}_{\mathrm{f}}}{\dot{U}_{\mathrm{b}} - \dot{U}'_{\mathrm{b}}} = \frac{\dot{U}_{\mathrm{f}}/\dot{U}_{\mathrm{b}}}{1 - \dot{U}'_{\mathrm{b}}/\dot{U}_{\mathrm{b}}} = \frac{\dot{K}}{1 - (\dot{U}_{\mathrm{f}}/\dot{U}_{\mathrm{b}})(\dot{U}'_{\mathrm{b}}/\dot{U}_{\mathrm{f}})}$$

$$= \frac{\dot{K}}{1 - \dot{K}\dot{\beta}} \tag{4.2.1}$$

当稳态工作时，若在某一频率（设为 ω_{g}）上，$\dot{U}_{\mathrm{b}}$ 与 $\dot{U}'_{\mathrm{b}}$ 同相且两者振幅相等，即

$$\dot{U}_{\mathrm{b}} = \dot{U}'_{\mathrm{b}} \quad \text{或} \quad \dot{K}\dot{\beta} = 1 \tag{4.2.2}$$

由式(4.2.2)可见，当 $\dot{K}\dot{\beta}\rightarrow 1$ 时，则 $\dot{K}_\beta\rightarrow\infty$。反馈放大器的放大倍数趋于无限大的物理意义是：为了使主网络输出一个角频率为 ω_g 的正弦电压 $\dot{U}_f$，所需的输入电压 $\dot{U}_b$ 将直接由反馈电压 $\dot{U}'_b$ 提供，而无需外加激励信号。

若令 $\dot{K}=|\dot{K}|\exp(j\varphi_k)$，$\dot{\beta}=|\dot{\beta}|\exp(j\varphi_\beta)$，则式(4.2.2)可写成：

$$\dot{K}\dot{\beta}=|\dot{K}||\dot{\beta}|\exp j(\varphi_k+\varphi_\beta)=1 \tag{4.2.3}$$

或写成另外一种表示形式：

$$|\dot{K}\dot{\beta}|=1 \tag{4.2.4}$$

$$\varphi_k+\varphi_\beta=2n\pi\ (n=0,\pm 1,\pm 2,\cdots) \tag{4.2.5}$$

以上两式就是反馈式放大器实现自激振荡的条件之一，称为振荡的平衡条件，其中式(4.2.4)为振幅平衡条件，式(4.2.5)为相位平衡条件。求解这两个条件即可确定平衡条件下的振荡器的电压振幅和振荡频率。

图 4.2.4 是利用变压器耦合构成的反馈放大器和反馈振荡器原理电路图，下面通过图4.2.4(b)来解释平衡条件。

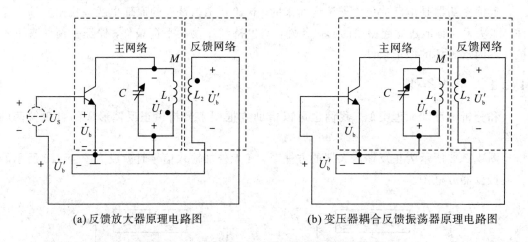

(a) 反馈放大器原理电路图　　　　　　　(b) 变压器耦合反馈振荡器原理电路图

图 4.2.4　反馈放大器与变压器耦合反馈振荡器

首先，解释相位平衡条件。$\varphi_k+\varphi_\beta=2n\pi$，它表明 $\dot{U}'_b$ 与 $\dot{U}_b$ 相位相同。图 4.2.4(b) 中，标明了变压器的同名端，在谐振频率点 $\omega=\omega_g$，回路呈纯阻性，放大器倒相180°，即输入电压经放大器相移 $\varphi_k=180°$。按照图中所标注极性，经互感耦合送回到放大器输入端的信号相移 $\varphi_\beta=180°$，总的相移为360°，从而保证了反馈信号与输入信号的相位一致，形成正反馈。但对于其他频率，回路失谐，产生附加相移，总的相移不是360°了，所以不能振荡。

其次，解释振幅平衡条件。如果从输出端送回到输入端的信号太弱，也不会产生振荡。在图 4.2.4(b) 中，可以调整 M、L 的数值以及放大量来实现这一要求。一般情况下，放大器的电压放大倍数 $|\dot{K}|>1$，反馈网络的反馈系数 $|\dot{\beta}|<1$。为了使反馈信号足够大，放大器的放大系数必须补足反馈系数的衰减。振幅平衡条件式(4.2.4)表明 $|\dot{U}'_b|=|\dot{U}_b|$。例如，假定输入信号为 10 mV，$|\dot{K}|=100$，则输出信号幅度为 1 V。为了使送回到输入端的信号仍为 10 mV，必须使 $|\dot{\beta}|=1/100$。

实际上，满足平衡条件仅仅说明反馈放大器能够成为反馈振荡器，并没有说明振荡器必定产生稳定的持续振荡。因此平衡条件只是振荡的必要条件，而不是它的充分条件。要保证振荡器产生稳定的持续振荡，还必须同时满足起振条件和稳定条件。

4.2.2　起振条件

起振电压总是从无到有地建立起来的。那么，振荡器刚接通电源时，原始的输入电压从哪里来? 又如何能够达到平衡值?实际上，刚接通电源时，振荡电路各部分必定存在着各种电的扰动，这些扰动可能是接通电源瞬间引起的电流突变，也可能是晶体管和回路的内部噪声，它们都包含有频率范围很宽的各种频率的电压分量。当这种微小的扰动作用于基本放大器的输入端时，由于谐振回路的选频作用，只有频率接近于回路谐振频率的分量，才能由放大器进行放大，而后通过反馈又加到主网络的输入端。如果该电压与主网络原先的输入电压同相，且具有更大的振幅，则经过放大和反馈的反复循环，该频率分量的电压振幅将不断地增长，于是可从小到大地建立起振荡的条件:

$$
\begin{cases}
|\dot{U}'_{\mathrm{b}}| > |\dot{U}_{\mathrm{b}}| \\
\varphi_k + \varphi_\beta = 2n\pi \quad (n = 0, \pm 1, \pm 2, \cdots)
\end{cases}
\tag{4.2.6}
$$

或

$$
\begin{cases}
|\dot{K}_0\beta| > 1 \\
\varphi_k + \varphi_\beta = 2n\pi \quad (n = 0, \pm 1, \pm 2, \cdots)
\end{cases}
\tag{4.2.7}
$$

因振荡开始时，由电扰动产生的 $\dot{U}_{\mathrm{b}}$ 的幅度很小，这时放大器工作在甲类，其放大倍数最大，故式(4.2.7)中以 $|\dot{K}_0|$ 表示。以上两式就是反馈振荡器的起振条件。其中 $|\dot{K}_0\dot{\beta}| > 1$ 称为振幅起振条件，$\varphi_k + \varphi_\beta = 2n\pi$ 为相位起振条件。

那么，振荡会不会无止境地增长下去呢?不会的。因为随着振荡幅度的增加，晶体管将出现饱和、截止现象，放大倍数会下降，这是由放大管的非线性特性所导致的。由于反馈系数 $|\dot{\beta}|$ 由反馈网络决定，一般不随振荡振幅 U_{b} 而变，则放大倍数 $|\dot{K}|$ 就必须具有随振荡振幅 U_{b} 增大而下降的特性。这样，放大倍数 $|\dot{K}|$ 与反馈系数 $|\dot{\beta}|$ 的乘积 $|\dot{K}\dot{\beta}|$ 将会减小，直到 $|\dot{K}\dot{\beta}| = 1$，达到平衡值，振荡振幅不再增加。

由此可见，一个反馈振荡器要产生振荡，必须既满足起振条件又满足平衡条件。若只满足平衡条件，振荡就不会由小到大地达到平衡值;反之，如果只满足起振条件，振荡振幅就会无限制地增长下去。

显然，既要满足起振条件 $|\dot{K}_0\dot{\beta}| > 1$，又要满足平衡条件 $|\dot{K}\dot{\beta}| = 1$，而反馈系数 $|\dot{\beta}|$ 一般不随振荡振幅 U_{b} 而变，则放大倍数 $|\dot{K}|$ 就必须具有随振荡振幅 U_{b} 增大而下降的特性，如图 4.2.5 所示，这是因为振荡器中晶体管的非线性特性所致。由该图可见，起振时，U_{b} 很小，放大倍数 $|\dot{K}| = |\dot{K}_0|$ 最大，起振以后振荡振幅仍较小，$|\dot{K}|$ 基本不变，但当振荡振幅 U_{b} 较大时，放大倍数 $|\dot{K}|$ 随 U_{b} 的增长而下降。我们通常将这种振荡器的偏置电压大于晶体管的导通电压，即导通角大于90°的自激振荡称为软自激。

由图 4.2.5(b)可见，起振时放大倍数为 $|\dot{K}_0|$ 且最大，而起振后放大倍数 $|\dot{K}|$ 将随 U_{b}

的增大而下降,这样就可以既满足起振条件 $|\dot{K}_0\dot{\beta}| > 1$,又能满足平衡条件 $|\dot{K}\dot{\beta}| = 1$。

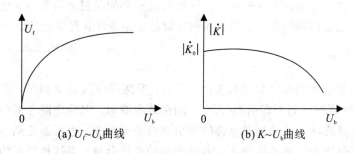

(a) $U_f \sim U_b$ 曲线　　　　　　(b) $K \sim U_b$ 曲线

图 4.2.5　$U_f \sim U_b$ 与 $K \sim U_b$ 曲线

4.2.3　稳定条件

前已指出,在实际振荡电路中,不可避免地存在着各种电扰动,这些扰动虽然是振荡器起振的原始输入信号,但是达到平衡状态后,它将叠加在平衡值上,引起振荡振幅和相位的波动。此外,电源电压、温度等外界因素的变化引起晶体管和回路参数变化,也会引起振荡幅度和相位的变化。因此,当振荡器达到平衡状态后,上述原因均可能破坏平衡条件,从而使振荡器离开原来的平衡状态。

振荡器的稳定条件包括两方面内容:振幅稳定条件和相位稳定条件。振幅稳定条件研究的是,由于电路中的扰动,暂时破坏了振幅平衡条件,当扰动离去后,振幅能否稳定在原来的平衡点。相位稳定条件研究的是,由于电路中的扰动,暂时破坏了相位平衡条件,使振荡频率发生变化,当扰动离去后,振荡频率能否稳定在原有频率上。

1. 振幅稳定条件

1)软自激的振幅稳定问题

如图 4.2.6 所示,A 点是 $|\dot{K}\dot{\beta}| = 1$ 的平衡点,但 A 点是否是稳定的平衡点,就要看在 A 点附近振幅发生变化时,是否能恢复原状。

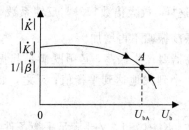

图 4.2.6　$|\dot{K}| \sim U_b$ 曲线

假定某种原因使振幅增大超过了 U_{bA},由图 4.2.6 可见,这时 $|\dot{K}\dot{\beta}| < 1$,于是振荡振幅衰减而回到 U_{bA};反之,由于某种原因使振幅小于 U_{bA},这时 $|\dot{K}\dot{\beta}| > 1$,于是振荡振幅就自动增强,从而又回到 U_{bA}。因此,A 点是稳定平衡点。

由上述分析可知,形成稳定平衡点的原因在于:在平衡点附近,放大倍数 $|\dot{K}|$ 随 U_b 的增加而减小,放大倍数 $|\dot{K}|$ 随 U_b 的减小而增加,即放大倍数 $|\dot{K}|$ 对振幅 U_b 的变化率为负

值，故有

$$\left.\frac{\partial \mid \dot{K} \mid}{\partial U_b}\right|_{U_b=U_{bA}} < 0 \tag{4.2.8}$$

上式就是振荡器的振荡稳定条件。显然，上述稳幅条件是由主网络固有的非线性放大特性来实现的，故称为内稳幅。若在振荡器中另外插入非线性网络，也同样可实现稳幅的功能，这种稳幅称为外稳幅。

2）硬自激的振幅稳定问题

若给三极管的发射结加上反向偏置（$E_B < E'_B，\theta < 90°$），则其振荡具有如图 4.2.7(a) 所示的特性，可画出相应的 $\mid \dot{K} \mid \sim U_b$ 曲线如图 4.2.7(b) 所示。由图 4.2.7(b) 可见，当 $U_b < U_{b0}$ 时，主网络处于截止状态，故 $\mid \dot{K} \mid = 0$；当 $U_b > U_{b0}$ 并不断增大时，$\mid \dot{K} \mid$ 随 U_b 的增大而加大，但当 $U_b > U_{b1}$ 时，$\mid \dot{K} \mid$ 因 U_f 增大而缓慢下降，通常将这种具有图 4.2.7 所示的振荡特性称为硬自激。

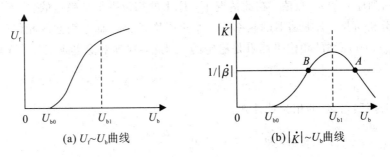

(a) $U_f \sim U_b$ 曲线　　　(b) $\mid \dot{K} \mid \sim U_b$ 曲线

图 4.2.7　硬自激的 $U_f \sim U_b$ 曲线与 $\mid \dot{K} \mid \sim U_b$ 曲线

由图 4.2.7 可见，对于硬自激来说，有两个平衡点，显然，在 A 点有 $\partial \mid \dot{K} \mid /\partial U_b < 0$，故称 A 点为稳定平衡点。而在 B 点，$\partial \mid \dot{K} \mid /\partial U_b > 0$，$B$ 点为不稳定平衡点。又由此图看出，只有在基极上有大于 U_{b0} 的起始扰动电压才能自激，这是硬自激具有的特点。

2. 相位稳定条件

频率稳定条件和相位稳定条件实质上是一样的，因为相位变化时，频率必然随之变化，反之亦然。

相位的超前意味着频率的提高，而相位的滞后意味着频率的降低。在反馈振荡器中有

$$\frac{\dot{U}'_b}{\dot{U}_b} = \dot{K}\dot{\beta} = \mid \dot{K} \mid \exp(j\varphi_k) \cdot \mid \dot{\beta} \mid \exp(j\varphi_\beta)$$

$$= \mid \dot{K}\dot{\beta} \mid \exp[j(\varphi_k + \varphi_\beta)] = \mid \dot{K}\dot{\beta} \mid \exp(j\varphi_{k\beta}) \tag{4.2.9}$$

若 $\varphi_{k\beta} = 0$，满足了相位平衡条件，则反馈电压 $\dot{U}'_b$ 与产生它的基极电压 $\dot{U}_b$ 同相；若 $\varphi_{k\beta} > 0$，$\dot{U}'_b$ 超前于 $\dot{U}_b$，则 $\dot{U}'_b$ 由经放大后所引起的集电极电流将比原来的集电极电流超前一个相位，供给振荡回路的能量也超前一个相位，即提前给振荡回路输送能量，这就促使振荡周期缩短，于是振荡频率提高；反之，若 $\varphi_{k\beta} < 0$，$\dot{U}'_b$ 落后于 $\dot{U}_b$，则输送给回路的能量滞后，因此振荡周期变长，使振荡频率降低。

上述情况犹如单摆运动，单摆运动本身有一自然摆动频率，若恰好每当单摆摆到最高点时，外力对它向下推动一次(相当于反馈电压对环路激励一次，以抵消回路的损耗)，则单摆仍按它本身的自然摆动频率而摆动；若每当单摆未摆到最高点前，外力就对它向下推动一次(相当于反馈电压对环路超前激励一次)，则单摆的摆动振幅减小，周期缩短，而摆动的频率却变高了。反之，若每当单摆摆到最高点后再向下摆动时，外力才对它向下推动一次，则单摆的摆幅增大，周期变长，摆动的频率相应降低。

设振荡器在频率 $\omega = \omega_g$ 时，满足相位条件 $\varphi_{k\beta}(\omega_g) = 0$，若由于外界因素的扰动，使频率得到一个正的增量 $\Delta\omega$，则原来的相位平衡受到破坏，即 $\varphi_{k\beta}(\omega_g + \Delta\omega) \neq 0$，它必然使总相位偏离一个微小的数值 $\Delta\varphi_{k\beta}$，这时有两种可能：

(1) $\Delta\varphi_{k\beta} > 0$，即频率为 $\omega_g + \Delta\omega$ 的振荡使反馈电压 $\dot{U}'_b$ 超前于 $\dot{U}_b$，则频率必然不断升高而离开原来的频率 ω_g 逐步变大。在此情况下，可以认为原来的平衡点是不稳定的。

(2) $\Delta\varphi_{k\beta} < 0$，即频率为 $\omega_g + \Delta\omega$ 的振荡使反馈电压 $\dot{U}'_b$ 落后于 $\dot{U}_b$，这将导致频率不断降低，直到回到原来的 ω_g 数值。在此情况下，原来的相位平衡是稳定的。

由上述分析可见，若振荡器的频率有一个正的增量 $\Delta\omega$，而它引起的相位的变化是一个负的增量 $\Delta\varphi_{k\beta}$，则原来的相位平衡点是稳定的。因此，其频率稳定或相位稳定的条件为

$$\left. \frac{\partial \varphi_{k\beta}}{\partial \omega} \right|_{\omega=\omega_g} < 0 \tag{4.2.10}$$

由并联谐振回路 Z_c 的相频特性知：

$$\varphi_c(\omega) = -\arctan\left[\frac{2Q_e(\omega - \omega_0)}{\omega_0} \right] \tag{4.2.11}$$

式中，ω_0 为回路的谐振角频率，Q_e 为回路的等效品质因数。其 $\varphi_c \sim \omega$ 曲线如图 4.2.8 所示。若忽略放大器的电容效应，并设 β 为实数，则 $\varphi_{k\beta} \approx \varphi_c$，显然，$\varphi_{k\beta}$ 具有如图 4.2.8 所示的特性，这时 $\omega_g \approx \omega_0$，式(4.2.10)可改写为

$$\left. \frac{\partial \varphi_c}{\partial \omega} \right|_{\omega=\omega_g} < 0 \tag{4.2.12}$$

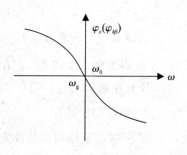

图 4.2.8　并联回路的
$\varphi_c \sim \omega$ 曲线

可见在 LC 振荡器中，相位稳定条件是由并联谐振回路的相频特性来实现的。

在实际振荡器电路中，还可以采用其他的相移网络来实现相位稳定的要求，例如 RC 移相或选频电路。

由上面的分析讨论可知，反馈振荡器能够产生等幅持续振荡，必须满足振荡的起振条件、平衡条件和稳定条件，缺一不可。因此，反馈振荡器在其主网络和反馈网络这两个基本组成部分中，必须具有能使 $|\dot{K}|$ 随振荡电压振幅的增加而下降的稳幅电路以及能使 $\varphi_{k\beta}$ 随频率的增加而下降的相移网络，它们也是缺一不可的。

各种不同的反馈振荡器电路，它们的区别也就在于上述组成部分的实现方式不同。可作为主网络中有源器件的有晶体管、场效应管、差分对管、线性集成电路和电子管等；可作为相移网络的有 LC 谐振回路、RC 移相电路或选频回路、石英晶体谐振器等。前已述及，稳幅电路有内、外稳幅之分，而反馈网络又有变压器耦合电路、电感和电容分压电路等。

其中用得最广泛的是三种振荡电路：采用内稳幅和 *LC* 谐振回路的 *LC* 振荡器、采用内稳幅和石英晶体谐振器的晶体振荡器以及采用外稳幅和 *RC* 移相或选频电路的 *RC* 振荡器。

4.3 *LC* 正弦波振荡器

通常将采用 *LC* 谐振回路作为移相网络的内稳幅反馈振荡器统称为 *LC* 振荡器。根据其反馈形式的不同，这种振荡器可分为三端式振荡器和变压器耦合振荡器。三端式振荡器采用电感分压电路或电容分压电路作为反馈网络，变压器耦合振荡器采用变压器耦合电路作为反馈网络。

4.3.1 三端式振荡器

1. 电路组成原则

如图 4.3.1 所示的高频等效电路，振荡回路以三个端点与晶体管(场应管或电子管)三个电极相连，所以称它为三端式振荡器。应该指出，三端式振荡器是 *LC* 振荡器中最基本的电路形式。

由于振荡回路是由电抗元件组成的，为了简化起见，忽略了回路的损耗，因此图中只用三个纯电抗 X_1、X_2、X_3 来表示。因振荡器工作时的振荡频率 $\omega_g \approx \omega_0$，所以，回路近似处于谐振状态，即回路的电抗之和应为零，故有

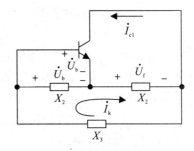

图 4.3.1 振荡器电路组成原则

$$X_1 + X_2 + X_3 = 0 \qquad (4.3.1)$$

所以，X_1、X_2、X_3 不能全为感抗或全为容抗，而是由两种异性的电抗组成的。

构成振荡器电路的一个重要原则，就是它应保证是正反馈即应保证反馈电压 $\dot{U}'_b$ 与初始激励电压 $\dot{U}_b$ 同相，或者说，电抗 X_1、X_2、X_3 性质的确定，应保证满足相位平衡条件，即

$$\varphi_k + \varphi_\beta = 0$$

由第 3 章可知，谐振功率放大器负载电压 $\dot{U}_f$ 与其激励电压 $\dot{U}_b$ 同相，即 $\varphi_k = 0$，因此，要满足相位平衡条件，应使 $\varphi_\beta = 0$，即要求 $\dot{U}'_b$ 与 $\dot{U}_f$ 同相。

由图 4.3.1 可知，在初始激励电压 $\dot{U}_b$ 的作用下，在集电极产生一个基波电流 $\dot{I}_{c1}$，则在由 X_1、X_2、X_3 组成的谐振回路中引起一环流 $\dot{I}_k$，如图所示，它在 X_1、X_2、X_3 中的瞬时方向和大小是相同的(因 $|\dot{I}_k| \gg |\dot{I}_{c1}|$，故容性支路电流与感性支路电流的大小近似相等，两者方向相反，在回路中构成了连续的环流 $\dot{I}_k$)。由图 4.3.1 得

$$\dot{U}_f = \mathrm{j}X_1\dot{I}_k$$

$$\dot{U}'_b = \mathrm{j}X_2\dot{I}_k$$

可见，要满足 $\dot{U}'_b$ 与 $\dot{U}_f$ 同相($\varphi_\beta = 0$)，X_1、X_2 必须为同性质的电抗，即同为感抗或同为容抗。考虑到 $X_1 + X_2 + X_3 = 0$，则 X_3 应与 X_1、X_2 异号。

为了便于记忆，可以将此原则具体化，即凡是与晶体管发射极相连的电抗必须是同性

的,而不与发射极相连的另一元件是与之性质相反的电抗(射同集反),这种电路方有可能振荡(因为还需满足振幅条件)。同样,在电子管电路中也有类似的情况。(注意:按照上述原则构成的电路仅仅满足了相位条件。)

根据上述原则构成的基本电路如图4.3.2所示。图4.3.2(a)为电感反馈振荡器,也称为哈特莱振荡器,图4.3.2(b)为电容反馈振荡器,也称为考毕兹振荡器。

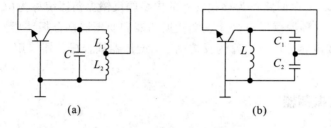

(a)   (b)

图4.3.2 LC 三端式振荡器交流等效图

2. 电感三端式振荡器(哈特莱振荡器)

1) 原理电路

在画振荡器的原理电路时,首先应使其高频电路满足产生振荡的相位条件,其次是在加上直流电压时,应遵循第3章提出的馈电原则,即交流与直流应分别有通路,且交流不能流过直流通路。

图4.3.3是电感反馈振荡器的原理电路,其中图4.3.3(a)为发射极接地电路,图4.3.3(b)为基极接地电路,图4.3.3(c)为集电极接地电路。

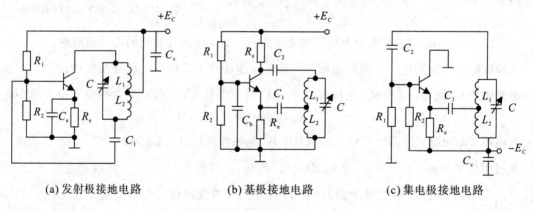

(a) 发射极接地电路   (b) 基极接地电路   (c) 集电极接地电路

图4.3.3   电感三端式振荡器

由图4.3.3可见,上述三电路中的发射极连接的是两个同性质的感抗,而第三个电抗为容抗。该电路是满足相位平衡条件的。图中 R_1、R_2 是偏置电阻,R_e 为发射极电阻,C_1、C_2、C_e、C_c 是隔直流及耦合电容器,L_1、L_2、C 为谐振回路元件。在图4.3.3(b)和图4.3.3(c)中,电阻 R_e 是不可缺少的,它为发射极提供直流通路,不能将其开路,但也不能将它短路,否则它将分别使 U_b、U_f 被短路,即 R_e 开路或短路都将使振荡器停止振荡。

由图4.3.3可看出,振荡器一般都采用分压式偏置电路,即由固定偏压和自给偏压组成的组合偏置电路。组合偏置电路有如下优点:

(1) 容易起振。这是因为振荡器刚接通电源时,其工作点附近的 g_m 值较大,从而使

$|\dot{K}\dot{\beta}|$ 远大于 1，待振幅不断增大到一定程度后，由于发射极电阻两端电压的加大，使基极的负偏压逐渐加大，此时晶体管的平均跨导 g_{m} 也在减小，使 $|\dot{K}\dot{\beta}|$ 值逐渐接近于 1，最后等于 1，达到平衡。

（2）振幅稳定性较好。这是因为组合偏置与固定偏置比较，除了因截止或饱和而使放大倍数 $|\dot{K}|$ 随 U_{b} 的增加而下降外，U_{b} 的增加还会使 R_{e} 两端的电压增大，基极负偏加大，进一步导致 $|\dot{K}|$ 的下降，即组合偏置使主网络的 $|\dot{K}|$ 下降得更快。

2）起振条件

分析振荡器的起振条件时，要分析两个方面：一方面是要由相位条件来确定振荡频率与参数的关系；另一方面是要由振幅条件来确定所需的放大倍数和反馈系数对电路参数的要求。

正常工作的振荡器，在起振时信号很小，这时可以将振荡器电路看成线性电路。所以采用晶体管 Y 参数等效法研究起振时的振荡条件比较方便，而且也有一定的实际意义。

图 4.3.4(a) 为图 4.3.3 (a) 的高频等效电路。图中 R_{c} 为振荡器 LC 谐振回路有载谐振阻抗 $R'_{\mathrm{L}}(=1/g')$ 在晶体三极管 c、e 两端等效的电阻。从小信号谐振放大器的分析中可知

$$g' = p_1^2 g_{\mathrm{ie}} + g_0 + p_2^2 g_{\mathrm{L}}$$

或

$$g' = \frac{1}{Q_{\mathrm{e}}\omega_0 L}$$

式中，p_1 为晶体管 c、e 两端对 LC 谐振回路的接入系数，p_2 为下级负载对 LC 谐振回路的接入系数，g_0 为 LC 谐振回路的空载谐振电导，g_{L} 为下级负载电导，Q_{e} 为 LC 谐振回路的有载品质因数。由此可得

$$g_{\mathrm{c}} = \frac{g'}{p_1^2} \tag{4.3.2}$$

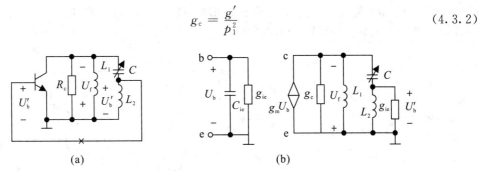

$$\text{(a)} \qquad\qquad\qquad \text{(b)}$$

图 4.3.4 电感三端式振荡器的等效电路

根据图 4.3.4 (a) 的高频等效电路，可画出在"×"处将反馈环路断开的 Y 参数等效电路，如图 4.3.4(b) 所示。图 4.3.4(b) 中忽略了反向传输导纳 Y_{re} 的影响，且此时正向传输导纳 Y_{fe} 近似等于跨导 g_{m}。图中 $g_{\mathrm{c}} = 1/R_{\mathrm{c}}$，$g_{\mathrm{ie}}$ 为三极管的输入电导，因 C_{ie}、C_{oe} 均很小，故均予以忽略。

在忽略 g_{ie} 对反馈系数 β 幅角的影响时，振荡频率 ω_{g} 近似等于回路固有谐振频率，即

$$\omega_{\mathrm{g}} \approx \omega_0 = \frac{1}{\sqrt{LC}} \tag{4.3.3}$$

现将 g_{ie} 折算到放大器输出端(c、e 两端)，有

$$\left(\frac{U'_\mathrm{b}}{U_\mathrm{f}}\right)^2 g_\mathrm{ie} \approx \left(\frac{L_2}{L_1}\right)^2 g_\mathrm{ie} = \beta^2 g_\mathrm{ie} \qquad (4.3.4)$$

式中，$\beta = L_2/L_1$，为反馈系数。

小信号时主网络的放大倍数

$$|\dot{K}_0| = \frac{U_\mathrm{f}}{U_\mathrm{b}} = \frac{\dfrac{g_\mathrm{m}U_\mathrm{b}}{g_\mathrm{c} + \beta^2 g_\mathrm{ie}}}{U_\mathrm{b}} = \frac{g_\mathrm{m}}{g_\mathrm{c} + \beta^2 g_\mathrm{ie}} \qquad (4.3.5)$$

代入起振条件公式 $|\dot{K}_0\dot{\beta}| > 1$，得

$$\beta\left(\frac{g_\mathrm{m}}{g_\mathrm{c} + \beta^2 g_\mathrm{ie}}\right) > 1$$

$$g_\mathrm{m} > \frac{g_\mathrm{c}}{\beta} + \beta g_\mathrm{ie} \qquad (4.3.6)$$

式(4.3.6)右边第一项表示负载电导对起振的影响，β 越大越易起振；第二项表示输入电导 g_ie 的影响，β 与 g_ie 越小越易起振。显然 β 应有一个最佳值，其一般的取值为 $0.1 \sim 0.5$。g_m 一定时，可以调节 g_c 与 β 来保证起振。为保证一定的稳定振幅，$|\dot{K}_0\dot{\beta}|$ 一般取值为 $3 \sim 5$。

3. 电容三端式振荡器(考比兹振荡器)

1) 原理电路

图 4.3.5 是电容三端式振荡器的原理电路，其中图 4.3.5(a) 为发射极接地的电路，图 4.3.5(b) 为基极接地的电路，图 4.3.5(c) 为集电极接地的电路。由图可见，这三种电路的发射极连接的都是两个性质相同的容抗，而第三个则为异性质的感抗，故此电路满足了相位条件。图中 R_1、R_2 为基极偏置电阻，R_e 为发射极电阻，C_e、C_b、C_c 为高频旁通电容，C_3、C_4 为隔直流电容，C_1、C_2、L 组成振荡回路。图 4.3.5(b) 和图 4.3.5(c) 中，电阻 R_e 的作用与图 4.3.4(b)、(c) 中的相同。

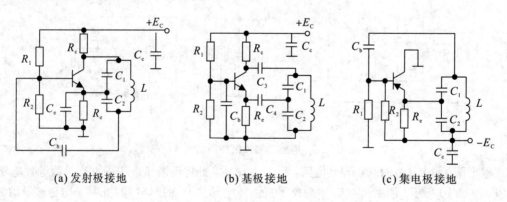

(a) 发射极接地　　　　　(b) 基极接地　　　　　(c) 集电极接地

图 4.3.5　电容三端式振荡器

2) 起振条件

电容三端式振荡器的起振条件，可以用与电感三端式振荡器相类似的方法求得，求得的振荡频率为

$$\omega_\mathrm{g} \approx \sqrt{\frac{1}{LC}} \qquad (4.3.7)$$

$$\begin{cases} C'_1 = C_1 + C_{oe} \\ C'_2 = C_2 + C_{ie} \end{cases} \tag{4.3.8}$$

$$C = \frac{C'_1 C'_2}{C'_1 + C'_2} \tag{4.3.9}$$

起振时的振幅条件为

$$g_m > \frac{g_c}{\beta} + \beta g_{ie}$$

式中的反馈系数 $\beta = C'_1 / C'_2$。由上式可见，它与电感三端式振荡器振幅起振条件表示式 (4.3.6) 完全相似，它也有一个最佳反馈系数值。

4. 电容与电感三端式振荡器的比较

（1）电感三端式电路的反馈电压取自电感两端，而电容三端式电路的反馈电压取自电容两端。当高次谐波电流通过反馈支路时，取自电感的电压必将比取自电容的电压含有更多的高次谐波成分。因此，电感三端式电路的输出波形失真比电容三端式电路的大。

（2）在电感三端式电路中，晶体管的输入电容和杂散电容直接并接在反馈线圈上，这些电容的作用相当于反馈线圈的有效电感量变小，结果会使反馈电压减小，从而有可能使振荡器停振。而这种影响将随着振荡频率的提高而愈趋严重。但在电容三端式电路中，这些寄生电容包括在反馈电容内，不会造成上述不良影响。因此，电容三端式电路可以比电感三端式电路振荡在更高的频率上。

（3）作为波段振荡器时，为了调节方便，一般都采用可变电容器作为调节频率的元件。在这种情况下，采用电容三端式电路就不大方便了，因为当改变回路电容调节频率时，将改变反馈系数 $|\dot{\beta}|$。因此在广播接收机中，目前还较多采用电感三端式电路。若在波段振荡器中要采用电容三端式电路，则应在回路线圈两端并接一个可变电容 C_3 来调节频率，如图 4.3.6 所示。

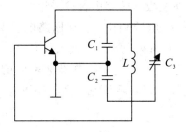

图 4.3.6   频率可变的振荡器

5. 改进型电容三端式振荡器

为了减小晶体管中不稳定的极间电容 C_{eb}、C_{bc}、C_{ce} 对振荡频率的影响，从而提高频率稳定度，多采用电容三端式振荡器的变形电路，即所谓克拉泼（Clapp）振荡器和西勒（Sieler）振荡器。

图 4.3.7 为克拉泼振荡器的原理电路及其交流等效电路，与电容三端式电路比较，在振荡回路中，增加了一个和电感串接的 C_3，通常 C_3 的容量远小于 C_2 和 C_1，故回路的总电容

$$C \approx C_3 \qquad\qquad (4.3.10)$$

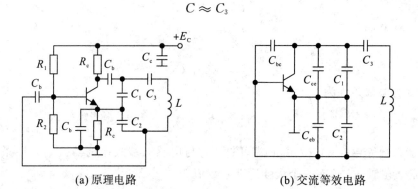

(a) 原理电路   (b) 交流等效电路

图 4.3.7 克拉泼振荡电路

应该指出，虽然 C_3 越小，振荡器的频率稳定度越高，但 C_3 太小将不能满足振幅起振条件而停止振荡。故为了保证振荡器的起振，C_3 应有一个最小的允许值。

另外，若采用调节 C_3 来改变振荡频率，此时有

$$\omega_g \approx \omega_0 = \frac{1}{\sqrt{LC}} = \frac{1}{\sqrt{LC_3}}$$

或者

$$\omega_0^2 = \frac{1}{LC_3} \qquad C_3 = \frac{1}{\omega_0^2 L}$$

而

$$R_c = p_c^2 Q_e \omega_0 L = \left(\frac{C_3}{C_1}\right)^2 Q_e \omega_0 L = \frac{1}{LC_1^2} \cdot \left(\frac{1}{\omega_0}\right)^3 Q_e$$

式中，p_c 为晶体管的集电极与发射极之间对回路的接入系数。由上式可见 $R_c \propto (1/\omega_0)^3$，当调节 C_3 而改变振荡频率时，不仅 R_c 的变化很大，并且在波段高端（此时 C_3 最小）会因 R_c 太小而停振。

为了克服上述缺点，目前在波段振荡器中普遍采用图 4.3.8 所示的改进型式电容三端式电路，亦称西勒电路。与克拉泼电路相比，它在回路电感两端并接了一个可变电容 C_4。若将 L 和 C_4 的并联阻抗看成一个等效的电感，而 C_1、C_2、C_3 都是固定值，因此当改变 C_4 以改变频率时，接入系数 p_c 不变，此时 R_c 只与振荡频率成正比，即与克拉泼电路相比，西勒电路不仅在波段内的振幅比较平稳，还避免了高频端可能出现的停振现象。故它很适合于工作在工作频率较高的场合。

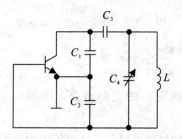

图 4.3.8 西勒振荡器交流电路

4.3.2　变压器耦合振荡器

在变压器耦合的 LC 振荡器电路中，其振荡回路可以并接在发射结或集电结以及集电极与发射极之间，分别如图 4.3.9(a)、(b)、(c) 所示，其中图 4.3.9(b)、(c) 两种电路用得较多。

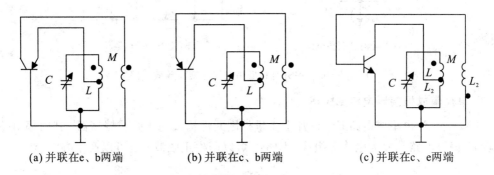

(a) 并联在 e、b 两端　　　　(b) 并联在 c、b 两端　　　　(c) 并联在 c、e 两端

图 4.3.9　变压器耦合振荡器的交流等效电路及其同名端

观察图 4.3.9 可知，为了满足相位平衡条件，变压器两个绕组的异名端分别接在晶体管的基极和集电极上，同前面三端式振荡器一样，其振荡频率为 $\omega_{\mathrm{g}} \approx \omega_0 = 1/\sqrt{LC}$，实际上 ω_{g} 还与晶体管参数及负载有关。以图 4.3.9(c) 为例，可以证明其起振条件为

$$|\dot{K}\dot{\beta}| = p_1 p_2 g_{\mathrm{m}} \frac{L}{Cr} = p_1 g_{\mathrm{m}} M \frac{1}{Cr} \tag{4.3.11}$$

式中：$p_1 (= L_1/L)$ 为晶体管与 LC 回路的接入系数，$p_2 (= M/L)$ 为 L_2（次级）与 LC 回路（初级）的接入系数，r 为 L 支路上的有载回路的等效电阻（串联形式）。可见，变压器耦合 LC 振荡器除了变压器线圈要有正确的绕向以满足相位条件外，初次级回路还应有足够的互感量 M，振荡器才能自激。

因为晶体管的输入/输出电阻都比较低，它们都将使回路的品质因数降低，使振荡强度变弱，甚至不能振荡。为此，振荡回路与晶体管均采用部分接入，以减弱晶体管输入/输出阻抗对回路的影响。

4.3.3　集成振荡器

1. 差分对管振荡电路

在集成电路振荡器里，广泛采用如图 4.3.10(a) 所示的差分对管振荡电路，其中 V 管集电极外接的 LC 回路调谐在振荡频率上。图 4.3.10 (b) 为其交流等效电路。图 4.3.10 (b) 中 R_{ce} 为恒流源 I_0 的交流等效电阻。可见，这是一个共集-共基反馈电路。由于共集电路与共基电路均为同相放大电路，且电压增益可调至大于 1，根据瞬时极性法判断，在 V 管基极断开，有 $u_{\mathrm{b1}}\uparrow \to u_{\mathrm{e1}}(u_{\mathrm{e2}})\uparrow \to u_{\mathrm{c2}}\uparrow \to u_{\mathrm{b1}}\uparrow$，所以是正反馈。在振荡频率点，并联 LC 回路阻抗最大，正反馈电压 $u_{\mathrm{f}}(u_{\mathrm{o}})$ 最强，且满足相位稳定条件。综上所述，此振荡器电路能正常工作。

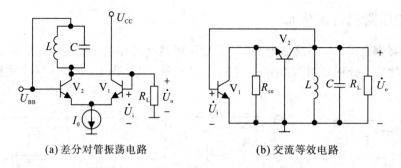

(a) 差分对管振荡电路　　　　　(b) 交流等效电路

图 4.3.10　差分对管振荡电路与交流等效电路

2. 单片集成振荡器电路 E1648

图 4.3.11 为由集成电路 E1648 加上少量外围元件构成的正弦波振荡器。其内部由差分对电路、偏置电路和放大电路等组成。E1648 可以产生正弦波，也可以产生方波。

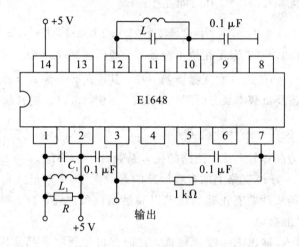

图 4.3.11　E1648 构成的振荡器

E1648 输出正弦电压时的典型参数为：最高振荡频率波 225 MHz，电源电压 5 V，功耗 150 mW，振荡回路输出峰峰值电压 500 mV。

E1648 单片集成振荡器的频率由 10 脚与 12 脚之间外接振荡回路的 L、C 值决定，并与两脚之间的输入电容 C_i 有关，其表达式为

$$f = \frac{1}{2\pi \sqrt{L(C + C_i)}}$$

改变外接回路元件参数，可以改变 E1648 单片集成振荡器的工作频率。在 5 脚外加一正电压时，可以获得方波输出。

4.4　振荡器的频率稳定

频率稳定是振荡器的一个重要指标，它是指在外界条件发生变化的情况下，要求振荡器的实际工作频率与指定频率之间偏差最小。振荡器通常都是用作某种信号源（高频加热之类的应用除外），如果振荡频率不稳定，将使设备和系统的性能恶化。在通信中所用的设

备和系统中，许多信号的传输和分离都是以频率为特征的，设备中都有对应于所接收信号的频道，频率不稳定就有可能使要接收的信号部分甚至完全收不到，并且频率的变化也可能干扰原来正常工作的相邻频道。在某些通信中，信息是记载于信号的变化之中的，如调频与调相，振荡器频率的不稳定将使解调时的性能变差。

在有些设备中，尤其是数字设备中用到的定时器都是以振荡器作信号源的，频率不稳会引起定时的不稳，有些设备中频率又常作为其他物理量（如距离、速度、电压等）的参考标准，频率是否准确决定了对这些物理量的测量精度。

4.4.1　振荡器的频率稳定度

1. 绝对频率稳定度

绝对频率稳定度是在一定条件下实际振荡频率 f_g 与标称频率 f_0 的偏差 Δf，即

$$\Delta f = f_g - f_0 \tag{4.4.1}$$

上述频率偏差可能是由于调整、置定和测量不准引起的，也可能是频率随时间变化而引起的。

2. 相对频率稳定度

相对频率稳定度是指在一定条件下，绝对频率稳定度与标称频率的比值，即

$$\frac{\Delta f}{f_g} = \frac{f_g - f_0}{f_g} \approx \frac{f_g - f_0}{f_0} \tag{4.4.2}$$

常用的是相对频率稳定度，简称频率稳定度。例如，一个振荡频率为 1 MHz 的振荡器，实际工作频率为 0.999 99 MHz，由式（4.4.2）可以得到它的相对频率稳定度 $\left| \dfrac{\Delta f}{f_0} \right| = \dfrac{10\ \text{Hz}}{1\ \text{MHz}} = 10^{-5}$。比值越小，频率稳定度越高。上面所说的一定条件可以指一定的时间范围、一定的温度或电压变化范围。例如，在一定时间范围内的频率稳定度可分为以下几种情况：

（1）短期稳定度：1 小时内的相对频率稳定度，一般用来评价测量仪器和通信设备中主振器的频率稳定指标。

（2）中期稳定度：1 天内的相对频率稳定度。

（3）长期稳定度：数月或 1 年内的相对频率稳定度。

一般的短波、超短波无线设备的相对频率稳定度约为 $10^{-2} \sim 10^{-5}$，而对一般的军用、大型通信设备及精密仪器，振荡器的相对频率稳定度都在 10^{-6} 甚至更高。

4.4.2　振荡器频率变化的原因

由前述可知，振荡器的频率主要取决于回路的参数，但也和晶体管的参数有关。这些参数不可能固定不变，所以振荡频率也不会绝对不变。要研究振荡器的稳频原理，首先要研究振荡器频率不稳定的原因。

在前面讨论的关于振荡器的工作原理中知道，振荡器的频率稳定度是由振荡器的相位平衡条件决定的，因此下面就从相位平衡条件入手进行分析。

根据式（4.2.5），相位平衡条件为

$$\varphi_k + \varphi_\beta = 0$$

其中，$\varphi_k = \varphi_c + \varphi_f$，所以相位平衡条件也可表达为

$$\varphi_c + \varphi_f + \varphi_\beta = 0 \tag{4.4.3}$$

式中：φ_c 为集电极回路阻抗的幅角；φ_f 为晶体管放大器正向转移导纳 $\dot{Y}_{fe} = \dot{I}_{c1}/\dot{U}_b$ 的幅角；φ_β 为反馈系数 $\dot{\beta} = \dot{U}'_b/\dot{U}_f$ 的幅角。满足相位平衡条件式（4.4.3）的 ω 就是振荡器的振荡频率 ω_g。因此，凡是能引起 φ_c、φ_f、φ_β 变化的因素都会引起 ω_g 的变化。上述因素对频率的影响可以从相位平衡条件的图解表示中看出。图 4.4.1（a）表示了 $\varphi_c = -(\varphi_f + \varphi_\beta)$ 这一关系。图 4.4.1（b）、（c）表示 ω_0 变化（通过 φ_c 变化）及 $\varphi_f + \varphi_\beta$ 变化时振荡频率 ω_g 的变化。

由图 4.4.1（b）可看出，当 ω_0 变化从而引起 φ_c 变化时，ω_g 的变化量 $\Delta\omega_g$（绝对频率稳定度）基本与 $\Delta\omega_0$ 相等。这是因为通常 $\varphi_f + \varphi_\beta$ 的绝对值很小，ω_g 基本上取决于 ω_0，所以提高振荡器的频率稳定度，首先应提高回路谐振频率 ω_0 的稳定度。

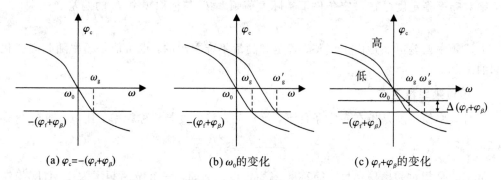

(a) $\varphi_c = -(\varphi_f + \varphi_\beta)$　　　(b) ω_0 的变化　　　(c) $\varphi_f + \varphi_\beta$ 的变化

图 4.4.1　频率稳定度与诸因素的关系

由图 4.4.1（c）可看出，$\varphi_f + \varphi_\beta$ 的任何变化也会引起 ω_g 的变化，$\Delta(\varphi_f + \varphi_\beta)$ 的绝对值越大，对应的 $|\Delta\omega_g|$ 也越大。由图中还可以看出，由于 $\varphi_c \sim \omega$ 的特性是正切形曲线，其斜率 $\left|\dfrac{\partial\varphi_c}{\partial\omega}\right|$ 随 ω 及回路有载 Q_e 变化，因此对同样的 $\Delta(\varphi_f + \varphi_\beta)$，$Q_e$ 值越高或者 $|\varphi_f + \varphi_\beta|$ 越小（即 ω_g 越接近 ω_0），对应的频率变化量 $|\Delta\omega_g|$ 也越小。为了提高频率稳定度，还应设法减小 $|\varphi_f + \varphi_\beta|$ 及其变化量 $\Delta(\varphi_f + \varphi_\beta)$，同时还应提高回路有载 Q_e 值。此外，Q_e 的变化也会使 ω_g 发生变化。

总之，$\Delta\omega_g$ 是 $\Delta\omega_0$、Q_e、$|\varphi_f + \varphi_\beta|$、$\Delta(\varphi_f + \varphi_\beta)$、$\Delta Q_e$ 等五个变量的函数，为了使 $\Delta\omega_g$ 尽量小，除应使 Q_e 尽量高以外，其他诸变量的绝对值都应尽量小。

现将各因素的影响分述如下：

（1）回路谐振频率 ω_0 的影响：ω_0 是由 L 和 C 决定的，它不但要考虑回路的线圈电感、调谐电容和反馈电路元件，而且也要考虑并在回路上的其他元件，比如晶体管的极间电容、后级负载电容或电感等。振荡器的频率稳定度（短期、长期），主要是由回路元件 L 和 C 的稳定性即回路标准性决定的。

（2）$\varphi_f + \varphi_\beta$、$Q_e$ 对频率的影响：$\Delta(\varphi_f + \varphi_\beta)$ 主要取决于晶体管的工作状态，因为由 $\dot{Y}_{fe}$ 与 $\dot{\beta}$ 的定义知，它们都与晶体管的工作点有关。ΔQ_e 通常是因负载变化而引起的，$\varphi_f + \varphi_\beta$ 绝对值的大小对频率稳定也有影响，希望这些值要小。通常振荡频率越高，由于晶体管的高频效应使 φ_f 的绝对值也越大。还应指出，回路有载 Q_e 值对频率稳定度的影响很大，当 $\Delta(\varphi_f +$

φ_β) 和 ΔQ_e 一定时，Q_e 值越大，$\Delta\omega_g/\omega_g$ 越小，故提高 Q_e 是提高频率稳定度的一个重要措施。当无载品质因数 Q_0 一定时，提高 Q_e 亦即回路的负载要轻，回路效率要降低。在高稳定振荡器中，送给负载的功率很小，振荡器的总效率是很低的。

综上所述，造成频率不稳定的因素主要有三个。一个是 LC 回路参数的不稳定。温度变化会使电感线圈和回路电容的数值发生变化，一般 L 具有正温度系数，即 L 随温度的升高而增大，而电容由于介质材料和结构的不同，电容器的温度系数可正可负。机械振动可使电感和电容产生形变，也会使电感和电容数值发生变化。另一个是晶体管参数的不稳定。当温度变化或电源变化时，必定会引起静态工作点和晶体管结电容的变化，从而使振荡器振荡频率不稳定。再一个是负载的变化，也会引起振荡频率不稳定。

4.4.3　振荡器的稳频措施

振荡器的稳频措施有以下几个：

(1) 提高振荡回路的标准性。

振荡器回路的标准性是指回路的谐振频率 ω_0 在外界因素变化时保持稳定的能力。要提高回路的标准性，也就是要提高回路元件 L、C 的标准性。外界因素变化主要是温度的变化，应该减小温度变化对振荡频率的影响。将振荡回路置于恒温槽内是一种非常好的办法。另外，可采用温度系数较小的电感和电容，如电感线圈用高频磁骨架，它的温度系数和损耗都较小；固定电容用云母电容，温度系数小，性能稳定。

(2) 稳定电源电压。

电源电压的波动，会使晶体管的工作点电压、电流发生变化，从而改变晶体管的参数，引起振荡频率不稳。为了减小这个影响，可采用良好的稳压电源供电以及稳定的工作点电路。

(3) 减小负载的影响。

振荡器输出信号需要加到负载上，负载的变动将引起回路谐振频率 ω_0 和 Q_e 的变化，还会使有载品质因数 Q_e 下降，必然引起振荡频率不稳。为了减小这一影响，可在振荡器和负载之间加一缓冲级，以减弱负载对振荡回路的影响。

(4) 晶体管与回路之间的连接采用松耦合。

例如，克拉泼电路和西勒电路就是把决定振荡频率的主要元件 LC 与晶体管的输入输出阻抗参数隔开，主要是与电容 C_{eb}、C_{ce} 隔开，使晶体管与谐振回路之间耦合很弱，从而提高频率稳定度。

(5) 提高回路的品质因数 Q。

LC 谐振回路的品质因数 Q 较低，在频率稳定度要求较高的设备中，可采用由石英晶体构成的晶体振荡电路。

(6) 屏蔽及远离热源。

将 LC 回路屏蔽可以减少周围电磁场的干扰，将振荡回路离开热源(如电源变压器、大功率晶体管等)远一些，可以减小温度变化对振荡回路的影响。

LC 振荡器由于受元件标准性的限制，采用了稳频措施后也只能使频率稳定度为 $10^{-3}\sim$
10^{-4}。要进一步提高频率稳定度需采用其他的电路或方法，目前最常用的是采用晶体振荡器电路。

4.5　晶体振荡器

现代科学技术的发展对正弦波振荡器的频率稳定度要求越来越高。例如，作为频率标准的振荡器的频率稳定度要求达到10^{-8}以上，而对于LC振荡器，尽管采取了各种稳频措施，其频率稳定度最高只能达到10^{-5}。究其原因主要是LC回路的Q值不能做得很高（约200以下）。石英晶体振荡器以石英晶体谐振器取代LC振荡器中构成谐振回路的电感、电容元件，它的Q值相当高，它的频率稳定度可达$10^{-10} \sim 10^{-11}$数量级，所以得到了极为广泛的应用。

4.5.1　石英谐振器的特性

1. 石英晶体的压电效应及等效电路

石英晶体是硅石的一种，它的化学成分是二氧化硅（SiO_2），在石英晶体上按一定方位角切下薄片，然后在晶片的两个对应表面上用喷涂金属的方法装上一对金属极板，就构成了石英晶体振荡元件 —— 石英晶体谐振器。它的符号、等效电路及电抗特性如图4.5.1所示。

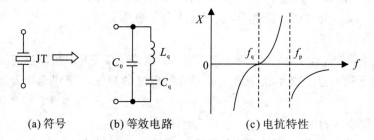

(a) 符号　　(b) 等效电路　　　(c) 电抗特性

图 4.5.1　石英晶体谐振器的符号、等效电路及电抗特性

石英晶片之所以能做成谐振器，是因为它具有正、反压电效应。当机械力作用于晶片时，晶片相对两侧将产生异号的电荷；反之，当在晶片两面加不同极性的电压时，晶片的几何尺寸或形变将发生改变。

晶片的几何尺寸和结构一定时，它本身就具有一个固有的机械振动频率。当高频交流电压加于晶片两端时，晶片将随交变信号电压的变化而产生机械振动，当其振荡频率与晶片固有频率相等时，将产生谐振，此时机械振动最强。

为了求出石英谐振器的等效电路，可以将石英晶片的机械系统类比于电系统，即晶片的质量类比于电感，弹性类比于电容，机械摩擦损耗类比于电阻。石英晶片的质量越大，相当于电路的电感量越大；石英晶片的弹性越大，相当于电路的电容越大；摩擦损耗越大，相当于电路中的电阻越大。

晶片可用一个串联LC回路表示，L_q为动态电感，C_q为动态电容，r_q为动态电阻，此外还有切片与金属极板构成的静电电容C_0（即使石英晶片不振动，C_0仍存在）。

石英谐振器的最大特点是：它的等效电感L_q非常大，而C_q和r_q都非常小，所以石英谐振器的Q值非常高，它可以达到几万到几百万。因此石英晶体谐振器的振荡频率稳定度非常高。

2. 石英晶体的阻抗特性

在等效电路中，L_q、C_q 组成串联谐振电路，串联谐振频率为

$$f_q = \frac{1}{2\pi\sqrt{L_q C_q}} \tag{4.5.1}$$

L_q、C_q、C_0 组成并联谐振电路，并联谐振频率为

$$f_p = \frac{1}{2\pi\sqrt{L_q \dfrac{C_0 C_q}{C_0 + C_q}}} \tag{4.5.2}$$

由于 $C_0 \gg C_q$，所以 f_q 与 f_p 相隔很近。由式(4.5.2)有

$$f_p = \frac{1}{2\pi\sqrt{L_q C_q}}\sqrt{\frac{C_0 + C_q}{C_0}} = f_q\sqrt{1 + \frac{C_q}{C_0}}$$

因为 $C_q/C_0 \ll 1$，利用近似式 $\sqrt{1+x} = 1 + \dfrac{1}{2}x(x \ll 1)$，所以

$$f_p \approx f_q\left(1 + \frac{C_q}{2C_0}\right) \tag{4.5.3}$$

石英晶体谐振器的等效电抗曲线如图 4.5.1(c) 所示。可见：当 $\omega = \omega_q$ 时，L_q、C_q 支路产生串联谐振；当 $\omega = \omega_p$ 时，产生并联谐振。当 $\omega < \omega_q$ 或 $\omega > \omega_p$ 时，电抗呈容性；当 $\omega_q < \omega < \omega_p$ 时，电抗呈感性。

由于两个谐振频率之差很小，所以呈感性的阻抗曲线非常陡峭。实用中，石英谐振器工作在频率范围很窄的感性区(可以把它看成一个电感)，只是在电感区电抗曲线才有非常大的斜率(对稳定频率有利)，电容区是不宜使用的。

3. 石英谐振器的频率 — 温度特性

虽然石英谐振器的等效回路具有高 Q 值的优点，但如果它的电参数不稳定，仍然不能保证频率稳定度的提高，这还要看温度变化时它的频率是否稳定。

在一定的温度范围内，石英晶体的各电参量具有较小的温度系数。具体情况与晶片切割类型有关。在室温附近，它们的稳定性是比较满意的，其中以 AT 切型最好。但是当温度变化较大时，频率稳定性就显著变坏。因此，要得到更高的频率稳定度，石英晶体应采用恒温设备。

4. 石英谐振器频率稳定度高的原因

(1) 它的频率温度系数小，采用恒温设备后，更可保证频率的稳定。

(2) 它的 Q 值非常高。

(3) 石英谐振器的 $C_q \ll C_0$，使振荡频率基本上由 L_q、C_q 决定，外电路对振荡频率的影响很小。只要它本身的参数 L_q、C_q 稳定，就可以有很高的频率稳定度。

4.5.2　晶体振荡器电路

晶体振荡器可分为并联和串联两种类型的电路：一种是将晶体作为三端式电路中的回路电感使用，而整个振荡回路处于并联谐振状态，故称其为并联型电路；另一种是工作在晶体的串联谐振频率上，将晶体作为一个高选择性的短路元件，串联在反馈支路中，用以控制反馈系数，故称为串联型电路。在电子设备中，广泛采用并联型振荡电路。

1. 并联型晶体振荡器

1) 电路

　　并联型晶体振荡器电路由晶体与外接电容器或线圈构成并联谐振回路，按三端式振荡器的连接原则组成振荡器，晶体等效为电感。振荡器的振荡频率只能在 $f_q < f < f_p$ 范围。若在晶体两端并联一个电容 C_L 以组成并联谐振回路（如图 4.5.2 所示），则由于晶体的并联电容由 C_0 增加到 $C_0 + C_L$，故回路的并联谐振频率可近似表示为

$$f_L = f_q \left[1 + \frac{C_q}{2(C_0 + C_L)} \right]$$

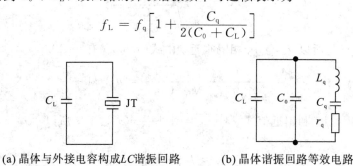

(a) 晶体与外接电容构成 LC 谐振回路　　(b) 晶体谐振回路等效电路

图 4.5.2　晶体等效电路

　　显然，f_L 必将处于 f_q 与 f_p 之间，且 f_L 将随着 C_L 的增大而向 f_q 靠近。这个并联电容 C_L 通常称为晶体的负载电容。基频晶体一般规定 C_L 为 30 pF，标注在晶体外壳上的振荡频率（称为晶体的标称频率）就是并接 C_L 时的 f_L。

　　在三端式电路中，晶体有两种接入回路的方法。一种是将晶体接在三极管集电极与基极之间，如图 4.5.3(a) 所示，称为皮尔斯(Pierce)电路。图中 L_b 为高频扼流圈，C_b 为旁路电容。图 4.5.3(b) 为谐振回路交流等效电路。图 4.5.3(c) 中 L_e 是晶体呈现的等效电感。可见皮尔斯电路相当于电容三端式振荡器。另一种是将晶体接在基极与发射极之间（如图 4.5.4(a) 所示），称为密勒(Miller)电路。图 4.5.4 (b) 为其交流等效电路。图 4.5.4 (c) 中 L_{e1} 为 LC 回路呈现的等效电感(LC 回路的谐振频率应高于振荡频率)，L_{e2} 为晶体呈现的等效电感。所以密勒电路相当于电感三端式振荡器。在密勒电路中，晶体接在正向偏置的发射结上，因此输入阻抗对晶体 Q 值的影响大，而在皮尔斯电路中，晶体接在反向偏置的 cb 结上，影响较小。所以，从提高频率稳定度着眼，应选用皮尔斯电路为好。下面就以皮尔斯电路为例来分析晶体振荡器的频率稳定度。

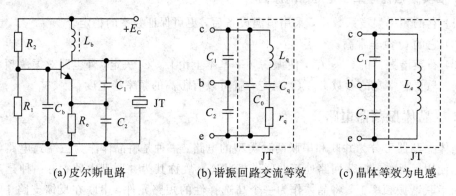

(a) 皮尔斯电路　　　　(b) 谐振回路交流等效　　(c) 晶体等效为电感

图 4.5.3　并联晶体振荡器（皮尔斯晶振）

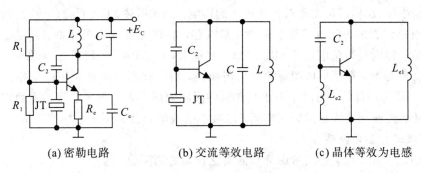

(a) 密勒电路　　　　　　(b) 交流等效电路　　　　(c) 晶体等效为电感

图 4.5.4　密勒晶体振荡器

2) 频率稳定度的分析

由于晶体管振荡器满足振荡条件时要求的回路阻抗很小(通常几千欧),即使与石英晶体耦合再松些,也是能振荡的。因此,实际的皮尔斯振荡电路都采用改进型的电路,如图 4.5.5 所示。与晶体串联的容量很小的电容 C_3 通常采用微调电容,则与晶体并联的电容为

$$C_L = \cfrac{1}{\cfrac{1}{C_1} + \cfrac{1}{C_2} + \cfrac{1}{C_3}} \tag{4.5.4}$$

当忽略晶体管的高频效应及回路损耗时,晶体振荡器的振荡频率近似等于回路的谐振频率,即振荡回路中的晶体的等效感抗 X_{Le} 等于 C_L 的容抗,则得其相位平衡条件为

$$X_{Le} + X_{CL} = 0$$

或

$$X_{Le} = - X_{CL} = \frac{1}{\omega C_L} \tag{4.5.5}$$

图 4.5.6 是晶体电抗和容抗随频率变化的曲线。由此图可见,相位平衡点 A 所对应的频率 f_L 就是振荡器的振荡频率,它在 f_q 与 f_p 之间。由于振荡频率 f_L 是非常靠近晶体串联谐振频率 f_q 的,所以 f_L 主要取决于 f_q。而 f_q 是非常稳定的,所以 f_L 也是非常稳定的。

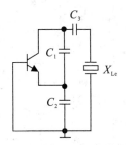　　　　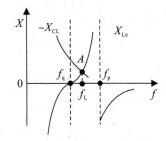

图 4.5.5　改进型的并联晶体振荡器　　　图 4.5.6　晶体振荡器的电抗曲线

应该指出,外界因素的变化对晶体振荡器的振荡频率仍然是有影响的,为了进一步提高晶体振荡器的频率稳定度,应进一步采取以下措施:

(1) 减小温度变化对 f_q 的影响。不仅可以采用温度系数小的晶体,还可加恒温装置与电路,使石英晶体工作在拐点温度附近,此时温度变化的影响最小。另外,应合理选择晶体的激励电平,并采用自动增益控制电路,以保持激励电平的稳定。否则激励电平过大或变化太大,都会使晶体的工作温度过高或变化大,从而引起晶体频率的变化。

（2）减小负载电容 C_L 变化对振荡频率的影响。如前所述，C_1、C_2、C_3 组成了 C_L，而它们中包含有晶体管的极间电容与电路的分布电容，故首先要选用损耗低、容量稳定、结构可靠的电容。特别是微调电容 C_3（因 C_1、C_2 容量大，C_3 容量小，所以 $C_L \approx C_3$）。此外，为了稳定晶体管参数，振荡器电源应单独采用稳压，将振荡器整个置于恒温槽中。选用耐高温、f_T 高且稳定的硅管，可减小由于晶体管的高频效应引入的负载电容的不稳定。在振荡器的安装中，要注意接线尽量短而牢固，以减小引线电容及其不稳定性。

3）并联泛音晶体振荡器

在使用泛音晶体时，必须考虑抑制低次泛音振荡的问题。为此可将电容三端式电路中的 C_1 改为 LC 谐振回路，如图 4.5.7 所示。若泛音晶体的标称泛音次数为 5（基波频率为 1 MHz），相应的标称频率为 5 MHz，则 LC 回路应调谐在 3～5 次泛音频率之间。例如 3.5 MHz，这样在 5 MHz 频率上，LC 回路呈容性，振荡器满足相位平衡条件。对于 3 次泛音频率来说，LC 回路呈感性，振荡器就不能满足相位平衡条件，无法产生振荡；而对于七次及七次以上的泛音频率，LC 回路呈容性，但其等效电容量过大，以致反馈系数过大，不满足振幅起振条件，同样也不会产生振荡。

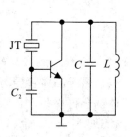

图 4.5.7　并联型
泛音晶体振荡器

2. 串联型晶体振荡器

图 4.5.8 为两种常用串联型晶体振荡器电路。这两种电路可用基频晶体，也可用泛音晶体。图中 L_b 为高频扼流圈，C_b 为旁路电容。由图可见，当晶体工作在串联谐振频率上时，晶体为高选择性的短路元件，这两种电路都是典型的电容三端式电路。而当工作频率偏离晶体的串联谐振频率时，晶体呈现的等效阻抗增大，因而加到基极上的反馈电压幅度减小，相移增大，振荡器就无法满足起振条件。在电路中，晶体起着选择开关的作用。这种电容三端式电路的振荡频率实际上受晶体控制，所以具有很高的频率稳定度。

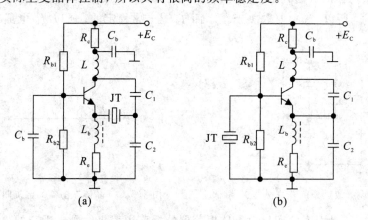

图 4.5.8　串联型晶体振荡器原理电路

晶体振荡器由于采用了高标准性、高 Q 值的石英作为振荡元件，因此频率稳定度比 LC 振荡器有很大的提高，一般可达 10^{-5} 以上；若采用高精度的石英晶体振荡器（如 BA14、BA12、BA5 等系列），且采用恒温措施，则频率稳定度可达 $10^{-7} \sim 10^{-10}$ 数量级。

晶体振荡器的主要缺点是不能在连续波段内工作，但随着频率合成技术的不断发展，此缺点已得到了一定程度的克服；其次是工作频率不能太高，基频一般不超过 30 MHz，但可以采用泛音振荡器来克服；再者是其制造较复杂，结构脆弱。

小　　结

本章介绍了振荡器的组成和工作原理，以及高稳定度的振荡器。

1. 介绍了反馈型振荡器的原理，以及反馈型振荡器的起振条件、平衡条件和稳定条件，三个条件缺一不可。

2. 说明 LC 振荡器的组成原则，重点分析了电容、电感反馈振荡器的工作原理，并对电容反馈振荡器进行了两种改进，即介绍了克拉泼振荡器和西勒振荡器的工作原理。

3. 介绍了振荡器频率稳定度的影响因素。

4. 介绍了稳定度高的晶体振荡器的工作原理和组成。

思考与练习

一、填空题

1. 三端式正弦波振荡器线路组成原则是（　　　　　　）。

2. 振荡器的起振条件是（　　　　　　）。

3. 振荡器的平衡条件是（　　　　　　）。

4. 振荡器的稳定条件是（　　　　　　）。

5. 要保证反馈式振荡器产生稳定的持续振荡，必须同时满足起振条件和（　　　）。

6. 为使正弦波 LC 三端式振荡器易于起振，g_m 应（　　　　　　）。

7. 反馈式振荡器的反馈系数应有一（　　）值，若在此基础上，增加或减小反馈系数，振荡器的振幅将变（　　　）。

8. 克拉泼电路是指在电容正弦波振荡器中增加了一个和电感串接的电容 C_3，那么 C_3 的作用是（　　　　　　）。

9. 改进型电容正弦波振荡器（克拉泼振荡器）的优点是（　　　），缺点是（　　　）。

10. 西勒电路的优点是（　　　　　　）。

11. 变压器耦合振荡器中，相位条件是由（　　　　　　）来保证的，其一般规定是：变压器初、次级绕组的（　　　　　　）名端分别接在集电极和基极上。

12. 晶体振荡器频率稳定度高的原因是（　　　　　　）。

二、选择题

1. 反馈型振荡器起振时，（　　）成为振荡器的原始激励信号。

A. 外加信号　　　　　　　　　　B. 电路中的电磁扰动

C. 反馈网络的反馈信号　　　　　D. 负阻

2. 反馈式振荡器中，振幅稳定条件是靠（　　）来实现的。

A. 放大管的非线性　　　　　　　B. 谐振回路的相频特性

C. 组合偏压的负反馈　　　　　　D. 反馈系数的非线性

3. 电容三点式振荡器适用于工作频率较高的电路，输出谐波成分比电感三端式的( )。

A. 大 B. 小 C. 相同 D. 不能确定

4. 反馈振荡器的反馈系数 $\beta = \beta_{最佳}$ 的含义是( )。

A. 频率稳定度好 B. 振荡幅度最强 C. 振荡频率最高 D. 振荡幅度最稳定

5. 反馈型振荡器的反馈系数 β 减小时,则振荡( )。

A. 增强 B. 减弱 C. 强弱不确定 D. 强弱不变

6. 在电容三端式的改进型振荡器中(克拉泼振荡器),如果只从提高频稳定度出发,则对 C_3 的选择应该( )。

A. 越小越好 B. 越大越好 C. 有极限值 D. 有最佳值

7. 需要一个晶体管振荡器,要求工作频率可调,频率稳定度尽量高,输出波形好,应选择的电路是( )。

A. 晶体振荡器 B. 西勒振荡器

C. 变压器耦合振荡器 D. 电感三端式振荡器

8. 图 P4.1 是( )振荡器。

A. 皮尔斯电路 B. 密勒电路 C. 西勒电路 D. 克拉泼电路

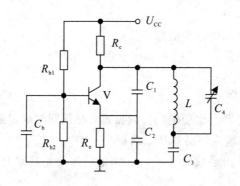

图 P4.1

9. 串联晶体振荡中的晶体的作用是( )。

A. 电感元件 B. 电容元件 C. 选频滤波元件 D. 电阻元件

10. 石英晶体振荡器的主要优点是( )。

A. 容易起振 B. 振幅稳定 C. 频率稳定度高 D. 谐波分量小

11. 石英晶谐振于 f_p 时,相当于 LC 回路的( )。

A. 串联谐振现象 B. 并联谐振现象 C. 自激现象 D. 失谐现象

三、判断题

1. 振荡器的振幅平衡条件决定振荡频率,相位平衡条件决定振幅。( )

2. LC 振荡器只要能满足起振条件就能起振并正常工作。( )

3. 电容三点式振荡器适用于工作频率较高的电路,输出谐波成分比电感三点式的少。( )

4. 在电容三端式的改进型振荡器(克拉泼振荡器)中,如果只从提高频率稳定度出发,对 C_3 的选择应该是越大越好。( )

5. 甲振荡器的频率稳定度为 $10^{-3} \sim 10^{-4}$,乙振荡器的频率稳定度为 $10^{-5} \sim 10^{-7}$,所以

甲振荡器的频率稳定度更高。（　　）

6. 串联晶体振荡中的晶体的作用是电感元件。（　　）

7. 串联型晶体振荡器中的晶体在电路中呈现为高选择性短路元件。（　　）

四、综合题

1. 画一个具有以下特点的电容三端式振荡器：

（1）NPN 管；（2）自给偏压；（3）发射极交流接地；（4）正电源供电。

2. 如图 P4.2 所示，$C_1 = C_2 = 100$ pF，$C_3 = 50$ pF，$Q_e = 100$，$L = 12.5\ \mu$H，$g_m = 12$ ms，$g_{ie} = 0$。要求：（1）画交流等效电路；（2）判断能否起振。

3. 某振荡电路如图 P4.3 所示，已知 $C_1 = 200$ pF，$C_2 = 400$ pF，$C_3 = 15$ pF，$C_4 = 35 \sim 125$ pF，$L = 20\ \mu$H，$g_{ie} = 0$，$Q_e = 100$，$|Y_{fe}| = 7$ mS。要求：

（1）判断是何种振荡器，画出其实际电路；

（2）求可振荡的频率范围。

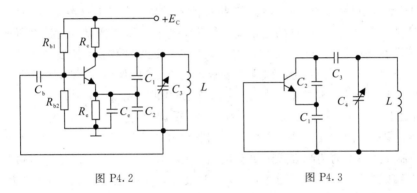

图 P4.2　　　　　　　　　　　图 P4.3

4. 利用相位平衡条件的判断准则，判断图 P4.4 中所示的三点式振荡器交流等效电路，哪个是错误的（不可能振荡）？哪个是正确的（有可能振荡）？属于哪种类型的振荡电路？有些电路应说明在什么条件下才能振荡。

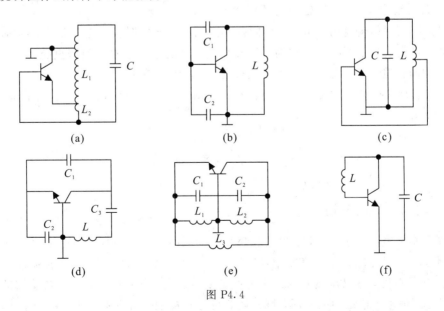

（a）　　　　　　　　　（b）　　　　　　　　　（c）

（d）　　　　　　　　　（e）　　　　　　　　　（f）

图 P4.4

第 5 章 振幅调制、解调及变频器

5.1 概　述

传输信息是人类生活的重要活动之一，信息传输的手段多种多样，利用无线电技术进行信息传输在这些手段中占有非常重要的地位，如广播、电视、导航、雷达、遥测等都是利用无线电技术进行不同信息的传输。广播传送音乐、语言等信号；电视传送图像、语言、音乐；雷达利用无线电信号的反射来测定某些目标的方位。在以上这些信息的传输过程中，都要用到调制与解调，它使信息的远距离传输得到保证。所谓调制，就是将所要传输的低频信号"装载"在高频振荡信号上，使之能有效地进行远距离传输。所要传输的低频信号是指由原始消息（如声音、文字、图像等）转变成的音频或视频信号，称为调制信号，用 $u_\Omega(t)$ 表示。高频振荡信号是用来携带低频信号的，称为载波，用 $u_c(t)$ 表示。载波通常是正弦波，也可以是非正弦波，但它们都是周期性信号，受调后的信号称为已调波。

调制的定义是：使载波的某一参数随原调制信号成线性变化的过程。无论是模拟调制还是数字调制，其基本的调制方式主要有调幅、调频及调相三种。有时将调频及调相统称为调角。在这三种基本调制方式的基础上，通过变化，可实现各式各样的调制方式。

之所以要将原始低频信号调制到高频载波信号上，主要基于以下原因：

（1）在无线通信系统中，只有当天线尺寸与电磁波波长相当时才能有效地进行电磁波辐射，而我们需要传送的原始信号如音频信号等，通常频率较低（波长较长），所以需要通过调制提高其频率，以便天线辐射高频功率。

（2）为了实现信道复用，如果多个同频率范围的信号同时在一个信道中传输必然会相互干扰，若将它们分别调制在不同的载波频率上，且使它们不发生频谱重叠，就可以在一个信道中同时传输多个信号了，这种方式称为信号的频分复用。

（3）利用调制解调技术可以提供有效的方法来克服信道缺陷，比如信道的加性噪声、失真和衰落等。

5.2 振幅调制

5.2.1 调幅信号的分析

振幅调制常用于长波、中波、短波和超短波的无线电广播、通信、电视、雷达等系统。这种调制方式是用传递的低频信号（如代表语音、图像、视频的电信号）去控制高频振荡信号（即载波）的幅度，使已调信号的幅度随调制信号的大小线性变化，而保持载波的频率不变。根据已调信号频谱结构的不同，振幅调制可分为标准振幅调制（用 AM 表示）、抑制载波的双边带调幅(用 DSB 表示)、抑制载波的单边带调幅(用 SSB 表示)等。

1. 标准振幅调制信号(AM)

1) AM 波的数学表达式及波形

首先讨论单频信号的调制情况。设单频调制信号 $u_\Omega(t) = U_{\Omega m}\cos\Omega t$，载波 $u_c(t) = U_{cm}\cos\omega_c t$，则调幅信号(即已调信号)可表示为

$$u_{AM}(t) = U_{AM}(t)\cos\omega_c t \qquad (5.2.1)$$

式中：$U_{AM}(t)$ 表示已调信号的瞬时振幅值，也是调幅波的包络函数。根据标准振幅调制的定义，AM 已调信号的瞬时振幅与调制信号应成线性关系，即有

$$U_{AM}(t) = U_{cm} + k_a U_{\Omega m}\cos\Omega t$$

$$= U_{cm}\left(1 + \frac{k_a U_{\Omega m}}{U_{cm}}\cos\Omega t\right) = U_{cm}(1 + m_a\cos\Omega t) \qquad (5.2.2)$$

式中：k_a 为比例常数，一般由调制电路的参数决定；$m_a = \dfrac{k_a U_{\Omega m}}{U_{cm}}$ 为调制系数，常用百分数表示，其大小反映了调幅的强弱程度，一般 m_a 的值越大调幅度越深。把式(5.2.2)代入式(5.2.1)，可得到单频信号调幅波的数学表达式为

$$u_{AM}(t) = U_{AM}(t)\cos\omega_c t = U_{cm}(1 + m_a\cos\Omega t)\cos\omega_c t \qquad (5.2.3)$$

图 5.2.1 为单频调制时调幅波的示意图。其中：图(a) 为单频调制信号的波形；图(b) 为载波的波形；图(c) 为调制系数 $m_a < 1$ 时已调波的波形；图(d) 为调制系数 $m_a = 1$ 时已调波的波形；图(e) 为调制系数 $m_a > 1$ 时已调波的波形，此时调幅波的包络形状与调制信号不一样，产生了严重的包络失真，这种情况称为过量调幅，实际应用中应当避免。因此，为了使调幅波不失真，保证已调波的包络真实地反映出调制信号的变化规律，要求调制系数 m_a 必须满足 $0 < m_a < 1$。

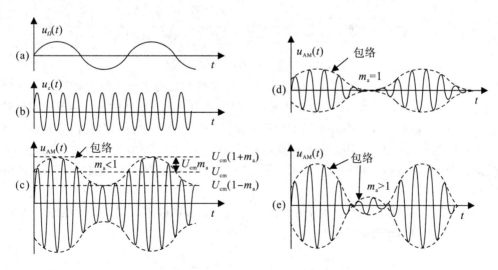

图 5.2.1 AM 调制过程中的信号波形

以上分析中，调制信号为单一频率的正弦信号，而实际的调制信号包含许多频率分量，是一个具有连续频谱的限带信号。如果将某一连续频谱的限带信号 $u_\Omega(t) = f(t)$ 作为调制信号，那么调幅波可表示为

$$u_{AM}(t) = [U_{cm} + k_a f(t)]\cos\omega_c t \tag{5.2.4}$$

将 $f(t)$ 利用傅里叶级数展开为

$$f(t) = \sum_{n=1}^{\infty} U_{\Omega n}\cos\Omega_n t \tag{5.2.5}$$

将上式代入式(5.2.4)，则调幅波的表达式为

$$u_{AM}(t) = U_{cm}\left[1 + \sum_{n=1}^{\infty} m_n\cos\Omega_n t\right]\cos\omega_c t \tag{5.2.6}$$

式中，$m_n = \dfrac{k_a U_{\Omega n}}{U_{cm}}$。

2）AM 波的频谱和带宽

由图 5.2.1(c)可知，调幅波不是一个简单的正弦波形，在时域中分析调幅信号比较困难，因此，常常采用频域分析法（即采用频谱图）来表述振幅调制的特征。

（1）单频调幅信号的频谱。在单频调制的情况下，调幅波如式(5.2.3)所描述，将式(5.2.3)利用三角公式展开，可得

$$\begin{aligned}
u_{AM}(t) &= U_{cm}(1 + m_a\cos\Omega t)\cos\omega_c t \\
&= U_{cm}\cos\omega_c t + m_a U_{cm}\cos\Omega t\cos\omega_c t \\
&= U_{cm}\cos\omega_c t + \frac{1}{2}m_a U_{cm}\cos(\omega_c + \Omega)t + \frac{1}{2}m_a U_{cm}\cos(\omega_c - \Omega)t \tag{5.2.7}
\end{aligned}$$

上式表明，单频调制的调幅波包含三个频率分量，即载波分量 ω_c、上边频分量 $\omega_c + \Omega$ 和下边频分量 $\omega_c - \Omega$，它是由三个正弦波叠加而成的，其频谱图如图 5.2.2 所示。

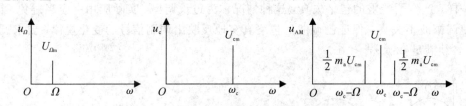

图 5.2.2　单频调制时调幅波的频谱

由图 5.2.2 及式(5.2.7)可知，频谱的中心分量就是载波分量，但它并不包含调制信息。而两个边频分量 $\omega_c + \Omega$、$\omega_c - \Omega$ 相对于载波是对称分布的，且其振幅反映了调制信号幅度的大小。边频相对于载频的位置仅取决于调制信号的频率，这说明调制信号的幅度及信息只含于边频分量之中。另外，从频谱图上还可以看出，单频调幅波的频谱实质上是把低频调制信号的频谱线性搬移到载波的上、下边频，因此，调幅的过程实质上就是频谱的线性搬移过程。

（2）限带调幅信号的频谱。实际的调制信号包含很多的频率分量。如果将式(5.2.6)所表示的限带调幅信号展开，可得

$$\begin{aligned}
u_{AM}(t) &= U_{cm}\left[1 + \sum_{n=1}^{\infty} m_n\cos\Omega_n t\right]\cos\omega_c t \\
&= U_{cm}\cos\omega_c t + \frac{1}{2}U_{cm}\left[\sum_{n=1}^{\infty} m_n\cos(\omega_c - \Omega_n)t\right. \\
&\left. + \sum_{n=1}^{\infty} m_n\cos(\omega_c + \Omega_n)t\right] \tag{5.2.8}
\end{aligned}$$

可见，经调制后限带信号的各个频率都会产生各自的上边频和下边频，叠加后就形成了上边带和下边带，每个边频带中各频率的相位振幅及相对位置未变。由于上下边频成对出现且振幅相等，因此上、下边带的频谱分布相对于载波是镜像对称的。其频谱如图 5.2.3 所示。

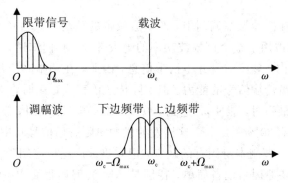

图 5.2.3　限带调幅信号的频谱

由图 5.2.3 可以看出，若限带调制信号的频带为 $B_\Omega = \Omega_{max}$，那么调幅波的频带 $B_{AM} = 2\Omega_{max}$，即已调波的频带宽度是原调制信号频带宽度的 2 倍，频带被扩展。

通过上述对调幅波频谱的分析可知，从频域上看，振幅调制的过程就是把低频调制信号的频谱搬移到载频的两侧，搬移后频谱结构不发生改变，这种搬移称为线性搬移。因此，振幅调制的过程就是频谱的线性搬移过程，且调制信号的信息只存在于调幅波的两个边频带中。

3）AM 波的功率分配

单频调制时，如果将式(5.2.3)所表示的调幅波传送至负载电阻 R_L，那么调幅波各频率分量在 R_L 上消耗的功率分别如下：

① R_L 上消耗的载波功率：

$$P_c = \frac{1}{2} \frac{U_{cm}^2}{R_L} \tag{5.2.9}$$

② 上边频功率：

$$P_{\omega_c + \Omega} = \frac{1}{2} \left(\frac{m_a U_{cm}}{2} \right)^2 \frac{1}{R_L} = \frac{1}{4} m_a^2 P_c \tag{5.2.10}$$

③ 下边频功率：

$$P_{\omega_c - \Omega} = \frac{1}{2} \left(\frac{m_a U_{cm}}{2} \right)^2 \frac{1}{R_L} = \frac{1}{4} m_a^2 P_c \tag{5.2.11}$$

④ 在调制信号一个周期内，调幅信号的平均功率：

$$P_{AM} = P_c + P_{\omega_c + \Omega} + P_{\omega_c - \Omega} = \left(1 + \frac{1}{2} m_a^2 \right) P_c \tag{5.2.12}$$

⑤ 两个边带总功率：

$$P_\Omega = P_{\omega_c + \Omega} + P_{\omega_c - \Omega} = \frac{1}{2} m_a^2 P_c \tag{5.2.13}$$

由此可得双边带功率与平均总功率的比值为

$$\frac{双边带功率}{平均总功率} = \frac{P_{\Omega}}{P_{AM}} = \frac{\frac{1}{2}m_a^2 P_c}{\left(1 + \frac{1}{2}m_a^2\right)P_c} = \frac{m_a^2}{2 + m_a^2}$$

$$= 1 - \frac{2}{2 + m_a^2} < 30\% \tag{5.2.14}$$

由此可以看出，在标准振幅调制中，两个边频带的总功率只占了整个调幅波功率的不到 30%，载波功率却占用了整个调幅波功率的绝大部分。我们知道，AM 调制中有用信息只携带在两个边频带内，载波本身并不携带信息，因此，在调幅时应尽可能提高 m_a 的值，以增强边带功率，提高传输信号的能力。但实际传送语言或音乐时，调制系数 m_a 的值往往是很小的，假如声音最强时，能使 m_a 达到 100%，那么声音最弱时，就可能比 10% 还要小，平均调制系数大约只有 $20\% \sim 30\%$。这样发射机的实际有用信号功率就很小，因而整机效率低。这可以说是 AM 调制本身固有的缺点，但它仍被广泛地应用于传统的无线电通信和无线电广播中，其主要原因是设备简单，特别是 AM 波解调很简单，便于接收，而且与其他调制方式（如调频）相比，AM 调制占用的频带窄。

2. 抑制载波的双边带调幅信号（DSB）

以上讨论指出，标准振幅调制中 AM 信号所携带的信息只存在于两个边频带内，不含信息的载波占用了调幅波功率的绝大部分，导致功率利用率低。如果在传输前将不包含信息的载波抑制掉，则可以大大节省发射功率，且仍然具有传递信息的功能。这就是抑制载波的双边带调幅（DSB），简称双边带调幅。

由 AM 信号的表达式可知，AM 信号展开后包括两部分，即载波项和调制信号与载波的相乘项，将载波去掉后，只剩下相乘项，即双边带信号的表达式为

$$u_{DSB}(t) = ku_{\Omega}(t)u_c(t) = kU_{\Omega m}U_{cm}\cos\Omega t\cos\omega_c t$$

$$= \frac{1}{2}kU_{\Omega m}U_{cm}\left[\cos(\omega_c + \Omega)t + \cos(\omega_c - \Omega)t\right] \tag{5.2.15}$$

如果调制信号为限带信号 $u_{\Omega}(t) = \sum\limits_{n=1}^{\infty}U_{\Omega n}\cos\Omega_n t$，则

$$u_{DSB}(t) = kU_{cm}\left[\sum_{n=1}^{\infty}U_{\Omega n}\cos\Omega_n t\right]\cos\omega_c t$$

$$= \frac{1}{2}kU_{cm}\left[\sum_{n=1}^{\infty}U_{\Omega n}\cos(\omega_c + \Omega_n)t + \sum_n U_{\Omega n}\cos(\omega_c - \Omega_n)t\right] \tag{5.2.16}$$

即双边带信号的频谱中无载频成分，只有上、下边频（边带），图 5.2.4 为双边带的波形和频谱。它与 AM 信号相比较，有如下特点：

（1）包络不同。AM 信号的包络与调制信号 $u_{\Omega}(t)$ 成线性关系，而 DSB 信号的包络则正比于 $|u_{\Omega}(t)|$，即已不再反映原调制信号的形状。当调制信号为零时，DSB 信号的幅度也为零。

（2）DSB 信号的载波相位在调制信号过零点处要突变 $180°$。由图 5.2.4 可见，在调制信号的正半周内，已调波与原载波同相位；在调制信号的负半周内，已调波与原载波反相，相位差为 $180°$。这说明 DSB 信号的相位反映了调制信号的极性。因此，严格地讲，DSB 信号已非单纯的振幅调制，而是既调幅又调相的信号。由于 DSB 信号不含载波，其全部功率为两边频带占有，故其功率利用率高于 AM 制，但双边带调制在频带利用率上没有什么改

进，其频带宽度仍为 AM 制中调制信号带宽的两倍。

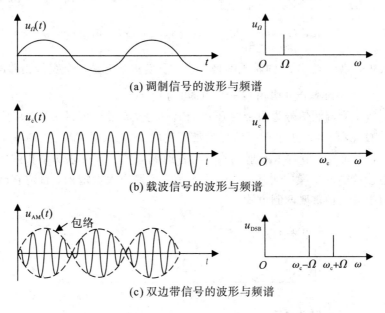

(a) 调制信号的波形与频谱

(b) 载波信号的波形与频谱

(c) 双边带信号的波形与频谱

图 5.2.4　调制、载波和 DSB 信号的波形与频谱图

3. 单边带调幅 SSB 信号

1）SSB 信号的性质

由上述分析可知，双边带调幅全部功率为两个边带所占有，两个边带都包含有所传输的信息，所以功率利用率比 AM 制要高。但若进一步观察 DSB 信号的频谱结构便会发现，上边带和下边带频谱结构对称，都反映了调制信号的频谱结构，因而它们都包含有调制信号的全部信息。从传输信息的角度看，两个边带都发射信号是多余的，会造成功率和频带的利用率低。如果能够抑制掉一个边带而保留另一个边带，不仅能够节省发射功率，而且还能节省一半的频带资源，这对于波道特别拥挤的短波通信是很有利的。这种调制方式称为单边带调制，用 SSB 表示。在现代电子通信系统的设计中，为了节约宝贵的频带资源，提高系统的功率和频带利用率，常采用单边带调制系统。

对式(5.2.15)或式(5.2.16)所表示的双边带调幅信号，如果只保留其中的任何一个边带而用窄带滤波器滤除另一个边带，即可得到单边带调幅信号。若调制信号为单频信号，则单边带调幅波可表示为

上边带信号：

$$u_{\mathrm{SSBU}}(t) = \frac{1}{2}kU_{\Omega\mathrm{m}}U_{\mathrm{cm}}\cos(\omega_{\mathrm{c}}+\Omega)t = A\cos(\omega_{\mathrm{c}}+\Omega)t \qquad (5.2.17)$$

下边带信号：

$$u_{\mathrm{SSBL}}(t) = \frac{1}{2}kU_{\Omega\mathrm{m}}U_{\mathrm{cm}}\cos(\omega_{\mathrm{c}}-\Omega)t = A\cos(\omega_{\mathrm{c}}-\Omega)t \qquad (5.2.18)$$

由以上两式可知，单频调制的 SSB 信号是单一频率 $\omega_{\mathrm{c}}+\Omega$ 或 $\omega_{\mathrm{c}}-\Omega$ 的等幅余弦波，其包络已不能体现调制信号的变化规律。由此可推知，SSB 信号的解调比较复杂。

当调制信号为限带信号时，SSB 信号的表达式为

$$u_{\mathrm{SSBU}}(t) = \frac{1}{2}kU_{\mathrm{cm}}[f(t)\cos\omega_c t - \hat{f}(t)\sin\omega_c t] \qquad (5.2.19)$$

$$u_{\mathrm{SSBL}}(t) = \frac{1}{2}kU_{\mathrm{cm}}[f(t)\cos\omega_c t + \hat{f}(t)\sin\omega_c t] \qquad (5.2.20)$$

以上两式中，$\hat{f}(t)$ 是 $f(t)$ 的希氏变换。希氏变换实质上是一个宽带相移网络，表示把 $f(t)$ 幅度不变，所有频率分量均相移 $\pi/2$，即可得到 $\hat{f}(t)$。

图 5.2.5 所示为调制信号为限带信号时 SSB 信号的频谱，可以看出，单边带信号的频谱宽度 $B_{\mathrm{SSB}} = \Omega_{\max}$，仅为双边带调幅信号频带宽度的 1/2，从而提高了频带利用率。由于只发射一个边带，因此大大节省了发射功率。与普通调幅相比，在总功率相同的情况下，单边带调幅可使接收端的信噪比明显提高，从而使通信距离大大增加，目前它已成为短波甚至超短波通信中的一种重要调制方式。

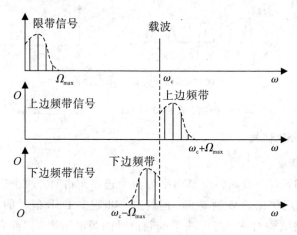

图 5.2.5　SSB 信号频谱

2）SSB 信号的产生

从上述 SSB 信号的表达式及其频谱图可以看到，单边带调幅已不能像双边带调幅那样由调制信号与载波信号简单相乘来实现。但是从 SSB 信号的时域表达式和频谱特性来看，可以有三种基本的电路实现方法，即滤波法、相移法和移相滤波法。

（1）滤波法。将双边带调幅信号和单边带调幅信号的频谱结构进行对比可知，实现单边带调幅的最直观的方法是：先用相乘器产生双边带调幅信号，再用带通滤波器滤除一个边频带（上边带或下边带），保留另一个边频带（下边带或上边带），即可实现单边带调幅信号。该方法实现的原理方框图如图 5.2.6 所示。

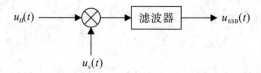

图 5.2.6　滤波法实现 SSB 信号方框图

滤波法实现单边带调幅的难点在于滤波器的实现，其关键在于要求一个高质量的滤波器，即在载频 ω_c 附近具有陡峭的截止特性，才能有效地保留有用的边带而抑制无用的边带。当调制信号的最低频率 $\Omega_{\min}$ 很小(甚至为 0)时，上下两边带的频差 $\Delta\omega = 2\Omega_{\min}$ 很窄，从而相对频差值 $\Delta\omega/\omega_c$ 很小，见图 5.2.7。这就要求滤波器的矩形系数几乎接近 1，使得滤波器的设计和制作很困难，有时甚至难以实现。

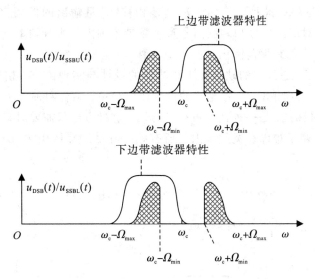

图 5.2.7　滤波法实现 SSB 信号的频谱

　　实际工程中常常采用多次搬移法来降低对滤波器的要求，先在较低的频率上实现单边带调幅，然后向高频处进行多次频谱搬移，一直搬移到所需要的载频值，其实现框图如图 5.2.8 所示，由图可见，每经过一次调制，实际上把频谱搬移一次，同时把信号频率的绝对值提高一次，这样信号的频谱结构没有变化，而上、下边带之间的频率间距拉大了，滤波器的制作就比较容易了。

图 5.2.8　频谱多次搬移产生单边带信号

　　(2) 相移法。相移法是另一种产生单边带信号的方法。当调制信号为限带信号时，SSB 信号由式(5.2.19)或式(5.2.20)表示。

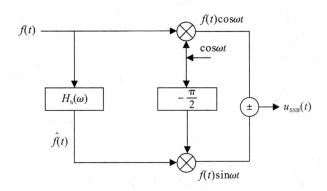

图 5.2.9　相移法产生单边带信号

相移法是两个双边带信号相减或相加，可由图 5.2.9 所示的方框图来实现。

移相法获得的单边带信号不依靠滤波器来抑制另一边带，所以这一方法原则上能把相距很近的两个边带分开，而不需要多次重复的调制和复杂的滤波器，这是移相法的突出优点。但实现这种方法的关键是要有两个准确地相移90°且输出的振幅完全相同的调制器。这种理想的移相器对载波信号和调制信号整个频带范围内的所有频率分量都要准确地相移90°，实际上在这么宽的频率范围内即使近似相移90°也是很难做到的。

（3）移相滤波法。滤波法的缺点在于滤波器的设计与实现困难，相移法的困难在于宽带90°移相器的设计，而单频90°移相器的设计比较简单。结合两种方法的优缺点而提出的移相滤波法（也叫维弗法）是一种比较可行的方法，这种方法只需要对某一固定的单频率信号移相90°，从而回避了难以在宽频带内将所有频率分量准确移相90°的缺点，其原理图如图 5.2.10 所示。

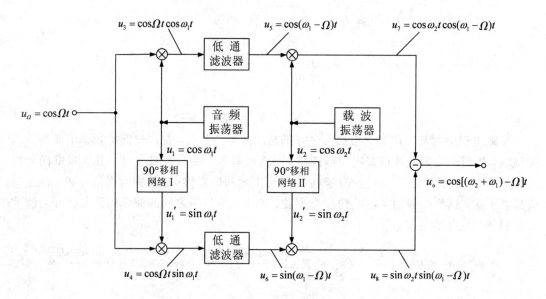

图 5.2.10　移相滤波法实现单边带调幅方框图

移相滤波法的关键在于将载频 ω_c 分成 ω_1 和 ω_2 两部分，其中 ω_1 是略高于 $\Omega_{\max}$ 的低频，ω_2 是高频，即 $\omega_c = \omega_1 + \omega_2$，$\omega_1 \ll \omega_2$。现以单频调制信号为例说明此法的原理，为简化分析，图 5.2.10 信号的振幅均表示为 1，各电路的增益也为 1。

调制信号 $u_\Omega(t)$ 与两个相位差为90°的低载频信号 u_1、u_1' 分别相乘，产生两个双边带信号 u_3、u_4，然后分别用滤波器取出 u_3、u_4 中的下边带信号 u_5 和 u_6。因为 ω_1 是低频，所以用低通滤波器也可以取出下边带 u_5 和 u_6。由于 $\omega_1 \ll \omega_c$，故滤波器边沿的衰减特性不需要那么陡峭，比较容易实现。取出的两个下边带信号分别再与两个相位差为90°的高载频信号 u_2、u_2' 相乘，产生 u_7、u_8 两个双边带信号。将 u_7、u_8 相减，则可以得到

$$u_o(t) = u_7 - u_8 = \cos\omega_2 t \cdot \cos(\omega_1 - \Omega)t - \sin\omega_2 t \cdot \sin(\omega_1 - \Omega)t$$
$$= \cos(\omega_2 + \omega_1 - \Omega)t = \cos(\omega_c - \Omega)t \qquad (5.2.21)$$

式中，$u_o(t)$ 为单边带调幅信号。

由图 5.2.10 知，移相滤波法将90°的移相网络固定在固定频率 ω_1 和 ω_2 上，克服了移相法的缺点，对滤波器的截止频率的边带特性要求也不高，其设计、制作及维护都比较简单，

适用于小型轻便设备。

5.2.2　调幅波产生电路

由前面的讨论可知，调幅就是频谱的线性搬移，其关键在于获得调制信号与载波的相乘项，而相乘项的获得，必须采用非线性电路才能实现。

最常见的调幅方式是一般调幅（AM 调制），其特点是调制和解调电路简单，但功率利用率低。此外，还有抑制载波的双边带调幅，它只传包含有用信息的上、下边带，因此可以大大节省功率，但所占据的频带宽度与一般调幅相同。若要节省功率，又节省通频带，则可以采用单边带调幅。下面分别介绍它们的电路及工作原理。

1. AM 调制电路

对调幅的要求主要有两点，即在调幅指数 m_a 较大的情况下，仍应有较高的保真度，另外应使受调放大器的效率尽量高。一般调幅电路通常分为高电平调幅和低电平调幅两种方式，在调幅发射机中多采用高电平调幅电路，所以在这里只介绍高电平调幅电路的工作原理。

高电平调幅是将调制和功放合二为一，调制后信号不需要放大就可以直接发射。在调幅发射机中，振幅调制器都是在工作于乙类或丙类的高频功率放大器中进行，所以它一般应在发射机的后级进行，例如在输出级或末前级。这样可以减小对振荡器的影响，使振荡频率稳定。另外，若在前级进行，后面各级将都工作于高保真度的调幅波放大状态，使放大器的效率低，即发射机的总效率低。调制器在发射机中的位置如图 5.2.11 所示。

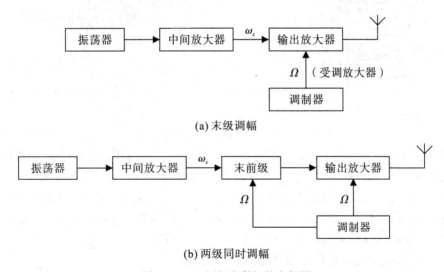

(a) 末级调幅

(b) 两级同时调幅

图 5.2.11　调幅发射机的方框图

高电平调幅采用的方法是将调制信号加到谐振功率放大器的某个电极上，去控制谐振功率放大器的高频电压振幅。根据调制信号所加的电极不同，可分为基极调幅、集电极调幅和双重调幅。

1）基极调幅

图 5.2.12 为基极调幅原理电路。它与高频功率放大器的不同之处在基极电路中加入了调制信号 $u_\Omega(t)$。图 5.2.13 为基极调幅的电流、电压波形，基极上加有三个电压，它们之

间的关系为

$$u_{BE}(t) = E_b + U_{\Omega m}\cos\Omega t + U_{bm}\cos\omega_c t$$

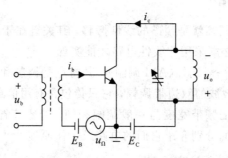

图 5.2.12　基极调幅原理电路

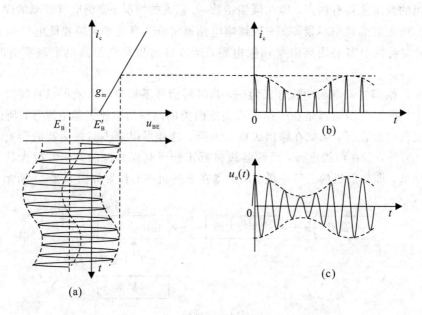

图 5.2.13　基极调幅的电压电流波形

　　在调制过程中，调制信号 $u_\Omega(t)$ 相当于一个缓慢变化的偏压，则晶体管发射极上的偏置电压为 $E_B(t) = E_B + u_\Omega(t)$，从而放大器的集电极电流的最大值 i_{cmax} 和导通角 θ 按调制信号的大小而变化。在 $u_\Omega(t)$ 往正向增大时，$E_B(t)$ 增大，使 $u_{BE}(t)$ 增大，集电极电流的最大值 i_{cmax} 和导通角 θ 增大；在 $u_\Omega(t)$ 往反向减小时，$E_B(t)$ 减小，使 $u_{BE}(t)$ 减小，集电极电流的最大值 i_{cmax} 和导通角 θ 减小。这样输出电压幅值正好反映调制信号的变化规律。将集电极调谐回路调谐在载波频率 f_c 上，那么放大器输出端便获得如图 5.2.13(c) 所示的调幅波。

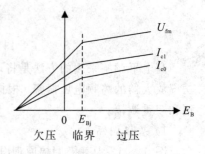

图 5.2.14　基极调制特性

　　静态基极调制特性曲线如图 5.2.14 所示。由图可见，调制特性曲线只有中间一段接近直线，而上部和下部都有较大的弯曲。为了使得 I_{c1} 能有明显的变化，在整个调制过程中，受调放大器应工作于欠压状态。为了充分利用线性区，减小调制失真，载波点 $E_B(u_\Omega(t) = 0)$ 选在欠压区直线段的中央附近,最大功率点$(E_B+U_{\Omega m})$不超过临界值E_{Bj}。这时可以得到较大的调幅度和较好的线性调幅。由于基极调制特性的直线段很短,其非线性失真较大,只有在m_a较小时$(U_{\Omega m}$较小)方能得到较好的线性调制。

综上所述,基极调幅的主要缺点是受调放大器的集电极效率低(因为工作于欠压状态),但其优点也是突出的,即所需调制信号的功率小,这有利于整机的小型化。

2) 集电极调幅

图 5.2.15 是集电极调幅的原理电路,高频载波仍从基极加入,而调制信号$u_\Omega(t)$加在集电极。调制信号电压$u_\Omega(t)$与电源电压E_C串联在一起,故可将二者合在一起看做是一个缓慢变化的综合电源$E_C(t)$,所以集电极调幅电路就是一个具有缓慢变化电源的调谐放大器。

$$E_C(t) = E_C + U_{\Omega m}\cos\Omega t$$

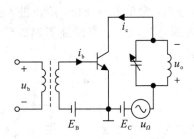

图 5.2.15   集电极调幅的原理电路

将第 3 章的集电极调幅调制特性重画,如图 5.2.16 所示。由图可知,为了使I_{c1}得到明显而有效的控制,受调放大器应工作在过压状态区,此时受调放大器的集电极效率较高,并应使载波点的E_C选在过压区直线段的中央,使$E_{Cmax}=E_C+U_{\Omega m}\leqslant E_{Cj}$,$E_{Cmin}=E_C-U_{\Omega m}\geqslant 0$。

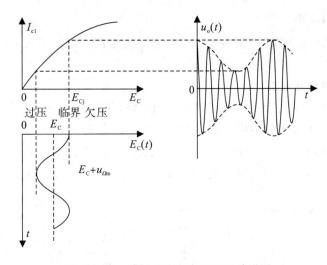

图 5.2.16   集电极的调幅过程及波形图

在调制过程中,集电极电流脉冲的高度和凹陷程度均随调制信号$u_\Omega(t)$的变化而变化,当$E_C(t)$减小时,过压越深,i_c脉冲下凹越深,I_{c1}越小;当$E_C(t)$增大时,过压越浅,i_c脉冲下凹越浅,I_{c1}越大;当$E_C(t)$最大时,$E_{Cmax}=E_C+U_{\Omega m}$,放大器工作在临界状态,$i_c$脉冲不下凹。

可见,集电极电流脉冲的基波分量振幅I_{c1}随$E_C(t)$变化而变化,也就是按调制信号

$u_\Omega(t)$ 的变化规律变化，谐振回路调谐在基波频率 f_c 上，输出电压的振幅也就按调制信号 $u_\Omega(t)$ 的变化规律变化，从而实现了调幅，放大器输出端得到调幅波 $u_o(t)$。

集电极调幅的主要优点是集电极效率较高，缺点是所需的调制功率大，电路复杂，体积较大。

3）双重调幅

由于放大器工作在过压状态，集电极电流脉冲出现凹顶，且随着 $E_C(t)$ 进一步减小，凹陷越来越深，因而影响调制线性，造成失真。为解决调制线性问题，我们在集电极调幅基础上加以改进，即采用双重调幅。

所谓双重调制，就是用调制信号既去控制集电极电压，又去控制基-射间电压。在调制信号正半周，$E_C(t)$ 增大，同时使 E_B 增大，向正方向变化，防止进入欠压区；在调制信号负半周，E_C 减小，同时使 $E_B(t)$ 减小，向负方向变化，防止进入强过压区。这样，就使放大器在整个调制过程中始终保持在弱过压状态，既保证了调制线性又保证了极高的效率。图 5.2.17 为双重调幅的原理电路。

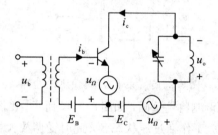

图 5.2.17 双重调幅的原理电路

2. 双边带调幅电路

双边带调幅的产生大都用低电平调幅。由于双边带调幅抑制了载波，只传送边带，故其功率利用率较高。

1）二极管平衡调幅电路

最常用的双边带调幅电路是二极管平衡调幅电路，其原理电路如图 5.2.18(a) 所示，它由两个性能一致的二极管及具有中心抽头的变压器 T_1、T_2 构成平衡电路。$O'O$ 两点间对音频是短路的。T_2 输出端接有中心频率 $f_o = f_c$ 的带通滤波器，可滤除无用频率分量。从 T_2 次级向右看的负载电阻为 R_L，为了分析方便，设 $N_1 = N_2$。图 5.2.18(b) 为其等效电路。

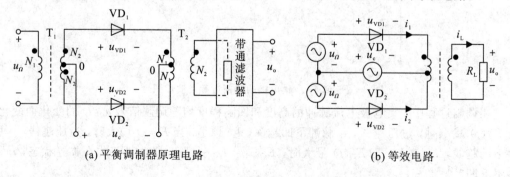

(a) 平衡调制器原理电路　　　　　　　　　　(b) 等效电路

图 5.2.18 平衡调制器的原理电路与等效电路

　　为了提高调制线性，通常使 $U_{cm} \gg U_{\Omega m}$，二极管 VD_1 和 VD_2 的特性主要表现为受 $u_c(t)$ 控制的开关状态，与调制电压 $u_\Omega(t)$ 无关，二极管伏安特性的折线近似如图 5.2.19 所示，由此可得二极管上的电流。

$$i_{VD} = g_d u_{VD} k(\omega_c t) \tag{5.2.22}$$

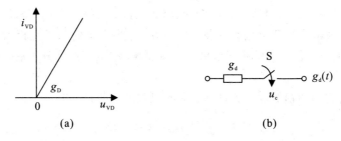

图 5.2.19　二极管伏安特性的折线近似

式中：$g_d = 1/r_d$ 为二极管的交流电导；$k(\omega_c t)$ 为单向开关函数，它在 $u_c(t)$ 的正半周时等于 1(导通)，在负半周时为零(截止)，如图 5.2.20 所示。可以利用傅氏级数将 $k(\omega_c t)$ 展开为

$$k(\omega_c t) = \frac{1}{2} + \frac{2}{\pi}\cos\omega_c t - \frac{2}{3\pi}\cos 3\omega_c t + \frac{2}{5\pi}\cos 5\omega_c t + \cdots \tag{5.2.23}$$

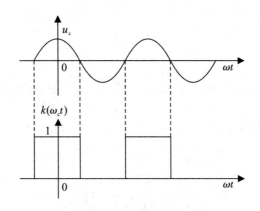

图 5.2.20　平调的开关函数波形

　　由图 5.2.18(b) 可知二极管上的电流分别为

$$i_1 = g_d u_{VD1} k(\omega_c t) \tag{5.2.24}$$

$$i_2 = g_d u_{VD2} k(\omega_c t) \tag{5.2.25}$$

而二极管上的电压分别为

$$\begin{cases} u_{VD1} = u_c + u_\Omega(t) \\ u_{VD1} = u_c - u_\Omega(t) \end{cases} \tag{5.2.26}$$

经 T_2 输出，在负载 R_L 上得电流 i_L：

$$i_L = \frac{N_1}{N_2}(i_1 - i_2) = i_1 - i_2 \tag{5.2.27}$$

　　将式(5.2.24)～式(5.2.26)代入式(5.2.27)可得：

$$i_L = 2g_d u_\Omega(t) k(\omega_c t) \tag{5.2.28}$$

　　将式(5.2.23)代入上式得：

$$i_L = 2g_d U_{\Omega m} \cos\Omega t \left(\frac{1}{2} + \frac{2}{\pi}\cos\omega_c t - \frac{2}{3\pi}\cos3\omega_c t + \frac{2}{5\pi}\cos5\omega_c t + \cdots \right)$$

$$= g_d U_{\Omega m} \left[\cos\Omega t + \frac{2}{\pi}\cos(\omega_c \pm \Omega)t - \frac{2}{3\pi}\cos(3\omega_c \pm \Omega)t + \frac{2}{5\pi}\cos(5\omega_c \pm \Omega)t + \cdots \right]$$

$$\text{(5.2.29)}$$

式(5.2.29)表明，输出电流中无载频及其倍频分量，只有调制分量及边带频率$\omega_c \pm \Omega$、$3\omega_c \pm \Omega$等分量。这是由于两个相等的载频电流在T_2中产生的磁通互相抵消了，利用电路的对称抑制了载频。经负载上的带通滤波器滤除低频及$3\omega_c \pm \Omega$等分量后，负载上可得到双边带信号。

图5.2.21为这种调幅器的工作图解。因此经负载输出的电压为

$$u_{DSB}(t) = \frac{2}{\pi}g_d U_{\Omega m}\cos(\omega_c \pm \Omega)t \cdot R_L \qquad \text{(5.2.30)}$$

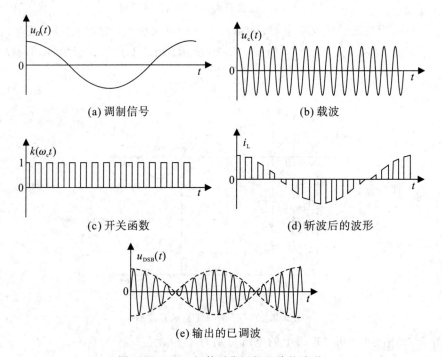

图5.2.21 二极管平衡调幅电路的波形

当考虑到R_L的反射电阻的影响时，R_L在T_2初级上的反射电阻应为$4R_L$，i_1、i_2各支路的电阻为$2R_L$，此时每个二极管上总电导g_d应用下式表示：

$$g_d = \frac{1}{r_d + 2R_L}$$

当$R_L \gg r_d$时，有

$$g_d = \frac{1}{2R_L} \qquad \text{(5.2.31)}$$

将式(5.2.31)代入式(5.2.30)得：

$$u_{DSB}(t) = \frac{1}{\pi}U_{\Omega m}\cos(\omega_c \pm \Omega)t \qquad \text{(5.2.32)}$$

从而可以得到调制器的效率为

$$\eta = \frac{输出的一个有用边频电压}{输入的调制电压} = \frac{1}{\pi} \tag{5.2.33}$$

在实际电路中要做到完全的电路对称是很困难的，诸如管子特性完全一样，变压器在中心抽头并且分布参数都要对称。若有不对称，就要产生载漏，且有其他无用的频率分量。为了改善调制特性，应使电路工作在理想的开关状态，二极管的通断取决于载波电压而与调制电压无关。为此应选开关特性好的二极管，且载波电压幅度一般应为调制电压幅度 10 倍以上。

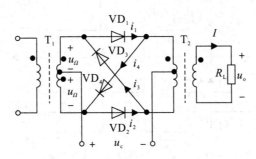

图 5.2.22　二极管环形调制器的原理电路

2) 二极管环形调幅电路

为了进一步抵消组合频率分量，可以采用二极管双平衡调幅电路，即环形调幅器，其原理电路如图 5.2.22 所示。它和平衡调幅器电路的区别是多接了两只二极管 VD$_3$ 和 VD$_4$。VD$_3$ 和 VD$_4$ 的接入对 VD$_1$ 和 VD$_2$ 没有影响，因为 VD$_3$、VD$_4$ 的极性和 VD$_1$、VD$_2$ 的极性相反。这四个二极管的导通与截止也完全由载波电压 $u_c(t)$ 来决定。当 $u_c(t)$ 为正半周时，VD$_1$ 和 VD$_2$ 导通，VD$_3$ 和 VD$_4$ 截止；当 $u_c(t)$ 为负半周时，VD$_1$ 和 VD$_2$ 截止，VD$_3$ 和 VD$_4$ 导通。因此环形调幅器可以认为是由两个平衡调幅器组成的。

由平衡调幅器的分析可知，两个平衡调幅器流过负载的电流分别为

$$i_{L1} = i_1 - i_2 = 2g_d u_\Omega(t) k_1(\omega_c t) \tag{5.2.34}$$

$$i_{L2} = i_3 - i_4 = 2g_d u_\Omega(t) k_2(\omega_c t) \tag{5.2.35}$$

式中：$k_1(\omega_c t)$ 为 $u_c(t)$ 正半周时的开关函数；$k_2(\omega_c t)$ 为 $u_c(t)$ 负半周时的开关函数。两者波形完全相同，只是在时间上相差半个周期 $T(T = 2\pi/\omega_c)$，则流过负载 R_L 的总电流为

$$\begin{aligned}
i &= i_{L1} - i_{L2} = (i_1 - i_2) - (i_3 - i_4) \\
&= 2g_d u_\Omega(t)[k_1(\omega_c t) - k_2(\omega_c t)] \\
&= 2g_d u_\Omega(t) k'(\omega_c t)
\end{aligned} \tag{5.2.36}$$

式中，$k'(\omega_c t)$ 称为双向开关函数，其波形如图 5.2.23 所示。

利用傅氏级数将其展开为

$$k'(\omega_c t) = \frac{4}{\pi}\cos\omega_c t - \frac{4}{3\pi}\cos 3\omega_c t + \frac{4}{5\pi}\cos 5\omega_c t - \cdots \tag{5.2.37}$$

代入式(5.2.36)得：

$$i = g_d U_{\Omega m}\left[\frac{4}{\pi}\cos(\omega_c \pm \Omega)t - \frac{4}{3\pi}\cos(3\omega_c \pm \Omega)t + \frac{4}{5\pi}\cos(5\omega_c \pm \Omega)t + \cdots\right] \tag{5.2.38}$$

因此负载输出的电压为

$$u_{DSB}(t) = \frac{4}{\pi}g_d U_{\Omega m}\cos(\omega_c \pm \Omega)t \cdot R_L \tag{5.2.39}$$

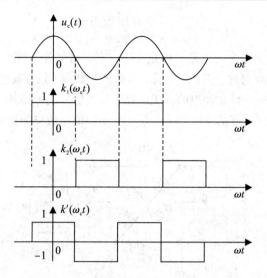

图 5.2.23　环调的开关函数波形

因为

$$g_d = \frac{1}{r_d + 2R_L} \approx \frac{1}{2R_L}$$

所以

$$u_{DSB}(t) = \frac{2}{\pi} U_{\Omega m} \cos(\omega_c \pm \Omega)t \tag{5.2.40}$$

环形调制器的工作波形如图 5.2.24 所示。

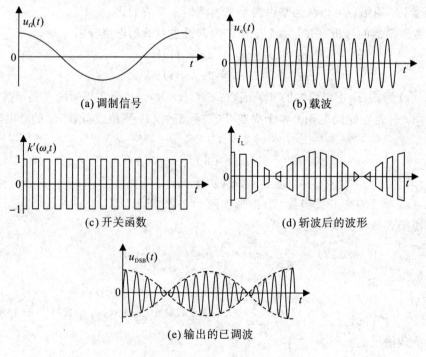

图 5.2.24　环形调制器的工作波形

由式(5.2.38)可知，i中无调制频率分量。这是由于两次平衡抵消的结果。每个平调自身抵消载波，两个平调抵消调制频率分量。又因$3\omega_c \pm \Omega$分量很容易滤除，故环调的性能更接近于理想相乘器。

由式(5.2.40)还可知，环调输出比平调输出大一倍，调制效率也高一倍，当$R_L \gg r_d$时，环调的调制效率$\eta = 2/\pi$。为了更好地抑制载波及调制频率分量，在设计电路时要严格对称。

3) 模拟乘法器调制器

随着集成电路的发展，由线性组件构成的平衡调幅器已被采用。图5.2.25是采用乘法器产生 DSB 信号的原理方框图。图5.2.26是用模拟乘法器实现抑制载波调幅的实际电路，它是用 MC1596G 构成的。从管脚1加入调制信号，从管脚10加入载波信号，由管脚6通过$0.1\ \mu F$电容输出 DSB 信号。这个电路的特点是工作频带宽，输出频谱较纯，而且省去了变压器，调整简单。使用时，建议载波输入电平为$60\ mV$，调制信号最大不超过$300\ mV$。

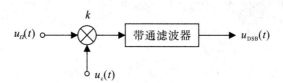

图 5.2.25　乘法器产生 DSB 信号的原理方框图

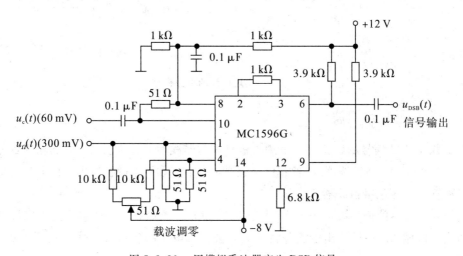

图 5.2.26　用模拟乘法器产生 DSB 信号

5.3　振　幅　解　调

5.3.1　概述

从高频已调波中取出调制信号的过程称为解调，解调是调制的反过程。对调幅波的解调称为振幅检波(简称检波)。检波是把高频调幅信号变换成低频调制信号的过程。

如图5.3.1所示为检波器的输入、输出波形。可见检波也是一种频率变换过程，必须通过非线性元件完成。高频调幅波信号经非线性元件的作用，使检波电流产生许多频率分量，为了从中取出低频调制信号，滤除不需要的频率成分，检波器应使用具有低通滤波特性的负载（由 RC 组成），即允许低频信号通过负载。对于 AM 信号，将其经过非线性元件的频率变换作用，产生所需的低频信号，再经低通滤波后，即可近似地恢复原调制信号，这种检波方式称为包络检波。而对双边带调幅信号和单边带调幅信号，由于其包络不能直接反映调制信号的变化规律，所以不能采用包络检波，而必须借助相乘（或相加）的方法，插入与原载波完全同步的恢复载波信号 u_r 进行检波，这种方法称为同步检波。图 5.3.2 为两种实现检波的电路模型。

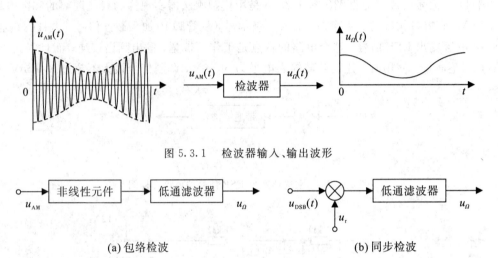

图 5.3.1　　检波器输入、输出波形

(a) 包络检波　　　　　　　　　　　　(b) 同步检波

图 5.3.2　　实现检波的电路模型

5.3.2　大信号包络检波

　　对于普通 AM 信号的解调通常采用二极管作为非线性器件来实现，根据输入信号的大小，又分为大信号包络检波器（峰值包络检波器）和小信号平方律检波器。其中应用最广泛的是二极管大信号包络检波器。

　　当输入检波器的调幅波信号较大（大于 0.5 V）时，调幅波的一个包络进入二极管伏安特性的线性区域，使检波输出电流与输入调幅波信号电压的包络成线性关系，故称之为大信号包络检波。

1. 电路组成及工作原理

　　图 5.3.3 所示为大信号包络检波器的原理电路和工作波形。它是由输入信号回路、二极管 VD 和 RC 低通滤波器组成的。在电路中，信号源、二极管及 RC 网络三者是串联相接的，故又称其为串联二极管检波器。在超外差接收机中，检波器的输入回路就是末级中放的输出回路，因此，输入检波器的 AM 波用 $u_i(t)=U_{im}(1+m_a\cos\Omega t)\cos\omega_i t$ 来表示。二极管 VD 通常选用导通电压小、正向电阻小的锗管。RC 电路可使解调后的调制信号通过，并可滤除高频分量，即满足条件 $\dfrac{1}{\omega_i C}\ll R$、$\dfrac{1}{\Omega C}\gg R$。

　　设有一高频调幅波 $u_i(t)=U_{im}(1+m_a\cos\Omega t)\cos\omega_i t=U(t)\cos\omega_i t$，加在检波电路上，在

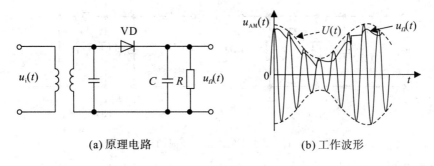

(a) 原理电路　　　　　　　　　　　(b) 工作波形

图 5.3.3　　包络检波器的原理电路和波形

正半周时，二极管正向导通，输入电流的一部分对电容充电，另一部分流过负载电阻。二极管导通时，内阻 $r_d \ll R$，所以充电电流很大，充电时间常数 $r_d C$ 很小，电容 C 很快充到接近 $u_i(t)$ 的峰值。这个电压对二极管来说是反向电压，随着 $u_i(t)$ 由峰值下降，只要它的数值等于电容器两端电压，二极管 VD 就立即停止导通。这时电容器开始经过 R 放电，由于负载电阻 R 较大，所以放电时间常数 RC 远大于高频电压周期，放电速度比较缓慢。当电容器上电压下降不多时，下一个正半周期的高频电压又超过电容器 C 上的电压，使二极管 VD 重新导通，且在很短的时间内，使 C 上的电压重新被充到接近 $u_i(t)$ 的峰值。这样周而复始地重复上述充放电过程，只要适当选择 R、C 和二极管 VD，使放电时间常数 RC 足够大，充电时间常数 $r_d C$ 足够小，就可使电容器两端电压（即检波输出电压 u_o）与输入电压的包络相当接近，如图 5.3.3(b) 所示。图上所示电容器上的电压虽有些锯齿形起伏，但实际上，由于载波频率远大于调制信号频率，所以检波输出波形要平滑得多，基本与高频调幅波包络一致。

通过分析工作过程可以得到以下几点结论：

(1) 检波过程就是信号源通过二极管给电容充电和电容对电阻 R 放电的交替重复过程。

(2) 由于 RC 之积远大于载频周期，放电慢，使二极管 VD 的负极总是处于正的较高的电位，对二极管 VD 形成了一个较大的负偏压，使二极管 VD 只有在输入电压峰值附近才导通。正常情况下，在一个调频周期内，二极管只导通一次。导通时间很短，即电流通角 θ 很小，二极管电流是一个窄脉冲序列。峰值包络检波也是由此而来。

(3) 检波器输出电压 $u_o(t)$ 与输入信号的幅度（包络）$U(t)$ 成正比，即

$$u_o(t) = k_d U(t) = k_d U_{im}(1 + m_a \cos\Omega t) = U_o + u_\Omega(t) \tag{5.3.1}$$

式中：k_d 为传输系数（或检波效率）；$U_o = k_d U_{im}$ 为检波器输出的直流电压；$u_\Omega(t) = k_d m_a U_{im} \cos\Omega t$ 为检波器输出的调制电压。

在实际中，根据要求的不同，可采用图 5.3.4 所示的不同电路。例如，在自动增益控制电路（AGC）中，需要检测接收到的信号强度，即 AM 波的载波幅度 U_{im}，可采用图 5.3.4(b) 所示的电路，检波器输出的直流大小反映了载波的幅度大小。而采用图 5.3.4(a) 所示的电路，检波器输出的低频信号还原了原调制信号。

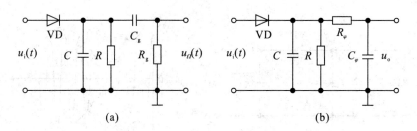

图 5.3.4　　要求不同输出电压时的检波电路

2. 性能分析

检波器的主要性能指标是传输系数 k_d 和输入电阻 R_i。

1）传输系数（检波效率）k_d

一个良好的检波电路，要求尽量减小信号在检波过程中的损耗，即检波效率要高。k_d 用于表示检波器将载波电压转换为直流电压的能力。所以 k_d 的定义式为

$$k_d = \frac{U_o}{U_{im}} \tag{5.3.2}$$

它也可以定义为输出低频电压振幅与输入调幅波包络振幅之比，即

$$k_d = \frac{U_{\Omega m}}{m_a U_{im}} \tag{5.3.3}$$

大信号二极管检波器的分析采用的是折线法，这一点与谐振功率放大器一样。通过分析得到：

$$k_d = \cos\theta \tag{5.3.4}$$

$$\theta = \sqrt[3]{\frac{3\pi}{g_d R}} \ (\text{rad}) \tag{5.3.5}$$

式中，$g_d = 1/r_d$，为二极管交流电导。

分析式（5.3.5），可以得出：

（1）当电路一定时，大信号检波器的通角 θ 是固定的，它与输入信号大小无关。其原因是由于负载电阻的反馈作用较大，使电路具有自动调节调节作用而维持 θ 不变。若 U_{im} 增加，θ 增加，使输出电流中的直流分量 I_o 增加，输出的直流电压 U_o 增加，而这一电压是二极管的反向电压，导致 θ 减少，从而使 θ 维持稳定。由于 θ 一定，$k_d = \cos\theta$ 一定，与输入信号大小无关。所以检波器输出、输入间是线性关系，故称线性检波。

（2）θ 愈小，k_d 愈趋近于 1。而 θ 随 $g_d R$ 增大而减小，即 k_d 随 $g_d R$ 增加而增加。当 $g_d R \geqslant 50$ 时，$k_d > 0.9$。

2）输入电阻 R_i

输入电阻 R_i 为输入载波电压的振幅与检波器电流的基波分量振幅 I_{im} 之比，即

$$R_i = \frac{U_{im}}{I_{im}} \tag{5.3.6}$$

输入电阻 R_i 是前级（中放）的负载，它直接并于输入电路，影响回路的阻抗及 Q_e 值。若 R_i 太小，使 Q 下降，中频放大器增益下降，选择性变差。

输入电阻可用能量转换的观点来进行分析。检波器是个换能器。它从前级吸收高频功

率，通过二极管，一部分转化为直流及低频功率供给输出，一部分消耗在二极管上。考虑到 r_d 小及导通时间很短，这部分消耗可略去不计，从而近似认为高频能量全部转化为输出功率。

设输入信号为一载波 $u_i(t) = U_{im}\cos\omega_i t$，检波器对前级等效为一个电阻 R_i，它从前级吸收的高频功率 $P_i = \dfrac{U_{im}^2}{2R_i}$，$R$ 上消耗的功率 $P_o = \dfrac{U_o^2}{R}$。根据能量守恒的概念，这两部分应相等，又因为 $U_o = k_d U_{im} \approx U_{im}$，所以得：

$$R_i = \frac{R}{2} \tag{5.3.7}$$

3. 检波失真

大信号检波器的非线性失真主要有两种：惰性失真与负峰切割失真。

1）惰性失真

二极管截止期间，电容 C 两端电压 u_C 的下降速度取决于 RC 的时间常数。若 RC 数值过大，则下降很慢，将会使输入电压的下一个正峰值到来时仍小于 u_C，也就是说，输入信号包络 $U(t)$ 的下降速度大于电容器两端电压下降的速度，因而造成二极管负偏压大于信号电压，致使二极管在其后的若干高频周期内不导通。因此，检波器输出电压就按 RC 放电规律变化，形成如图 5.3.5 所示的失真。输出波形不随输入包络形状变化。这种失真是由电容器放电的惰性引起的，故称惰性失真（又称对角失真）。由图 5.3.5 可见，惰性失真总是起始于输入电压负斜率的包络上，调幅度越大，调制频率越高，惰性失真越易出现，因为此时包络斜率的绝对值增大了，电容器放电的速度更不容易跟上。

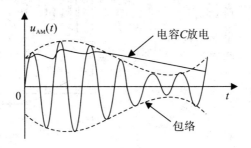

图 5.3.5　惰性失真的波形

为了避免惰性失真，应使电容器的放电速度 $\left[\dfrac{\mathrm{d}u_C(t)}{\mathrm{d}t}\right]$ 大于包络的下降速度 $\left[\dfrac{\mathrm{d}U(t)}{\mathrm{d}t}\right]$，以保证在每个高频周期内二极管均有导通时间。

通过推导得不失真的条件为

$$RC \leqslant \frac{\sqrt{1-m_a^2}}{\Omega m_a} \tag{5.3.8}$$

即电路参数一定后，Ω 与 m_a 愈大，愈易造成惰性失真。设计时应该用最大调幅度和最高调制频率代入上式以检验是否有惰性失真，即

$$RC \leqslant \frac{\sqrt{1-m_{amax}^2}}{\Omega_{max} m_{amax}} \tag{5.3.9}$$

2) 负峰切割失真

检波器输出的信号要送到后面的电路处理，为了不影响下级电路的静态工作点，通常用耦合电容来把检波输出的调制信号耦合到下级。这样检波器的负载可分为直流负载（R_{LD}）和交流负载（$R_{L\Omega}$），电路就有直流通路和交流通路两种，如图 5.3.6(a) 所示，而负载对检波输出的交、直流成分呈现的电阻不同。对直流成分的电阻为 R，对交流成分的电阻约为 $R /\!/ R_L$。输入信号中的直流成分在电容 C_c 上产生电压 U_c，对二极管 VD 相当于负偏压，且有

$$U_c = k_d U_{im} \approx U_{im}$$

式中：U_{im} 为载波幅度。

U_c 在 R 上产生分压 U_A，作为反向偏置加到二极管 VD 上，有

$$U_A = \frac{R}{R + R_L} U_c \approx \frac{R}{R + R_L} U_{im}$$

当调幅波包络的最小值小于 U_A，即 $(1 - m_a)U_{im} < U_A$ 时，二极管因反向偏置而截止，检波电流无法跟随调幅包络的规律而变化，电压被维持在 U_A 电平上，输出电压波形的底部被钳平，如图 5.3.6(b) 所示。

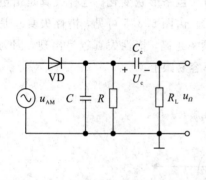

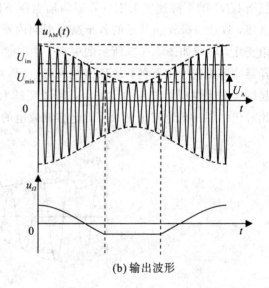

(a) 负峰切割失真电路　　　　　　　　　　　　　(b) 输出波形

图 5.3.6　负峰切割失真

为避免负峰切割失真，应满足

$$(1 - m_a)U_{im} > \frac{R}{R + R_L} U_{im}$$

即

$$m_a < \frac{R_L}{R + R_L} = \frac{R /\!/ R_L}{R} = \frac{R_{L\Omega}}{R_{LD}} \tag{5.3.10}$$

很明显，为防止负峰切割失真，就必须使下一级输入电阻大，尽量使检波器的交、直流负载电阻相接近。为了减小交、直流负载电阻的差别常采用以下两种方法：

（1）在检波器与下一级低放之间插入高输入电阻的射极跟随器，以提高交流负载电阻。在电视接收机的视频检波器和视频放大器之间大多就是这样做的。

（2）将 R 分成 R_1 和 R_2 两部分（如图 5.3.7 所示），此时直流电阻 $R_{LD} = R_1 + R_2$，而交流负载 $R_{L\Omega} = R_1 + R_2 \; /\!/ \; R_L$。当 R 一定时，若 R_1 选得越大，则交、直流负载电阻的差别就越小。但此时检波器输出的低频信号电压在 R_1 上产生的分压很大，降低了检波器的电压传输系数。通常取：$R_1 = (0.1 \sim 0.2) R_2$。

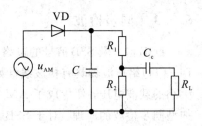

图 5.3.7　减小负峰切割
失真的电路

由此可知，惰性失真和负峰切割失真是检波器的两种特殊失真，两者产生的原因不同。性质也不同。惰性失真通常在调制信号频率的高端出现；而负峰切割失真则在整个调制频率范围内都可能出现。然而这两种失真都可通过正确选择合适的负载元件参数来避免。

4. 实际电路举例

图 5.3.8(a) 为某型电视机视频检波电路。L_7、C_{24} 为末级中放双调谐次级回路，它向检波电路提供如图 5.3.8(b) 所示的已调中频信号。VD_{31} 为检波二极管，图中二极管的接法，使得检出信号为图像中频信号负半周的包络，如图 5.3.8(c) 所示。R_{21} 是用来提高检波线性、抑制检波器产生的高次谐波对前级的干扰。C_{25}、L_8、C_{26}、L_9、C_{27} 和 R_{22} 组成双 π 型低通滤波网络，滤除残余中频及其高次谐波分量，并保持视频信号中的低频成分。R_{23} 为检波负载电阻。R_{27} 上的电压降为检波管 VD_{31} 提供 0.2 V 左右的正向偏压，以提高检波效率，减小检波失真。C_{23} 为电源高频滤波电容，R_{28}、C_{28} 为电源低频滤波电路，防止高次谐波窜入电源。

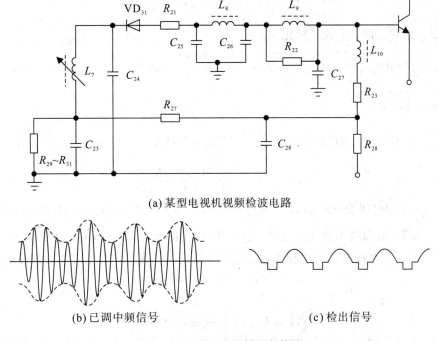

(a) 某型电视机视频检波电路

(b) 已调中频信号　　　　　　　　(c) 检出信号

图 5.3.8　某型电视机视频检波

5.3.3　同步检波

DSB 信号及 SSB 信号的包络都不同于 AM 信号的包络，不能用包络检波器直接进行解调。但包络检波器具有检波线性好及电路简单的优点，应设法利用它。DSB 信号加上适当大小的载波电压，便构成了 AM 信号，即可利用包络检波器解调出原调制信号。这就是叠加型同步检波的原理。对于 SSB 信号，也可用加入一个载波电压的方法，在一定条件下近似为 AM 信号，用包络检波器进行解调。当利用相乘器对 DSB、SSB 信号进行解调时，称为乘积型同步检波。

由于在叠加型同步检波中存在着高频电压线性叠加问题，下面先分析两个高频信号的合成。

1. 高频电压的叠加

设两个高频电压分别为

$$u_1(t) = U_{1m}\cos\omega_1 t$$

$$u_2(t) = U_{2m}\cos\omega_2 t$$

其中 $\omega_2 > \omega_1$，令 $\omega_2 - \omega_1 = \Omega$，且 $U_{1m} \gg U_{2m}$，若用矢量 $\dot{U}_1$ 表示 $u_1(t)$，则代表 $u_2(t)$ 的矢量 $\dot{U}_2$ 将以角速度 Ω 围绕 $\dot{U}_1$ 逆时针旋转。合成矢量 $\dot{U}$ 则是两电压叠加的合成电压。合成矢量的长度则是合成电压的瞬时振幅，如图 5.3.9(b) 中虚线所示。由图可知，合成振幅度是变化的，其变化的频率是 Ω，根据矢量图 5.3.9(a) 可将合成振幅表示为

$$U(t) = \sqrt{(U_{1m} + U_{2m}\cos\Omega t)^2 + (U_{2m}\sin\Omega t)^2}$$

$$= U_{1m}\sqrt{1 + 2\frac{U_{2m}}{U_{1m}}\cos\Omega t + \left(\frac{U_{2m}}{U_{1m}}\right)^2}$$

当 $U_{1m} \gg U_{2m}$ 时，上式可简化为

$$U(t) = U_{1m}\sqrt{1 + 2\frac{U_{2m}}{U_{1m}}\cos\Omega t} \approx U_{1m}\left(1 + \frac{U_{2m}}{U_{1m}}\cos\Omega t\right) = U_{1m}(1 + m_a\cos\Omega t)$$

式中，$m_a = \dfrac{U_{2m}}{U_{1m}}$。

合成矢量 $\dot{U}$ 与 $\dot{U}_1$ 间的相角差为 $\varphi(t)$，合成电压的角频率为 $\omega_1 \pm \dfrac{\mathrm{d}\varphi(t)}{\mathrm{d}t}$，而 $\varphi(t)$ 为

$$\varphi(t) = \arctan\left(\frac{U_{2m}\sin\Omega t}{U_{1m} + U_{2m}\cos\Omega t}\right)$$

由于 $\varphi(t)$ 随时间变化，所以合成电压的频率也随时间而变，合成电压的波形如图 5.3.9(b) 所示。其包络不是纯正弦波。这是由于矢量图中圆弧 $\overset{\frown}{BDA} > \overset{\frown}{BD'A}$ 所致。但当 $U_{1m} \gg U_{2m}$ 时，这两段圆弧近似相等，包络即可看成正弦曲线，则合成电压的表示式为

$$u(t) = U(t)\cos[\omega_1 t + \varphi(t)]$$

当 $\varphi(t)$ 很小时

$$u(t) \approx U_{1m}(1 + m_a\cos\Omega t)\cos\omega_1 t$$

可见，两个不同频率的高频电压叠加后的合成电压是振幅及相位都随时间变化的调幅调相波。当二者的幅度相差较大时，则近似为 AM 波。合成电压振幅按两者频差规律变化

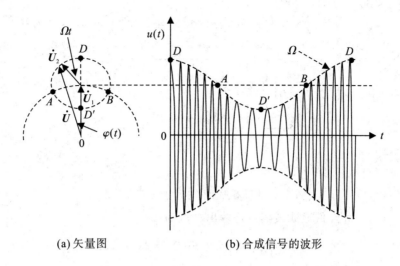

(a) 矢量图　　　　　　　(b) 合成信号的波形

图 5.3.9　两高频信号叠加的矢量及波形

的现象称为差拍现象。若将叠加后的合成电压送至包络检波器，则可解调出合成电压的包络。经包络检波后输出电压为 $u_o(t) \approx U_{2m}\cos\Omega t = U_{2m}\cos(\omega_2 - \omega_1)t$，这就是差拍检波，也可称这种叠加的分析方法为旋转矢量法。

2. 同步检波原理

叠加型及乘积型同步解调原理方框图如图 5.3.10 所示。图中，$u_r(t)$ 为恢复载频电压，或称插入载频电压，$u_s(t)$ 为 DSB 信号或 SSB 信号。

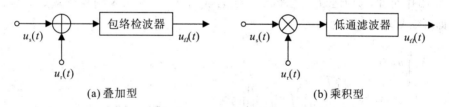

(a) 叠加型　　　　　　　　　　　　(b) 乘积型

图 5.3.10　同步检波器方框图

1）SSB 信号的解调

（1）叠加型解调原理。图 5.3.11 所示为叠加型同步检波器原理电路，其中输入电压为

$$u_s(t) = U_{sm}\cos(\omega_c + \Omega)t \quad 或 \quad u_s(t) = U_{sm}\cos(\omega_c - \Omega)t$$

恢复载频电压为

$$u_r(t) = U_{rm}\cos\omega_r t = U_{rm}\cos\omega_c t$$

若 $U_{rm} \gg U_{sm}$，则如前所述合成电压振幅可近似为

$$U(t) = U_{rm}\left(1 + \frac{U_{sm}}{U_{rm}}\cos\Omega t\right) = U_{rm}(1 + m_a\cos\Omega t)$$

经包络检波后，可得低频输出电压为

$$u_o(t) = k_d U_{sm}\cos\Omega t$$

（2）乘积型检波原理。乘积型检波器输出端的电压由图 5.3.10(b) 可得：

$$u(t) = ku_s(t)u_r(t) = kU_{sm}U_{rm}\cos(\omega_c + \Omega)\cos\omega_r t$$

$$= \frac{1}{2}kU_{sm}U_{rm}[\cos(\omega_c + \Omega + \omega_r)t + \cos(\omega_c + \Omega - \omega_r)t] \quad (5.3.11)$$

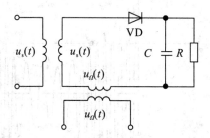

图 5.3.11　叠加型同步检波器原理电路

已知 $\omega_c = \omega_r$，并经低通滤波器后得输出电压为

$$u_o(t) = \frac{1}{2}kU_{sm}U_{rm}\cos\Omega t = U_{\Omega m}\cos\Omega t$$

可见，乘积型解调法并不要求 $U_{rm} \gg U_{sm}$，并且理想乘积解调器也没有失真，这点比叠加型优越。

2）DSB 信号的解调

（1）叠加型解调原理。叠加型同步检波器解调 DSB 信号的原理很简单，原理电路图与 SSB（见图 5.3.11）相同，只要加入的载波电压在数值上满足一定关系，即可得到一个不失真的 AM 波。

图 5.3.12 同时画出了 $u_s(t)$、$u_r(t)$、$u_s(t) + u_r(t)$ 及其相应的频谱图。从 AM 信号分析及图 5.3.12 中可知，只有当 $U_{rm} \geqslant 2U_{sm}$ 时，合成的 AM 波才没有过调失真，AM 波经包络检波后即可恢复原调制信号。

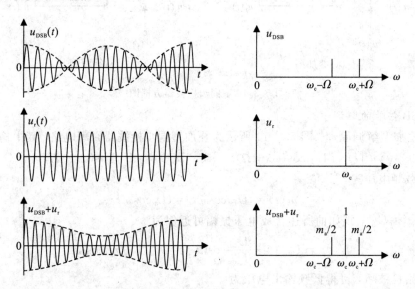

图 5.3.12　叠加型同步检波器解调 DSB 信号的过程

（2）乘积型检波原理。用乘积型同步检波器解调 DSB 信号时，输入信号为

$$u_{DSB}(t) = U_{sm}[\cos(\omega_c + \Omega)t + \cos(\omega_c - \Omega)t]$$

相乘器的输出电压为

$$u(t) = \frac{1}{2}kU_{sm}U_{rm}[\cos(2\omega_c \pm \Omega)t + \cos\Omega t]$$

再经低通滤波即可恢复原调制信号。

3. 同步检波器的电路

能完成相乘功能的电路均可用来做同步检波电路，所以基本电路与调制器是相同的。可以采用二极管平衡解调器（或环形解调器），也可以利用模拟乘法器构成同步检波电路，如图 5.3.13 所示。

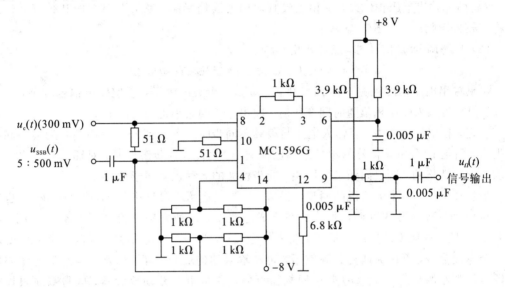

图 5.3.13　用模拟乘法器构成同步检波电路

4. 插入载频不同步引起的失真

在调制器中调制信号不仅控制双边带或单边带已调波的振幅，而且控制了它的极性（相位），因此解调时不仅要检取调制信号的大小，还要鉴别已调波的相位，以便给出解调信号的极性。要鉴别极性，就要有一个频率及相位均严格同步的参考电压。下面以相乘器为例，讨论不同步引起的问题。

1) 插入电压频率与载频不同（设 $\omega_r = \omega_c + \Delta\omega$）

(1) 当解调 SSB 信号时，将 $\omega_r = \omega_c + \Delta\omega$ 代入式(5.3.11)，经低通滤波器后得输出电压为

$$u_o(t) = \frac{1}{2}kU_{sm}U_{rm}\cos(\Omega - \Delta\omega)t$$

输出电压的频率不再是原调制信号的频率，而是 $\Omega - \Delta\omega$，产生了频率失真。在多频调制（如语言、音乐）时则将破坏信号中的谐波关系。例如，原调制频率基频为 500 Hz，其谐波应为 1000 Hz、1500 Hz 等。当恢复载频与输入信号载波相差 100 Hz($\Delta f = 100$ Hz) 时，解调后输出为 400 Hz、900 Hz、1400 Hz，它们已经不是谐频关系了，这就造成了失真。

(2) 当解调 DSB 信号时，由于不同频，其输出电压为

$$u_o(t) = kU_{sm}U_{rm}\cos\Delta\omega t\cos\Omega t = U_{om}\cos\Delta\omega t\cos\Omega t$$

从上式可以看出，由于不同频使得输出电压的幅度受 $\cos\Delta\omega t$ 调制。一般 $\Delta\omega$ 值很小，

输出电压受到一个频率很低的电压控制而缓慢变化。

2）插入电压与载频不同相

设信号载波电压 $u_s(t) = U_{sm}\cos\omega_c t$，而插入电压为

$$u_r(t) = U_{rm}\cos(\omega_r t + \theta) = U_{rm}\cos(\omega_c t + \theta)$$

（1）当解调 SSB 信号时，其输出电压为

$$u_o(t) = \frac{1}{2}kU_{sm}U_{rm}\cos(\Omega t \pm \theta)$$

θ 将引起输出电压相位失真。相位失真对语言通信影响不大，但对图像和数字通信通信将有较大影响。

（2）当解调 DSB 信号时，其输出电压为

$$u_o(t) = kU_{sm}U_{rm}\cos\theta\cos\Omega t = U_{om}\cos\theta\cos\Omega t$$

可见输出电压幅度将随 $\cos\theta$ 而变化，$\cos\theta$ 是一个衰减因子，它使输出幅度减小，甚至为零。而且当输入电压相位随时间变化时，输出电压的大小也随时间而变。

总之，在解调过程中，当输入电压与载频不同步时，将引起 SSB 解调信号的频率和相位失真，引起 DSB 解调信号的不稳定和振幅减小。因此在同步解调时，对插入载频电压的要求是比较严格的，既要同频又要同相，同步检波的名称也来源于此。

最后还应指出，本节所说的同步检波方法，不仅适用于对 DSB、SSB 信号的解调，也适用于对普通 AM 信号的解调，尤其是在集成电路中，这种方法已得到了广泛的应用。图 5.3.14 就是一种典型的应用方框图。输入信号 $u_s(t)$ 为一个 AM 信号，经限幅器后即变成了一个等幅信号，可作为恢复载频使用，再与输入端的 $u_s(t)$ 信号相乘并经过低通滤波器后即可得到原调制信号 $u_\Omega(t)$。其中限幅器可使用集成电路差动放大器，取得双向限幅输出，即等幅输出。相乘器可以使用平衡或环形电路，也可使用差分对相乘器，与包络峰值二极管检波器相比，前者需要大信号方可实现线性检波，而后者对于小信号也可实现线性检波。作为分立元件电路，后者显得复杂成本高，而对于集成电路而言，这就不算什么缺点了。

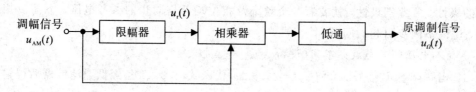

图 5.3.14　同步检波解调 AM 信号的组成方框图

5.4　变　频　器

5.4.1　概述

变频又称混频，也是一种频率变换过程。能实现这种功能的电路称为变频器（或混频器）。变频技术的应用十分广泛。变频器不仅是超外差接收机中的关键部件，而且在一些发射设备（如单边带通信机）中也是必不可少的。变频器也是许多电子设备、测量仪表（如频

率合成器、频谱分析仪等）的重要组成部分。

1. 变频器的作用

在超外差式接收机中，变频器处于高频放大器和中频放大器之间，它可将高频信号变成中频信号，并且在变频过程中只改变信号的载波频率，而信号的调制类型（如调幅或调频）和调制参数（如调幅波的包络或调频波的频偏）都不变，如图 5.4.1 所示。可见，若变频器输入高频信号 u_s 是一正弦调幅信号，调制角频率为 Ω，载波角频率为 ω_s，则变频器输出端的中频信号 u_i 仅仅是载波角频率由 ω_s 变为 ω_i，而调制的角频率 Ω 不变。比较图 5.4.1 中输入、输出信号的频谱，也可以看出，频谱的内部结构没有发生变化（即各频谱分量之间没有相对变化），只是信号频谱从高频搬移到中频，也就是变频不变形。同理，对于单边带信号、调频信号等经过变频也仅仅改变载波频率，其调制规律及频谱结构不变。

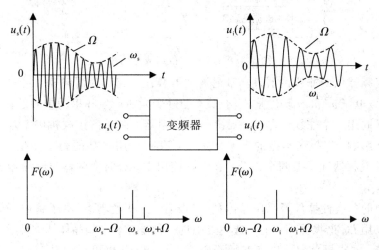

图 5.4.1　变频器的频谱变换

收音机、电视接收机等无线电接收设备（以下简称接收机），需要接收许多电台发送过来的高频调制信号，若接收机将接收到的这些信号直接放大还原，将会出现灵敏度低、选择性差、接收机结构复杂等问题，其主要原因有：

（1）接收机要求能接收所有电台，且还原出来的声音、图像质量要好，但是如果接收机把接收到的高频信号直接放大还原，那么，接收机必须由几十套回路组成，这样接收机的体积将呈几倍甚至几十倍的增加，且电路设计制造和调整都很困难。

（2）高频放大器增益较低（因为晶体管放大倍数与信号频率有关，频率越高增益越低），对不同电台发出的高频信号难以实现多级放大。要提高灵敏度，就必须增加检波前对高频信号的放大能力；要提高选择性，就需要增加调谐回路，这些都是靠增加高频放大级数来实现的。若接收机采用直接放大高频信号的方式，不可能使接收机的灵敏度、选择性做得很好。

因此，人们设计出了变频器，接收机采用变频器后，将高频已调波的载频变换为固定中频（远小于高频已调波的载频）。在固定中频上放大信号，中频放大回路可以设计达到最佳，使放大器的增益做得既高又不易引起自激，可以明显地改善其性能（灵敏度、选择性、稳定性），且电路的结构也简单。

2. 变频器原理方框图

频率变换电路属于非线性电路。因为只有非线性电路才能变换信号的频谱。所以变频器必须具有非线性器件；其次要有产生本机振荡电压的振荡器（通常称为"本机振荡器"或简称"本振"）；还要有对差频 $\omega_L - \omega_s$（或 $\omega_L + \omega_s$）进行频率选择的带通滤波器，才能完成频率变换的任务。变频器的组成方框图如图 5.4.2 所示。

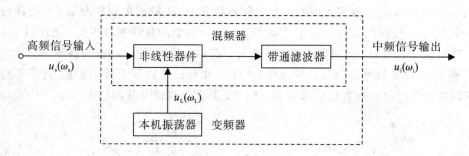

图 5.4.2　变频器的组成方框图

通常把变频器中的非线性器件和带通滤波器合在一起称为混频器。它的作用是把两个高频电压（信号电压 u_s 和本振电压 u_L）合成，经过变频而产生频率为中频的输出电压 u_i。若本振和混频器同用一个非线性器件，则统称为变频器。在通信接收机中，为了减小混频器和本振的相互影响，以提高本振的频率稳定度，有时采用单独的管子产生本机振荡电压，则变频器分成混频器和本振两个部分。在实际使用中，有时变频器与混频器这两个词的含义不作严格区分。

变频器中的非线性器件可采用晶体管（二极管、三极管等）、电子管或场效应管等。带通滤波器可以用 LC 谐振回路，也可选用集中选择性滤波器，如晶体滤波器、机械滤波器或陶瓷滤波器等。本机振荡器可以和混频器合用一个管子，也可以单独使用一个振荡管，甚至采用频率合成器来提供一个稳定的本机振荡电压。

采用了变频电路的超外差式接收机的方框图如图 5.4.3 所示，所谓超外差是指本机振荡频率 f_L 超过外来高频已调信号频率 f_s 一个中频 f_i，通过变频作用将频率变为二者之差，即 $f_L - f_s = f_i$，所有外来高频已调信号频率 f_s 必须和本振频率 f_L 为预定差频 f_i（固定中频）时，才能由变频级的选频回路以及中频放大器的谐振回路选出，并进行放大。

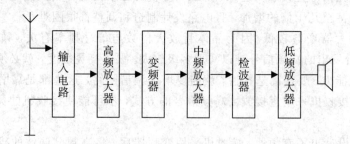

图 5.4.3　超外差式调幅接收机方框图

采用超外差式电路，只要变换输入电路、高放和本振调谐回路即可进行调谐（接收不同电台的信号），其他电路都不需要改变。由图 5.4.3 可见，从天线感应得到的电台调幅信号，经输入电路的选择，再经过高频放大器放大，输入变频器。变频器把本机振荡信号与接收到的电台高频信号进行混频，得到一个与接收到的高频调幅信号调制规律相同但载频（中频）固定不变的调幅信号再输入中频放大器放大后，送到检波器检波，检波器把中频调幅信号的原音频调制信号解调出来，滤去残余中频分量，再由低频（音频）电压放大器和低频功率放大器放大后，送到扬声器，音频信号推动扬声器发出声音。

我国规定中频频率为：调幅广播 465 kHz；调频广播 10.7 MHz；广播电视的图像中频为 38 MHz，伴音中频为 31.5 MHz。

3. 变频器的性能要求

衡量变频器性能的主要指标有变频增益、失真与干扰、噪声系数、选择性、输入阻抗、输出阻抗、工作稳定性等。

（1）变频增益要大，失真要小。由于变频器输入为高频信号频率，输出为中频频率，故定义变频器电压增益为

$$K_{vc} = \frac{U_{im}}{U_{sm}} = \frac{输出中频信号电压振幅}{输入高频信号电压振幅} \tag{5.4.1}$$

功率增益定义为

$$K_{pc} = \frac{P_i}{P_s} = \frac{输出中频信号功率}{输入高频信号功率} \tag{5.4.2}$$

变频增益是衡量变频效果的重要指标。变频增益高可以减小接收机内部噪声的影响，有利于提高接收机的灵敏度。但是随着变频增益的增大，变频器的非线性失真也将随着增大。因此，不能片面地强调变频增益而忽视其他指标。

（2）失真与干扰要小。在变频器中会产生幅度失真和非线性失真，还会有各种组合干扰频率分量产生的干扰（如寄生波道干扰、交叉调制干扰、互相调制干扰等）。这些组合干扰频率的存在会影响正常通信，严重时，可能出现一大片干扰频率，产生很难听的啸叫声，迫使通信中断。因此，对变频器而言，不但要求选频回路的幅频特性要好，还应当尽量改进电路（如选择场效应管或模拟乘法器构成的变频器），以尽量少产生不需要的频率分量。

（3）噪声系数要小。噪声系数定义为输入信噪比与输出信噪比的比值。变频器的噪声系数对整机信噪比影响比较大，仅次于高频放大级。变频器的噪声系数的大小除与本身因素有关外，还与本振注入信号的大小、工作点的选取有关。噪声系数越小说明电路性能越好。

（4）选择性要好。为了在变频器输出电流的许多频率分量中选出有用的分量、抑制不需要的其他分量干扰，要求输出选频回路对需要输出的信号（中频信号）有较好的带通幅频特性。

（5）阻抗匹配。变频器输入端的阻抗应与高频放大器输出端的阻抗匹配，而且其输出端的阻抗还应与中频放大回路输入端的阻抗匹配，以提高传输效率。

（6）工作要稳定。变频器的输出回路调谐于中频频率，而输入回路调谐于高频信号频率。因此，在一般情况下不会产生自激振荡。这里所指的工作要稳定，主要是指本机振荡器的频率和振幅要稳定。

5.4.2　晶体三极管变频器

三极管变频器是利用 $i_c \sim u_{BE}$ 的非线性特性进行变频的，它具有一定的变频增益，因

此在中波、短波及米波范围内得到了广泛的应用。

1. 典型电路

图 5.4.4 所示为晶体三极管变频器的四种基本电路形式，它们的区别是电路组态以及本振电压的注入方式不同。图 5.4.4（a）、（b）属共射电路，信号电压 u_s 都从基极输入。图 5.4.4（a）的本振电压 u_L 从基极注入，图 5.4.4（b）的本振电压 u_L 从发射极输入，图 5.4.4（c）、（d）属共基电路，信号电压 u_s 都从射极输入。图 5.4.4（c）的本振电压 u_L 从发射极注入，图 5.4.4(d) 的本振电压 u_L 从基极注入。

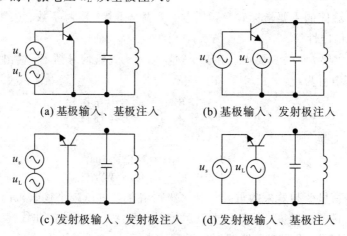

(a) 基极输入、基极注入　　　　(b) 基极输入、发射极注入

(c) 发射极输入、发射极注入　　　(d) 发射极输入、基极注入

图 5.4.4　晶体三极管变频器的电路形式

共发射极电路多用于频率较低的情况，5.4.4（b）的信号电压 u_s 与本振电压 u_L 分别由基极和发射极输入，相互影响小，但本振需要功率大；图 5.4.4（a）的信号与本振都由基极输入和注入，相互影响大，但本振需要功率小。

共基极电路多用于频率较高的情况，变频增益不如共发射极电路。图 5.4.4(c) 比图 5.4.4(d) 的相互影响大。

这些电路的共同特点是，不管本振电压注入方式如何，实际上输入信号和本振信号都是加在基极和发射极之间，并且利用三极管转移特性的非线性实现频率变换。

2. 变频原理

晶体三极管变频器的原理电路如图 5.4.5 所示。图中本振电压 u_L 与信号电压 u_s 都是加在发射极与基极之间。利用 $i_c \sim u_{BE}$ 转移特性的非线性特性来实现变频。流过非线性元件

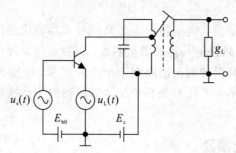

图 5.4.5　晶体三极管变频器原理电路

的电流，除输入电压的原有频率 f_s 和 f_L 分量外，还产生了输入电压中所没有的谐波频率 $2f_s$、$2f_L$ 分量，以及 f_s 和 f_L 的和频、差频分量($f_L + f_s$、$f_L - f_s$)，还有其他的组合频率分量等。经过滤波器(选频回路)将差频分量取出，而将其他频率分量滤掉。三极管混频器就是根据这个基本原理得到 $f_L - f_s$ 这个有用的电流分量的。经过晶体管的放大，最后利用接在集电极电路中的中频滤波器来取出中频电压。

设混频器的输入信号电压与本振电压的表示式分别为 $u_s(t) = U_{sm}\cos\omega_s t$，$u_L(t) = U_{Lm}\cos\omega_L t$。在一般情况下，$U_{Lm}$ 约有几十毫伏，而 U_{sm} 仅约为几十微伏，即 $U_{Lm} \gg U_{sm}$，$u_L(t)$ 的变化将引起工作点的变化。因此，可将 $u_L(t)$ 当做晶体管偏置电压的一部分，即

$$E_b(t) = E_{b0} + u_L(t) = E_{b0} + U_{Lm}\cos\omega_L t \tag{5.4.3}$$

因为 $E_b(t)$ 是时间的函数，故可称为时变偏压，而与 $E_b(t)$ 有关的各种参数(诸如互导、输出导纳、输入导纳等)称为时变参数。而 $u_s(t)$ 的变化，可认为是在工作点附近的线性范围内变化，对工作点的影响可以忽略，即管子的各参数与 $u_s(t)$ 无关，故称管子的上述时变为线性时变。

当忽略三极管集电极电压对集电极电流的影响时，三极管的正向转移特性可写为 $i_c(t) = f(u_{BE})$，其中 $u_{BE} = E_b(t) + u_s(t)$，对 $i_c(t)$ 在时变偏压 $E_b(t)$ 上进行台劳级数展开得

$$i_c(t) = f[E_{b0} + u_L(t)] + f'[E_{b0} + u_L(t)]u_s(t) + f''[E_{b0} + u_L(t)]u_s^2(t) + \cdots$$

因 $u_s(t)$ 很小，上式第三项及以后各项皆可忽略，则有

$$i_c(t) = f[E_{b0} + u_L(t)] + f'[E_{b0} + u_L(t)]u_s(t) \tag{5.4.4}$$

式(5.4.4)中的第一项是 $u_{BE} = E_b(t)$ 时的集电极电流，第二项是 $E_b(t)$ 与 $u_s(t)$ 共同作用所产生的集电极电流。$f'[E_{b0} + u_L(t)]$ 是 $u_{BE} = E_b(t)$ 时的跨导。由于 $E_b(t)$ 是 ω_L 的周期函数，故可将 $f[E_{b0} + u_L(t)]$ 与 $f'[E_{b0} + u_L(t)]$ 展开为傅氏级数：

$$\begin{cases} f[E_{b0} + u_L(t)] = I_{c0} + I_{c1m}\cos\omega_L t + I_{c2m}\cos2\omega_L t + \cdots \\ f'[E_{b0} + u_L(t)] = g_m(t) = g_{m0} + g_{m1}\cos\omega_L t + g_{m2}\cos2\omega_L t + \cdots \end{cases} \tag{5.4.5}$$

式中：I_{c0}，I_{c1m}，I_{c2m} … 分别是随 $u_L(t)$ 周期性变化的直流分量及基波、二次谐波分量的振幅；$g_m(t)$ 也叫时变跨导。将式(5.4.5)代入式(5.4.4)并经三角变换可得

$$i_c(t) = I_{c0} + I_{c1m}\cos\omega_L t + I_{c2m}\cos2\omega_L t + \cdots$$

$$+ g_{m0}U_{sm}\cos\omega_s t + \frac{g_{m1}U_{sm}}{2}\cos(\omega_L + \omega_s)t + \frac{g_{m1}U_{sm}}{2}\cos(\omega_L - \omega_s)t$$

$$+ \frac{g_{m2}U_{sm}}{2}\cos(2\omega_L + \omega_s)t + \frac{g_{m2}U_{sm}}{2}\cos(2\omega_L - \omega_s)t$$

令 $\omega_i = \omega_L - \omega_s$，由于集电极电路的谐振回路谐振于 ω_i(设谐振阻抗为 R_{ci})，可把 ω_i 选择出来，其他电流分量的压降很小，其输出可忽略，则在回路两端的电压为

$$u_i(t) = \frac{g_{m1}R_{ci}U_{sm}}{2}\cos\omega_i t = U_{im}\cos\omega_i t \tag{5.4.6}$$

式中，$U_{im} = \frac{g_{m1}R_{ci}U_{sm}}{2}$。不难看出，输出中频电压的振幅正比于输入信号的振幅，并且若输入信号是调幅波且振幅包络用 $U_s(t)$ 表示，则输出的中频信号也一定是调幅波信号，其振幅包络为

$$U_i(t) = \frac{g_{m1}R_{ci}U_s(t)}{2} \tag{5.4.7}$$

即 $u_i(t)$ 与 $u_s(t)$ 的包络完全相同。现令

$$g_c = \frac{g_{m1}}{2} \qquad 5.4.8)$$

则输出中频电流振幅为

$$I_{im} = \frac{g_{m1}U_{sm}}{2} = g_c U_{sm} \qquad (5.4.9)$$

式中，g_c 称为变频跨导，亦称变频互导，它是变频器最重要的参数之一。

由式(5.4.9)可知，变频互导 g_c 的定义为：混频器输出的中频电流振幅与输入信号电压振幅之比。其大小等于时变互导 $g_m(t)$ 的基波分量振幅 g_{m1} 的 $1/2$。g_c 与 $u_s(t)$ 无关，即混频器对 $u_s(t)$ 而言，可看做一个线性放大器。这也正是我们在前面所提出的一个条件：$u_s(t)$ 的变化对工作点的影响可以忽略，这就是线性时变的条件。总之，g_c 与晶体管的正向转移特性、本振电压的振幅 U_{Lm}、E_{b0} 等因素有关。

三极管变频的基本原理可归纳为：当本振电压加在基极和发射极之间时，由于其振幅较大，管子的工作点随之改变，其跨导也随本振电压而变，再与信号电压共同作用，在集电极电流中产生中频电流分量，经选频回路得中频电压输出，从而达到变频的目的。显然，三极管变频就在于通过 $u_L(t)$ 改变跨导 $g_m(t)$，该跨导一定是时变跨导，否则不能变频。

3. 混频器实际电路举例

图 5.4.6 所示为电视机采用的一个共发射极混频电路。高频电视信号由高频放大器双调谐回路的次极加到混频管 V 的基极，次级回路由 C_1、C_2 和 L_2 组成，采用电容分压输出可提高谐振回路的 Q 值，进行阻抗匹配和减小混频管输入电容对谐振回路的影响。本机振荡信号 $u_L(t)$ 是由本机振荡电路经电容 C_3 耦合加到混频管 V 的基极。高频电视信号与本振信号同时加到混频管 V 的基极，利用其发射结进行混频。混频后的各种频率的信号被混频管 V 放大，再由混频管输出端的选频回路(由 L_3、C_6、R_4、L_4、C_7、C_8 组成)选出差频(中频)信号，经过同轴电缆送到中放电路输入端。电路中 R_1、R_2、R_3 组成混频管 V 的分压式直流负反馈偏置电路，以确定其静态工作点(选在非线性区域)，以实现混频作用。C_4 为发射极旁路电容(避免交流信号形成负反馈)。R_5 为混频管 V 集电极的直流供电电阻，R_5 又与 C_5 组成电源供电的滤波去耦电路。

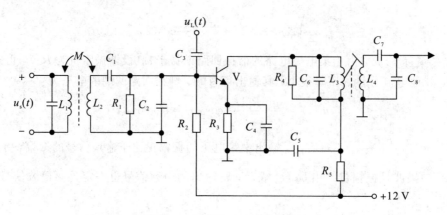

图 5.4.6　晶体管混频器实例

混频管 V 的集电极接的是互感耦合双调谐电路，它由 R_4、C_6、C_7、C_8 和中频变压器组成。其中 L_3、C_6、R_4 组成初级调谐回路；L_4、C_7、C_8 组成次级调谐回路，它采用电容分压输出，目的是使混频输出端与馈线匹配。此双调谐回路可调整为双峰特性，用阻尼电阻 R_4 展宽频带，适当调整初次级间互感耦合大小（即调整中频变压器的磁芯）和 R_4 阻值，可使其频率特性曲线频带宽度与双峰下凹程度符合要求。

需要指出的是，除了采用晶体三极管实现混频外，还可以采用晶体二极管混频器、场效应管混频器、模拟乘法器混频器等，其中晶体二极管混频器电路形式前面已经介绍过，环形调制器电路就是一种。只是应将两个电压 $u_\Omega(t)$ 和 $u_c(t)$ 分别换成 $u_s(t)$ 和 $u_L(t)$ 即可。

下面简单介绍由模拟乘法器构成的混频器及其工作原理。

图 5.4.7 是利用乘法器完成混频功能的原理方框图。假定高频输入信号 $u_s(t)$ 为一 AM 波，它与本振信号 $u_L(t)$ 相乘可得

$$u_k(t) = ku_s(t)u_L(t) = kU_{Lm}U_{sm}(1 + m_a\cos\Omega t)\cos\omega_s t\cos\omega_L t$$
$$= \frac{1}{2}kU_{Lm}U_{sm}(1 + m_a\cos\Omega t)[\cos(\omega_L + \omega_s)t + \cos(\omega_L - \omega_s)t]$$

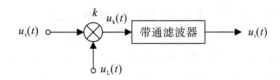

图 5.4.7 乘法器混频电路原理方框图

带通滤波器的中心频率为 $\omega_i(=\omega_L - \omega_s)$，带宽为 $2F(F = \Omega/2\pi)$。经滤波器滤波可提取中频分量 $u_i(t) = U_{im}(1 + m_a\cos\Omega t)\cos(\omega_L - \omega_s)t$，从而完成混频功能。

图 5.4.8 是用 MC1596G 构成的双平衡混频器，具有宽带输入，其输出调谐在 9 MHz，回路带宽 450 kHz，本振输入电平 100 mV。对于 30 MHz 信号和 39 MHz 本振输入，混频器混频增益为 13 dB。当输出信噪比为 10 dB 时，输入信号灵敏度为 7.5 μV。

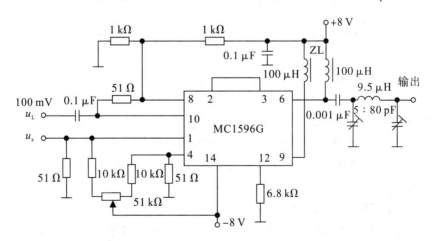

图 5.4.8 用 MC1596G 构成的混频器

5.4.3 混频器的干扰

在无线电通信设备中，为了提高信号质量，保障通信联络通畅，干扰问题是必须考虑的。对于发信机（也称发射机）而言，就是它的寄生辐射，对于收信机（也称接收机）而言，则是它的外部干扰。干扰的种类很多，但无论哪一种干扰，最终是在收信机的终端反映出来，使收信机的输出信噪比下降。由于干扰的种类多，分析计算复杂，因此这里仅作一般性介绍。

1. 干扰的定义和分类

干扰是除有用信号以外的所有不需要的信号和各种电磁骚动的总称。干扰在接收机的终端表现为：扬声器或耳机发出的嗡嗡声、咝咝声、沙沙声或其他不需要的讲话声；电视机荧屏上的"雪花"和波纹线；电报机打出错误的报文等。因此，通常以接收机为考察对象来讨论干扰问题。习惯上，把来自接收机外部的干扰（包括发射机的寄生辐射与边带噪声）叫做外部干扰，产生于接收机内部的干扰叫做内部噪声。此外，有用信号自身通过内部部件的非线性作用，也可能在接收机输出端形成干扰（有时称为失真）。

干扰按其形式可分为两类。一类是周期性的，如电台干扰；另一类是非周期性的。非周期性的干扰按其波形又可分为两类。一类是非周期性的短暂脉冲所形成的干扰，如天电干扰、工业干扰等，称为脉冲干扰；脉冲干扰作用于接收机后，接收机会发出讨厌的咯啦声。例如，平常接收机工作时，如果有人在附近断、接电灯开关，就会听到这种咯啦声。另一类是由导体中的自由电子和晶体管的载流子运动所形成的时起时伏的非周期性干扰，称为起伏干扰。起伏干扰进入接收机后，接收机输出电压也是杂乱无规则而连续的，并在耳机（或扬声器）中形成沙沙声。接收机的内部噪声属于起伏干扰。

天电干扰、工业干扰等外部干扰主要分布在长、中、短波范围内，在这些波段工作的接收机，其外部干扰比接收机内部噪声大，所以接收机的灵敏度主要受外部干扰限制。随着工作频率的提高，外部干扰很快就衰减了，所以在超短波范围内，接收机内部噪声就成为主要的了。

接收机的外部干扰主要有天电干扰、工业干扰、宇宙干扰和电台干扰。

1）天电干扰

大气中发生的各种自然现象而引起的干扰称为天电干扰。其主要来源是雷电放电、带电的水滴和灰尘运动及大气层电离程度发生变化所引起的辐射等。此外，由于灰尘、水滴、雪花等带电粒子与天线接触，都可能引起天电干扰。

地球上平均每秒可发生100次左右的空中闪电，而每次雷电放电都会产生强烈的电磁骚动，向四面八方传播到很远的地方，因此距离几千公里以外看不到雷电现象的情况下，干扰都可能很厉害。

天电干扰的电平与接收机所处的位置有关，因为最强的雷电是发生在地球的赤道和热带区域，因此接收机离赤道越远天电干扰电平也越小。在大多数情况下，陆地内部的干扰电平往往高于沿海的干扰电平，随着海拔高度的增加，干扰电平也随着增加。

天电干扰与季节也有关系，通常夏天的干扰电平比冬天高得多。白天和夜晚的干扰电平也不相同。

2）工业干扰

工业干扰是由于各种工业电气设备的电流或电压发生剧烈变化所产生的电磁波辐射，并作用在接收机天线上而引起的。例如，高频电气装置、电动机、电焊、油机点火系统、电气开关等所产生的火花放电都伴随电磁波辐射。这种直接辐射的工业干扰其干扰功率很小，只有当接收机天线距干扰源很近（$200 \sim 400 \text{ m}$ 以下）时，干扰才会对接收机有明显的影响。

工业干扰还可以通过电力网传播，一般可以传播 $5 \sim 10 \text{ km}$。通过电力网传播的工业干扰可通过电力线与接收天线之间的分布电容耦合而进入接收机。另外，如果接收机采用带有干扰的电力网作电源，则干扰还可以通过电源设备串入接收机。

工业干扰大多数情况下属于脉冲干扰性质，干扰的频率范围一般较低，主要在 3 MHz 以下对接收机影响较大，对工作在 30 MHz 以上的接收机可以不考虑其影响。

3）宇宙干扰

宇宙干扰就是指大气层以外各天体辐射的电磁波对接收机形成的干扰，属于起伏干扰性质，故又称宇宙噪声。这种干扰的强度随时间与季节变化，同时随着频率的变化而急剧变化。在 $18 \sim 300 \text{ MHz}$ 范围内，干扰强度与频率的三次方成反比，一般在频率低于 300 MHz 时考虑它的影响。

太阳也能产生无线电波的辐射，在一般情况下所形成的干扰不大，但是当太阳黑子数增多时，太阳辐射所形成的干扰大大增强，尤其对米波波段的干扰更为严重。

4）电台干扰

电台干扰是指其他各种无线电台工作产生的干扰，以及在电子对抗中为破坏对方通信联络而专门设置的干扰台和空投宽频带干扰机发出的信号。

电台干扰一般属于周期性干扰，具有一定的方向且干扰频率一般是固定的，因此可以采用定向天线和改换工作频率来避开这种干扰。

2. 超外差接收机中的干扰

在超外差接收机中，变频器能使其性能得到改善的同时，又会给接收机带来一些特有的干扰，常称为变频干扰。这些干扰是由于变频器的非线性所引起的。我们知道，混频器的输出信号频率为输入信号与本振信号混频并通过选频网络选出的有用的中频分量（$f_\mathrm{i} = f_\mathrm{L} - f_\mathrm{s}$），但实际上，还有许多其他无用信号或干扰信号也会经过混频器的非线性作用而产生另一些中频分量，或频率接近于中频分量的输出。我们把这些无用信号或干扰信号所产生的中频称为无用中频。中频放大器对这些无用中频分量没有抑制能力，因此，无用中频和有用中频同时送到放大器得到放大。同时进入检波器进行检波。在收听到有用信号的同时，也就听到了干扰信号；或者在检波器中发生差拍检波，在收听时所听到的是啸叫声。这些干扰信号形成的方式有：直接从接收天线进入（特别是没有高放级时）；由高放非线性产生；由混频器本身产生；由本振的谐波产生等。

在实际电路中，能否形成干扰要看两个条件，一是是否满足一定的频率关系，二是满足一定频率关系的分量的幅值是否较大。

混频干扰主要有组合频率干扰、副波道干扰、组合副波道干扰、交调干扰、互调干扰、阻塞干扰、倒易混频等。

1) 组合频率干扰

由于变频器使用的是非线性器件，而且工作在非线性状态，流经变频管的电流不仅含有直流分量、信号频率和本振频率分量，还含有信号和本振频率的各次谐波，以及它们的和、差频等组合频率分量，即含有 $\pm m f_{\mathrm{L}} \pm n f_{\mathrm{s}}$ 分量。当这些组合频率分量中的某些分量等于或接近中频时，就能进入中频放大器，经检波器输出，产生对有用信号的干扰。

若有用信号频率 f_{s} 与本振信号频率 f_{L} 满足以下关系：

$$| \pm m f_{\mathrm{L}} \pm n f_{\mathrm{s}} | \approx f_{\mathrm{i}} \quad (m, n = 0, 1, 2, \cdots) \tag{5.4.10}$$

则将形成组合干扰。因为这时组合频率 $| \pm m f_{\mathrm{L}} \pm n f_{\mathrm{s}} |$ 与中频信号频率 f_{i} 靠近，通过检波器后便产生可以听到的差拍干扰叫声。

设 $f_{\mathrm{L}} = f_{\mathrm{s}} + f_{\mathrm{i}}$（高调谐），将其代入式(5.4.10)，可得到能形成组合干扰的频率点为

$$f_{\mathrm{s}} \approx \left(\frac{m \pm 1}{n - m} \right) f_{\mathrm{i}} \tag{5.4.11}$$

例如，假定 $f_{\mathrm{i}} = 465 \text{ kHz}$，当 $f_{\mathrm{s}} = 931 \text{ kHz}$ 时，为满足上式可取 $n = 2, m = 1$，于是组合干扰频率为 $2 f_{\mathrm{s}} - f_{\mathrm{L}} = 466 \text{ kHz}$，它与有用信号中频 465 kHz 差拍，经检波器输出 1 kHz 的单调叫声。由于 m 和 n 愈大，组合干扰频率的振幅愈小，所以强烈的干扰叫声通常出现在 m 和 n 数值低的情况下。

为了减小组合干扰，不能采用提高输入和高放回路选择性的方法，而是要扩大高放的线性范围以减小非线性失真（指谐波分量）。同时输入端的有用信号振幅不能过大，因信号越大非线性失真越大，造成的组合干扰就越大，故要求变频前的电路增益不要太高。本振电压也不应该太大，以免造成其谐波过大。

2) 副波道干扰

副波道干扰是一种频率为 f_{n} 的外来干扰。当频率为 f_{n} 的外来干扰信号作用到混频器的输入端时，它与本振信号频率如果满足下面的关系：

$$\pm m f_{\mathrm{L}} \pm n f_{\mathrm{n}} \approx f_{\mathrm{i}} \tag{5.4.12}$$

式中 m 为本振信号频率的谐波次数，n 为干扰信号频率的谐波次数，则这时干扰信号就会进入中频放大器，经解调器输出后将产生干扰。可能产生干扰的外来信号频率可由下式确定：

$$f_{\mathrm{n}} = \left(\frac{m}{n} \right) f_{\mathrm{L}} \pm \left(\frac{1}{n} \right) f_{\mathrm{i}} \tag{5.4.13}$$

在 $m = 1$、$n = 1$ 的条件下，f_{n} 即为镜像频率 f_{z}，即

$$f_{\mathrm{z}} = f_{\mathrm{L}} \pm f_{\mathrm{i}} = f_{\mathrm{s}} \pm 2 f_{\mathrm{i}} \tag{5.4.14}$$

m 和 n 取值愈大，即谐波次数愈高，组合干扰的振幅愈小。

接收机在接收有用信号时，某些无关电台也能被同时收到，那么这些无关电台信号与本振电压作用产生假中频，就形成了副波道干扰，表现为串台，还有可能伴随着啸叫声。这类干扰主要有中频干扰、镜像干扰和其他副波道干扰。

要减小这种干扰，一是提高变频器以前电路的选择性，二是适当选择变频器的工作状态，使本振电压的谐波分量要小。

(1) 中频干扰。当干扰电台的频率等于或接近中频时（$m = 0, n = 1$），对于中频干扰来说，变频器实际上成了中频放大器，也就是说，此干扰信号不经过变频过程，它将和信号

中频一起通过检波器产生差拍,在接收机输出端形成差拍电压,在耳机中可以听到差拍啸叫声。这种其频率等于或接近中频的电台干扰称为中频干扰。显然,中频回路对中频干扰的抑制是无能为力的。为了消除中频干扰主要是提高接收机输入电路和高频放大器的选择性,使中频干扰不能达到中频回路。

对于采用低中频的超外差接收机而言,从接收机整个工作频率范围来看,工作频率的低端最接近中频,相应的高频回路的谐振频率也接近中频,因此,中频干扰最容易泄漏到变频器输入端而到达中频回路。所以,接收机在整个工作波段的低端对中频干扰的抑制能力最弱;反之,在高端抑制最强。

(2) 镜像干扰。当接收机采用高调谐时,信号频率 f_s、本振频率 f_L 和中频频率 f_i 三者满足 $f_i = f_L - f_s$,当采用低调谐时满足 $f_i = f_s - f_L$。所谓镜像干扰,高调谐情况下就是其频率比信号频率高两倍中频的电台干扰($f_z = f_s + 2f_i$);低调频时则是其频率比信号低两倍中频的电台干扰($f_z = f_s - 2f_i$)。相对于本振频率 f_L 来说,这个干扰频率 f_z 与信号频率恰好成镜像对称关系,所以把这种干扰频率 f_z 叫做镜像频率,把这种干扰称为镜像干扰,如图 5.4.9 所示。无特别说明,接收机均采用高调谐方式。由图 5.4.9 可见,镜像频率 f_z 经过变频后形成一个干扰频率 $f_i = f_z - f_L$,这样中频回路不能对它进行抑制。

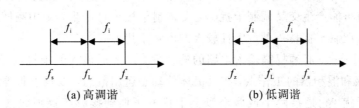

图 5.4.9   镜像干扰示意图

抑制镜像干扰,主要是提高高频信号回路(包括输入回路和高频放大器回路)的选择性,以降低加到变频器输入端的镜像干扰电压。其次是适当提高中频数值,使镜像干扰频率距离高频回路的谐振频率远一些而容易被抑制。但是,中频数值不能提得过高,否则抑制邻近干扰的能力就要变弱。在接收机工作频率范围的高端,高频回路对镜像干扰频率相对失谐量最小,因而对镜像干扰的抑制能力最弱。

3) 组合副波道干扰

除上述两种情况外,在式(5.4.13)中,当 $m \geqslant 1$,$n > 1$(例如 $m = n = 2$,对应 $2f_n = 2f_L \pm f_i$)时的情况均称为组合副波道干扰。

因为 $2f_n - 2f_L = \pm f_i$,所以有两种频率的信号可能产生组合副波道干扰,这两种频率为

$$\begin{cases} f_{n1} = f_s + \left(\dfrac{1}{2}\right)f_i \\ f_{n2} = f_s + \left(\dfrac{3}{2}\right)f_i \end{cases} \tag{5.4.15}$$

当干扰信号进入变频器时,这些干扰信号与本振信号对应的谐波频率构成和频、差频,形成一系列干扰源。例如 $f_s = 660$ kHz,$f_L = 1125$ kHz 时,代入式(5.4.15),可算出 $f_{n1} = 892.5$ kHz,$f_{n2} = 1357.5$ kHz,这些频率成分都可能由变频器的非线性产生的谐波转换成中频频率。

4）交调和互调干扰

有些干扰信号频率虽然不满足式(5.4.13)的关系,不能和本振及其谐波产生等于中频的和频、差频,但由于器件的非线性,仍有可能产生干扰作用。根据干扰形成原因的不同,它可分为交叉调制(简称交调)干扰和互相调制(简称互调)干扰。由于晶体管的动态线性区域小,比电子管、场效应管更容易呈现非线性,所以这类干扰更严重。

(1)交调干扰。它是指一个已调的强干扰电台的信号与欲接收的有用信号同时作用在接收机输入端,经高放级或变频器的非线性作用,使干扰的调制信号转移到有用信号的载频上,然后再与本振信号混频得到中频信号,从而形成干扰。若接收机前端选择性不好,使有用信号与干扰信号同时加到变频器,如果这两种信号都是用音频调制的,则会产生交叉调制现象。这种干扰所表现出的现象是:当接收机调谐在有用信号频率上时,就能清楚地听到干扰电台的音频调制信号,而当接收机对有用信号频率失谐时,干扰调制可听度减弱,并随有用信号的消失而完全消失。如上所述,交叉调制现象在高放级或在混频级都可能发生。因为交叉干扰使干扰信号的调制信号转移到了有用信号的载波上。

交叉调制干扰的产生与有用信号频率和干扰信号频率无关。也就是说,无论有用信号频率和干扰信号频率相差多远,只要有用信号和干扰信号同时作用在接收机前端,而且强度足够大,就有可能产生交叉调制干扰。交叉调制干扰一旦产生,则中频回路无法将其滤除掉。所以交叉调制干扰是一种危害性较大的电台干扰形式。

要克服交调干扰,必须提高输入电路的选择性,以降低输入的干扰信号电压,同时要正确选择高放级和混频器的工作点,扩大晶体管动态运用范围,以减小非线性作用。

(2)互调干扰。它是指两个或两个以上干扰电压加到接收机高放级或变频级的输入端,由于晶体管的非线性作用相互混频,如果混频后产生的频率接近所接收的信号频率 ω_s(对变频级来说,接近中频 ω_i),就会形成干扰,这就是互调干扰。

假设两干扰电压为 $u_{n1} = U_{n1}\cos\omega_{n1}t$,$u_{n2} = U_{n2}\cos\omega_{n2}t$,相互混频后产生的互调频率为 $\pm mf_{n1} \pm nf_{n2}$,当接近或等于信号频率 f_s 时,便会产生互调干扰。

现举例说明。有两个干扰信号,其频率分别为 $f_{n1} = 1.5\,\text{MHz}$,$f_{n2} = 0.9\,\text{MHz}$,如果这两个干扰信号进入了输入电路,作用到高频放大器输入端。高放级产生了三阶(指两个频率谐波次数之和为3)组合频率的互调,即 $m + n = 3$,则

当 $m = 2$,$n = 1$ 时,互调频率为 $2 \times 1.5 \pm 0.9 = 3.9\,\text{MHz}$ 或 $2.1\,\text{MHz}$;

当 $m = 1$,$n = 2$ 时,互调频率为 $2 \times 0.9 \pm 1.5 = 3.3\,\text{MHz}$ 或 $0.3\,\text{MHz}$。

当接收机接收的信号频率是上述各频率时,就可收到两个干扰台所产生的互调干扰。

互调干扰与交调干扰不同,交调干扰经检波后可以同时听到质量很差的有用信号和干扰电台的声音,互调干扰听到的是啸叫声和杂乱的干扰声而没有信号的声音。

产生互调干扰的两个干扰电台信号的频率和有用信号的频率满足一定的关系,一般地说,两个干扰信号频率距离有用信号频率较远,或者是其中之一距有用信号频率较远。这样只要提高输入电路的选择性就可有效地减弱互调干扰。高频放大级和变频级相比,变频级产生互调干扰的可能性更大。原因是变频级输入电平较大,此外变频级工作在晶体管特性曲线的非线性部分,而高频级工作点常选择在线性部分。

抑制互调干扰的措施有两方面:一方面因为干扰信号频率与有用信号频率相差较大,

所以可以用提高接收机输入电路选择性的方法，尽量减小加到变频器的干扰信号电压；另一方面要选择合适的工作点，以减小晶体管的非线性特性。

综合变频级产生的非线性失真和各种干扰，可以得出如下结论：

(1) 变频级产生的各种干扰都和干扰的电压大小有关，抑制它的主要方法是提高变频级前电路的选择性。

(2) 变频级由于非线性而产生的组合频率干扰与输入信号大小有关，因此为使组合频率干扰减小，变频级输入端的信号电平不宜太大。

(3) 变频器本身产生失真和干扰的原因是晶体管特性曲线中存在着三次和更高次非线性项。因此，适当地调整变频器的工作状态，使其工作在接近平方律区域，就能使失真大为减弱。若采用转移特性是平方律的变频器(如场效应管、模拟乘法器)，将可大大减小这些失真。

小　　结

本章主要介绍振幅调制的概念、振幅调制与解调电路、混频器的作用及其工作原理。

1. 用调制信号去控制高频振荡载波的幅度，使其幅度的变化随调制信号线性地变化，这一过程称为振幅调制。根据调幅波频谱结构的不同，可分为标准调幅(AM)波，抑制载波的双边带调幅(DSB)波和单边带调幅(SSB)波。不同类型调幅波的表达式、波形图、功率分配及频带宽度等各有区别，其检波也可采用不同的电路模型。

2. 标准调幅波的产生常采用高电平调幅电路，包括集电极调制电路和基极调制电路。双边带调幅波可采用二极管平衡或环形调制电路来产生，也可通过模拟乘法调制器来实现。

3. 解调是调制的逆过程。调幅波的解调称为检波，其作用是从调幅波中不失真地恢复出调制信号。从频谱结构上看，振幅解调的过程就是将调幅波的频谱从载频线性地搬移到零频的过程。对于大信号普通调幅波，其检波可采用二极管包络检波器；对于小信号普通调幅波则宜采用同步检波。在设计包络检波器时要合理地选择元器件，避免失真。对于DSB信号和SSB信号只能采用同步检波。同步检波的关键是产生一个与发射载波同频、同相并保持同步变化的参考信号。

4. 混频器是超外差式接收机的重要组成部分。它的基本功能是在保持调制类型和调制参数不变的情况下，将高频振荡的频率 f_c 变换为固定频率的中频 f_1，以利于提高接收机的灵敏度和选择性。从频域上看，混频的过程是将已调波信号的频谱线性地搬移到中频载波上，因此，混频电路也属于频谱的线性搬移电路。混频电路可采用二极管平衡或环形混频电路、三极管混频电路，亦可采用模拟乘法器混频电路。为了减少混频干扰，净化其输出频率分量，较好的方法是选用平方律伏安特性的场效应管和相乘器为混频器件，或者采用平衡式电路，还应合理设置静态工作点和适当选取本振电压振幅。

思考与练习

一、填空题

1. 用调制信号去控制载波的振幅，使其随信号呈线性变化，此过程叫(　　)。

2. 通常，振幅调制分为三种方式，即（　　　）、（　　　）和 SSB。

3. 一调幅波表达式为 $u_{AM} = U_{cm}(1 + m\cos\Omega t)\cos\omega_c t$，则其载频为（　　　），载波幅度为（　　　）。

4. 已知某调幅波的最大振幅是 200 mV，调制深度 $m_a = 0.5$，则该调幅信号的最小振幅为（　　　）mV。

5. 一单音调制的普通调幅信号，其载波功率为 1 kW，调制度为 0.4，则边频功率为（　　　）kW，平均功率为（　　　）kW。

6. 在调幅发射机中，振幅调制是在工作于乙类或丙类的高频功放中进行，属于高电平调制，所以它一般应在发射机的（　　　）级进行。

7. 一个二极管振幅调制及解调电路，传输系数 $K_d = 0.8$，输入信号为 $u_i(t) = 10[1 + 0.5\cos2\pi\times10^3 t]\cos2\pi\times10^5 t(mV)$，则输出信号的数学表达式为（　　　）。

8. 为了避免惰性失真，应使电容器放电速度（　　　）包络下降速度，以保证在每个高频导通周期内二极管均有导通时间。

9. 解调单边带或双边带信号，要使用（　　　）检波。

10. 调幅信号经过混频后，仅仅是改变了其载波频率，而其（　　　）不变。

11. 混频是将信号的频谱从某一位置移到另一位置，而各频谱分量的相对位置和相互间的距离保持不变，因此混频过程是一种（　　　）搬移过程。

12. 当接收机采用高调谐时，信号频率 f_s、本振频率 f_L 和中频频率 f_i 三者满足的关系是（　　　）。

13. 某超外差接收机，接收信号频率 $f_s = 20$ MHz 时，其镜像干扰 $f_n = 16$ MHz，则中频干扰为（　　　）

14. 某超外差接收机的工作频率为 30 MHz，中频为 1 MHz，若采用高调谐，则中频干扰频率为（　　　），镜像干扰的频率（　　　）。

二、判断题

1. AM 调制是将调制信号的频谱搬到载频两侧，在搬移过程中频谱结构不变，这类调制方式属于非线性调制。（　　　）

2. AM 信号的调制度不能小于 1。（　　　）

3. 普通调幅 AM 电路一般采用的是高电平调制。（　　　）

4. SSB 信号的带宽和 DSB 信号的带宽相同。（　　　）

5. 单边带调制方式能量利用率高，且信号占用的频带仅为 AM、DSB 的 1/2，目前它已成为短波甚至超短波通信中的一种重要调制方式。（　　　）

6. AM 信号可以用同步检波器解调。（　　　）

7. 为了减小组合干扰，可以采用提高高频回路选择性的方法。（　　　）

三、选择题

8. 一调幅信号为 $3(1 + 0.7\cos2\pi\times2\times10^3 t)\cos2\pi\times10^5 t(mV)$，则其带宽 $B = $（　　　）

A. 2×10^3 Hz　　　　B. 4×10^3 Hz　　　　C. 10^3 Hz　　　　D. 2×10^5 Hz

9. 一调制信号为 $u_\Omega(t) = 3\cos2\pi\times10^3 t(mV)$，一载波信号为 $u_c(t) = 5\cos2\pi\times10^5 t(mV)$，$m_a = 0.5$，则调幅波的数学表达式 $u_{AM}(t) = $（　　　）。

A. $5(1+0.5\cos2\pi\times10^3t)\cos2\pi\times10^5t$　　B. $3(1+0.5\cos2\pi\times10^3t)\cos2\pi\times10^5t$

C. $8(1+0.5\cos2\pi\times10^3t)\cos2\pi\times10^5t$　　D. $15(1+0.5\cos2\pi\times10^3t)\cos2\pi\times10^5t$

10. 一单音频调制信号，其载波频率为 $f_c=10^5\,\text{Hz}$，上边频分量频率为 $1.01\times10^5\,\text{Hz}$，则其下边频分量频率为（　　）

A. $9.9\times10^4\,\text{Hz}$　　B. $9.8\times10^4\,\text{Hz}$　　C. $1.01\times10^5\,\text{Hz}$　　D. $9.7\times10^5\,\text{Hz}$

11. 双边带（DSB）信号的振幅与（　　）成正比，调幅（AM）信号的振幅与 $u_\Omega(t)$ 成正比。

A. u_Ω　　　　　　B. $u_\Omega(t)$　　　　　　C. $\left|u_\Omega(t)\right|$

12. 关于二极管包络检波器中的底部切割失真，下列说法中（　　）是正确的。

A. 底部切割失真一定出现在下包络

B. 底部切割失真出现在上包络

C. 底部切割失真可能出现在下包络，也可能出现在上包络，视电路而定

D. 以上答案均不正确

13. 当载波信号为 $u_c(t)=U_{cm}\sin\omega_c t$，调制信号为 $u_\Omega(t)=U_{\Omega m}\sin\Omega t$，通过二极管平衡调制器，并经滤波后，得到的 DSB 波形如图（　　）所示。

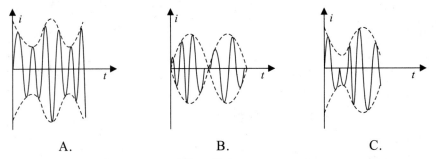

　　A.　　　　　　　　　　B.　　　　　　　　　　C.

14. 下图所示框图能实现（　　）功能。其中，$u_s(t)=U_s\cos\omega_s t$，$u_L(t)=u_L\cos\Omega t$。

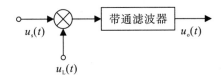

A. 调幅　　　　　　B. 检波　　　　　　C. 混频　　　　　　D. 鉴频

15. 下列电路不属于频谱线性搬移过程的有（　　）

A. 振幅调制电路　　　　　　　　　　B. 同步检波电路

C. 超外差式接收机中的混频器　　　　D. 频率调制电路

四、综合题

1. 有一个调幅波，已知调制信号为 $u_\Omega(t)=U_{\Omega m}\sin(10\pi\times10^3)t$，被调载波信号为 $u_c(t)=U_{cm}\cos(6\pi\times10^7)t$，要求调制后的已调波的变化幅度为载波振幅的 $1/2$，试写出此调幅波的表达式。此调幅波的有效频谱有多宽？有效边带的功率与载波功率之比是多少？

2. 已知调幅波 $u_i(t)=10(1+0.3\cos5\times10^3t)\cos10^7t$ (V)。若将 $u_i(t)$ 加在 $1\,\Omega$ 的电阻上。求：（1）调幅指数 m_a；（2）载波功率 P_{in} 和边频功率 $P_{\omega+\Omega}$ 和 $P_{\omega-\Omega}$；（3）总功率 P_{av}。

3. 已知调制信号的表达式 $u_\Omega(t) = 0.9 + \cos\Omega t$，试写出已调波 $u(t) = u_\Omega(t)\cos\omega_c t$ 的数学表达式，并画出频谱图($\omega_c \gg \Omega$)。

4. 已知调制信号波形如图 P5.1(a) 所示，载波波形如图 P5.1(b) 所示，画出 $m_a = 1$ 时的 AM 信号波形。

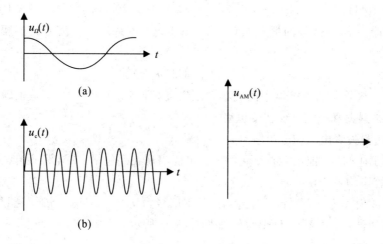

图 P5.1

第 6 章　　角度调制与解调

从频域的角度看，幅度调制属于频谱的线性搬移电路，而角度调制属于频谱的非线性搬移电路，即非线性调制。本章将在第 5 章的基础上对角度调制信号的特性进行深入讨论，主要包括角度调制和角度信号解调电路的基本工作原理，实现频谱非线性搬移电路的基本特性及其分析方法，并列举一些在通信设备中实际应用的集成电路。

6.1　概　　述

在调制中，角度调制是频率调制和相位调制的合称。用调制信号控制载波的瞬时频率，使之与调制信号的变化规律成线性关系，称为频率调制或调频，用 FM(Frequency Modulation) 表示；用调制信号控制载波的瞬时相位，使之与调制信号的变化规律成线性关系，称为相位调制或调相，用 PM(Phase Modulation) 表示。事实上，无论是调频波还是调相波，它们的振幅均不改变，而频率的变化和相位的变化均表现为相角的变化，因此，把调频和调相统称为角度调制或调角。

图 6.1.1 给出了调幅、调频、调相三种信号的波形。振幅调制波形的包络线变化规律与调制信号完全相同，但频率始终不变。从调频波可以看出已调信号的频率受调制信号的控制，对应调制信号为最大值时，调频信号的频率最高，波形最密，随着调制信号的改变，调制信号的频率也做相应的变化，当调制信号为最小时，调制信号频率最低，波形最疏，但振幅不变。从相位调制波形可以看出已调信号的相位受调制信号的控制，在调制波平坦的地方（相位不变），PM 除了相位不同以外，和载波类似。当调制波增大的时候正弦波发生聚拢，调制波减小的时候则扩展，但振幅始终不变。

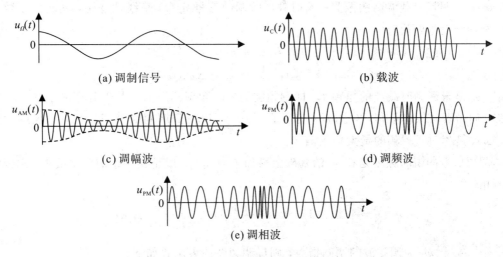

(a) 调制信号　　　　　　　　　　　　(b) 载波

(c) 调幅波　　　　　　　　　　　　(d) 调频波

(e) 调相波

图 6.1.1　调幅、调频、调相信号波形图

调频和调相有着紧密联系的关系，当频率改变时，相位也在发生变化，反之也一样。我们已经学过，调幅实际上是将调制信号的频谱搬移到载频的两边且其频谱结构没有改变。因此，调幅属于线性调制。角度调制中已调信号不再保持调制信号的频谱结构，因而角度调制属于非线性调制。

角度调制由于其优越的性能而获得了广泛的应用，调频主要应用于调频广播、广播电视、通信及遥测等，调相主要应用于数字通信系统中的移相键控。由于解调是调制的逆过程，不同的调制方式对应于不同的解调方式，因此在接收调频或调相信号时，必须采用频率解调或相位解调的方法。频率解调又称为鉴频(Frequency Discrimination)，相位解调又称鉴相(Phase Detection)。

和调幅制相比，调角制具有以下优点：

(1) 抗干扰能力强。从上一章的讨论可知，调幅信号的边频功率最大只能等于载波功率的一半(当调幅系数 $m_a = 1$ 时)，而调角信号的边频功率远较调幅信号强。边频功率是运载有用信号的，因此调角制具有更强的抗干扰能力。另外，对于信号传输过程中常见的寄生调幅，调角制可以通过限幅的方法加以克服而调幅制则不行。

(2) 设备的功率利用率高。因为调角信号为等幅信号，最大功率等于平均功率，所以不论调制度为多少，发射机末级功放管均可工作在最大功率状态，晶体管得到充分利用。而调幅制则不然，调幅制的平均功率远低于最大功率，因而功率管的利用率不高。

(3) 调角信号传输的保真度高。因为调角信号的频带宽且抗干扰能力强，因而具有较高的保真度。

6.2　调角信号的分析

6.2.1　调频信号

设调制信号为单一的正弦波，$f(t) = u_\Omega(t) = U_{\Omega m}\cos\Omega t$，未调制时的载波信号为 $u_c(t) = U_{cm}\cos\omega_c t$，调频时载波高频振荡的瞬时频率随调制信号 $u_\Omega(t)$ 呈线性变化，其比例系数为 K_f，则调频信号的瞬时频率为

$$\omega(t) = \omega_c + \Delta\omega(t) = \omega_c + k_f u_\Omega(t)$$
$$= \omega_c + k_f U_{\Omega m}\cos\Omega t = \omega_c + \Delta\omega_m\cos\Omega t \qquad (6.2.1)$$

式中：ω_c 是未调制时载波的角频率，即调频波的中心频率；$k_f u_\Omega(t)$ 是瞬时频率相对于 ω_c 的偏移，叫做瞬时频率偏移，简称频率偏移或频偏。可以得到调制信息寄载在调频波的频偏中，$\Delta\omega_m$ 是相对于载频的最大角频偏。

调频信号的瞬时频率是在 ω_c 的基础上增加了与 $u_\Omega(t)$ 成正比关系的频率偏移，则调频波的相位为

$$\varphi(t) = \int_0^t \omega(\tau)d\tau = \omega_c t + \frac{\Delta\omega_m}{\Omega}\sin\Omega t = \varphi_c + \Delta\varphi(t) \qquad (6.2.2)$$

令 $\dfrac{\Delta\omega_m}{\Omega} = m_f$ 为调频波的调制指数，则得调频波的表示式如下：

$$u_{FM}(t) = U_{cm}\cos\varphi(t) = U_{cm}\cos(\omega_c t + m_f\sin\Omega t) \tag{6.2.3}$$

也可用复数形式将上式表示为

$$u_{FM}(t) = \mathrm{Re}[U_{cm}e^{j\varphi(t)}] = \mathrm{Re}[U_{cm}e^{j(\omega_c t + m_f\sin\Omega t)}] \tag{6.2.4}$$

在调频波形的表示式中,有两个重要参数,即 $\Delta\omega_m$ 及 m_f,下面分别予以讨论。

1. 最大角频偏(峰值角频偏)$\Delta\omega_m$

$$\Delta\omega_m = k_f U_{\Omega m} \tag{6.2.5}$$

$\Delta\omega_m$ 是相对于载频的最大角频偏,与之对应的 $\Delta f_m = \dfrac{\Delta\omega_m}{2\pi}$ 称为最大频偏。在频率调制中,$\Delta\omega_m(\Delta f_m)$ 与 $U_{\Omega m}$ 成正比,是衡量信号频率受调制程度的重要参数,表示受调制信号控制的程度。比如常见的调频广播,其最大频偏定为 75 kHz,就是一个重要的指标。式(6.2.5)中,K_f 是比例常数,它是产生 FM 信号电路的一个参数,表示 $U_{\Omega m}$ 对瞬时角频率的控制能力,称为调制灵敏度。

图 6.2.1 是频率调制过程中调制信号、调频信号相对应的瞬时频率和瞬时相位波形。由图 6.2.1(c) 可看出,瞬时频率变化范围为 $(f_c - \Delta f_m) \sim (f_c + \Delta f_m)$,最大变化值为 $2\Delta f_m$。

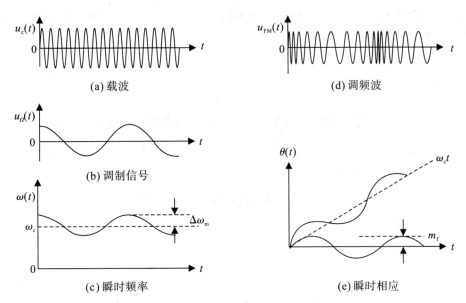

图 6.2.1　调频波的波形

2. 调制指数 m_f

$$m_f = \frac{\Delta\omega_m}{\Omega} = \frac{\Delta f_m}{F} \tag{6.2.6}$$

m_f 称为调频波的调制指数,它是无量纲。由式(6.2.3)可知,它是调频波与未调载波的最大相位差 $\Delta\varphi_m$。如图 6.2.1(e) 所示,m_f 与 $U_{\Omega m}$ 成正比,与 $\Omega(F)$ 成反比。图 6.2.2 表示了 Δf_m、m_f 与调制频率 F 的关系。

调频波的波形如图 6.2.1(d) 所示。它是一个等幅波,当 $u_\Omega(t)$ 最大时,$\omega(t)$ 也最高,波形密集;$u_\Omega(t)$ 为负峰值时,频率最低,波形最疏。

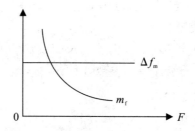

图 6.2.2 调频波 Δf_{m}、m_{f} 与 F 的关系

总之，调频是将信息寄载在频率上而不是幅度上，也可以说在调频信号中信息是寄存于单位时间内的波形数目中。由于各种干扰作用主要表现在振幅上，而调频系统中，可以通过限幅器来消除这种干扰，所以 FM 波的抗干扰能力较强。

6.2.2 调相信号

设调制信号为单一的正弦波，$f(t) = u_{\Omega}(t) = U_{\Omega\mathrm{m}}\cos\Omega t$，未调制时的载波信号为 $u_{\mathrm{c}}(t) = U_{\mathrm{cm}}\cos\omega_{\mathrm{c}}t$，根据调相信号的定义，调相信号的瞬时相位为

$$\varphi(t) = \omega_{\mathrm{c}}t + k_{\mathrm{p}}u_{\Omega}(t) = \omega_{\mathrm{c}}t + k_{\mathrm{p}}U_{\Omega\mathrm{m}}\cos\Omega t \tag{6.2.7}$$

其中，k_{p} 是比例常数，它是产生 PM 信号电路的一个参数，与 FM 波中 k_{f} 的物理概念相同。

瞬时相偏：

$$\Delta\varphi(t) = k_{\mathrm{p}}U_{\Omega\mathrm{m}}\cos\Omega t \tag{6.2.8}$$

最大相偏：

$$\Delta\varphi_m = k_{\mathrm{p}}U_{\Omega\mathrm{m}} \tag{6.2.9}$$

根据瞬时角频率和瞬时相位的关系，还可以写出调相信号的瞬时角频率的表达式为

$$\omega(t) = \frac{\mathrm{d}\varphi(t)}{\mathrm{d}t} = \omega_{\mathrm{c}} - k_{\mathrm{p}}U_{\Omega\mathrm{m}}\Omega\sin\Omega t \tag{6.2.10}$$

其中，瞬时角频偏为

$$\Delta\omega(t) = k_{\mathrm{p}}U_{\Omega\mathrm{m}}\Omega\sin\Omega t = \Delta\omega_{\mathrm{m}}\sin\Omega t \tag{6.2.11}$$

最大角频偏为

$$\Delta\omega_{\mathrm{m}} = k_{\mathrm{p}}U_{\Omega\mathrm{m}}\Omega \tag{6.2.12}$$

或

$$\Delta f_{\mathrm{m}} = k_{\mathrm{p}}U_{\Omega\mathrm{m}}F \tag{6.2.13}$$

据此，可以写出调制信号为单一频率余弦信号的调相信号的数学表达式为

$$\begin{aligned} u_{\mathrm{PM}}(t) &= U_{\mathrm{cm}}\cos[\varphi_{\mathrm{c}} + \Delta\varphi(t)] \\ &= U_{\mathrm{cm}}\cos(\omega_{\mathrm{c}}t + k_{\mathrm{p}}U_{\Omega\mathrm{m}}\cos\Omega t) \\ &= U_{\mathrm{cm}}\cos(\omega_{\mathrm{c}}t + m_{\mathrm{p}}\cos\Omega t) \end{aligned} \tag{6.2.14}$$

式中，$m_{\mathrm{p}} = k_{\mathrm{p}}U_{\Omega\mathrm{m}}$ 称为调相信号的调制系数，大小等于调相信号的最大相偏。

由式(6.2.12)得到：

$$m_{\mathrm{p}} = \frac{\Delta\omega_{\mathrm{m}}}{\Omega} = \frac{\Delta f_{\mathrm{m}}}{F} \tag{6.2.15}$$

图 6.2.3 给出了调制信号分别为余弦波和方波时的调相信号的波形及其瞬时相移的变化示意图。

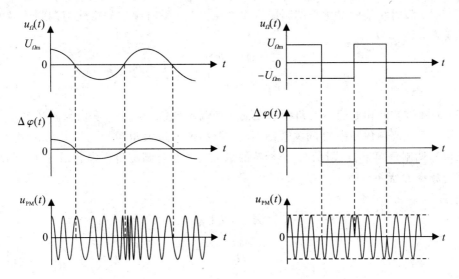

图 6.2.3　调相波及其瞬时相移的波形

6.2.3　调频与调相的关系

为了方便比较，将调频信号和调相信号的一些特征列于表 6.2.1 中。在表 6.2.1 中，还列出了调频和调相在非单音调制时的一般数学表达式。

表 6.2.1　调频信号和调相信号比较

	调频信号	调相信号
瞬时频率	$\omega(t) = \omega_c + K_f u_\Omega(t)$	$\omega(t) = \omega_c + K_P \dfrac{du_\Omega(t)}{dt}$
瞬时相位	$\theta(t) = \omega_c t + K_f \int u_\Omega(t) + \varphi_0$	$\theta(t) = \omega_c t + K_P u_\Omega(t) + \varphi_0 = \omega_c t + \Delta\theta(t) + \varphi_0$
最大频偏	$\Delta\omega = K_f \mid u_\Omega(t) \mid_{max} = K_f U_{\Omega m}$	$\Delta\omega = K_p \left\lvert \dfrac{du_\Omega(t)}{dt} \right\rvert_{max}$
最大相移	$m_f = K_f \left\lvert \int u_\Omega(t)\mathrm{d}t \right\rvert_{max} = \dfrac{\Delta\omega}{\Omega}$ m_f 称为调频指数	$m_p = K_p \mid u_\Omega(t) \mid_{max} = K_p U_{\Omega m}$ m_p 称为调相指数
数学表达式	$u(t) = U_m \cos\theta(t)$ $= U_m \cos\left\{ \left[\omega_c t + K_f \left\lvert \int u_\Omega(t)\mathrm{d}t \right\rvert \right] + \varphi_0 \right\}$ $= U_m \cos(\omega_c t + m_f \sin\Omega t + \varphi)$	$u(t) = U_m \cos\theta(t)$ $= U_m \cos\left[\omega_c t + K_p u_\Omega(t) + \varphi_0 \right]$ $= U_m \cos(\omega_c t + m_p \cos\Omega t + \varphi_0)$

从前面的讨论可以看出，当调制信号为单一频率的余弦信号时，从数学表达式及波形上均不易区分是调频信号还是调相信号，但它们在性质上存在以下区别：

（1）无论是调频波还是调相波，它们的瞬时频率和瞬时相位都随时间发生变化，但变化的规律不同。调频时，瞬时频偏的变化与调制信号成线性关系，瞬时相偏的变化与调制信号的积分成线性关系，即

$$\Delta\omega(t) = k_f u_\Omega(t) \qquad (6.2.16)$$

$$\Delta\varphi(t) = k_f \int u_\Omega(t)\mathrm{d}t \qquad (6.2.17)$$

调相时，瞬时相偏的变化与调制信号成线性关系，瞬时频偏的变化与调制信号的微分成线性关系，即

$$\Delta\varphi(t) = k_p u_\Omega(t) \tag{6.2.18}$$

$$\Delta\omega(t) = k_p \frac{\mathrm{d}u_\Omega(t)}{\mathrm{d}t} \tag{6.2.19}$$

(2) 调频波和调相波的最大角频偏（$\Delta\omega_m$）和调制系数（m_f 或 m_p）均与调制幅度 $U_{\Omega m}$ 成正比。但它们与调制角频率 Ω 的关系则不同。调频波的最大角频偏与调制角频率 Ω 无关，调制系数与调制角频率 Ω 成反比。调相波的最大角频偏与调制角频率 Ω 成正比，调制系数与调制角频率 Ω 无关，即

调频：

$$\Delta\omega_m = k_f U_{\Omega m} \tag{6.2.20}$$

$$m_f = \frac{\Delta\omega_m}{\Omega} = \frac{k_f U_{\Omega m}}{\Omega} \tag{6.2.21}$$

调相：

$$\Delta\varphi_m = k_p U_{\Omega m} \tag{6.2.22}$$

$$\Delta\omega_m = k_p u_{\Omega m}\Omega \tag{6.2.23}$$

$$m_p = \frac{\Delta\omega_m}{\Omega} = \frac{k_p U_{\Omega m}\Omega}{\Omega} = k_p U_{\Omega m} \tag{6.2.24}$$

调频波、调相波的最大频偏（$\Delta\omega_m$）和调制系数（m_f 或 m_p）与调制角频率 Ω 的关系不同，其根本原因就在于，对于调频波而言，调制电压先改变频率，然后通过积分关系再改变相位，而对于调相波，调制电压直接改变相位。

比较调频波和调相波的数学表达式及其基本性质，可以画出实现调频及调相的方框图，如图 6.2.4 所示。

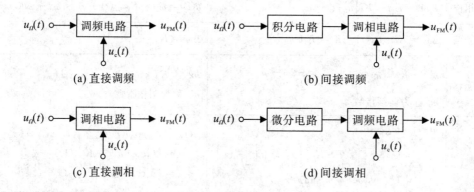

图 6.2.4　调频及调相方框图

6.2.4　调角信号的频谱和频带宽带

由于调频波和调相波的形式类似，其频谱也类似，下面就分析调频波的频谱。为了获得调频波的频谱，可将调频信号的数学表达式展开，为了便于计算，令 $U_{cm} = 1$，则可得

$$u_{FM}(t) = U_{cm}\cos(\omega_c t + m_f \sin\Omega t)$$

$$= \cos\omega_c t\cos(m_f \sin\Omega t) - \sin\omega_c t\sin(m_f \sin\Omega t) \tag{6.2.25}$$

式(6.2.25)还可利用贝塞尔函数进一步展开,并获得若干频率分量,将它们分别标在频率轴上,即可获得调频信号的频谱,如图 6.2.5 所示。

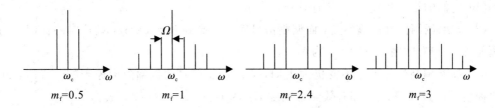

图 6.2.5　m_f 为不同值时调频波的频谱

由单一频率的余弦信号调制的调频信号的频谱具有以下特点:

(1) 调频波是由载波 ω_c 和无数边频 $\omega_c \pm n\Omega$ 组成,这些边频对称地分布在载频两边,载频分量与各个边频分量的振幅由调制指数 m_f 所确定。相邻的边频分量的频率间隔为 Ω(或 F)。

(2) 边频次数越高(n 愈大),其振幅越小(中间可能有起伏)。m_f 越大,振幅大的边频分量越多。

(3) 对于某些 m_f 值,载频或某些边频分量振幅为零,如 $m_f = 2.4$ 时,载频分量振幅为零。

(4) 调制后的所有频率分量的功率之和等于未调制的载波功率,即调频实际上是把载波功率重新分配给载波 ω_c 和无数边频 $\omega_c \pm n\Omega$ 上。

单频率调角波是由许多频率分量构成的,而不像振幅调制那样,单一频率调制时只产生两个边频(AM、DSB)或一个边频(SSB)。因此调频和调相属于非线性调制。

从理论上说,调频波的边频分量有无数多个,其频带宽度应为无穷大,但是对于任一给定的 m_f 值,高到一定次数的边频分量的振幅已经小到可以忽略,以致滤除这些边频分量对调频波形不会产生显著影响。因此,调频信号的频谱宽度实际上可以认为是有限的。如果将小于载波振幅 10% 的边频分量略去不计,则频谱的有效带宽 B_w 可由下列近似公式求出:

$$B_w = 2(m_f + 1)F \tag{6.2.26}$$

式(6.2.26)说明了在计算频谱的有效带宽时,通常取 $m_f + 1$ 对边频分量即可。

由于

$$m_f = \frac{\Delta\omega_m}{\Omega} = \frac{\Delta f_m}{F} \tag{6.2.27}$$

因此式(6.2.26)也可以写成

$$B_w = 2(\Delta f_m + F) \tag{6.2.28}$$

我们一般把 $m_f < 1$ 的调频称为窄带调频,这时

$$B_w \approx 2F \tag{6.2.29}$$

把 $m_f \gg 1$ 的调频称为宽带调频,这时

$$B_w \approx 2\Delta f_m \tag{6.2.30}$$

例 6.1　调频广播中 $F = 15 \text{ kHz}$, $m_f = 5$,求频偏 Δf_m 和频谱带宽 B_w。

解　调频时,

$$\Delta f_m = m_f F = 75 \text{ kHz}$$

$$B_w = 2(m_f + 1)F = 180 \text{ kHz}$$

例 6.2 设调制信号频率为 $F = 1 \text{ kHz}$，$m_f = m_p = \Delta\varphi_m = 12 \text{ rad}$ 的调频信号和调相信号。试求：

（1）它们的最大频偏 Δf_m 和有效频带宽度 B_W；

（2）如果调制信号振幅不变，而调制信号频率提高到 $F = 2 \text{ kHz}$，则这时两种信号的最大频偏 Δf_m 和有效频带宽度 B_W 为多少；

（3）如果调制信号频率不变仍为 1 kHz，而调制信号的振幅降到原来的一半时，问这时两种信号最大频偏 Δf_m 和有效频带宽度 B_W 为多少。

解 （1）当 $F = 1 \text{ kHz}$，$m_f = m_p = 12$ 时

调频信号：

$$\Delta f_m = m_f F = 12 \times 1 = 12 \text{ kHz}$$

$$B_W = 2(m_f + 1)F = 2(12 + 1) = 26 \text{ kHz}$$

调相信号：

$$\Delta f_m = m_p F = 12 \times 1 = 12 \text{ kHz}$$

$$B_W = 2(m_p + 1)F = 2(12 + 1) = 26 \text{ kHz}$$

这表明，当 F 和调制指数 m 相同时，调频信号和调相信号的最大频偏和有效频带宽度完全相同。

（2）当调制幅度不变，调制频率变化时

调频信号：$\Delta f_m = k_f U_{\Omega m}$ 与调制频率无关，故仍有

$$\Delta f_m = 12 \text{ kHz}$$

但是

$$m_f = \frac{\Delta f_m}{F} = 6$$

则

$$B_W = 2(m_f + 1)F = 2(6 + 1) \times 2 = 28 \text{ kHz}$$

或者

$$B_W = 2(\Delta f_m + F) = 2(12 + 2) = 28 \text{ kHz}$$

调相信号：$\Delta f_m = k_p U_{\Omega m} F$ 与调制频率成正比，故

$$\Delta f_m = 12 \times 2 = 24 \text{ kHz}$$

而 $m_p = k_p U_{\Omega m}$ 与调制频率无关，所以

$$m_p = 12$$

则

$$B_W = 2(m_p + 1)F = 2(12 + 1) \times 2 = 52 \text{ kHz}$$

或者

$$B_W = 2(\Delta f_m + F) = 2(24 + 2) = 52 \text{ kHz}$$

这表明，当调制幅度不变，调制频率成倍变化时，调频信号最大频偏不变，频带宽度增加有限；而调相信号最大频偏和频带宽度都将成倍增加。所以调相信号在频带利用率方面不及调频优越。

（3）调频和调相信号的 Δf_{m} 和 m 与调制幅度成正比，故当调制频率不变，调制幅度减半时，调频信号和调相信号均有

$$\Delta f_{\mathrm{m}} = \frac{12}{2} = 6 \text{ kHz}$$

$$m_{\mathrm{f}} = m_{\mathrm{p}} = \frac{\Delta f_{\mathrm{m}}}{F} = \frac{6}{1} = 6$$

所以

$$B_{\mathrm{W}} = 2(m_{\mathrm{f}} + 1)F = 2(6 + 1) \times 1 = 14 \text{ kHz}$$

或者

$$B_{\mathrm{W}} = 2(\Delta f_{\mathrm{m}} + F) = 2(6 + 1) = 14 \text{ kHz}$$

这表明，这两种信号对于调制幅度的变化规律是相同的。

6.2.5　调角波的功率

调频波和调相波的平均功率与调幅波一样，也为载波功率和各边频功率之和。由于调频和调相的幅度不变，所以调角波在调制后总的功率不变，只是将原来载波功率中的一部分转入边频。因此，调制过程并不需要外界供给边频功率，只是高频信号本身载频功率与边频功率的重新分配而已。

由单音调制调频波的频谱特性结论得到：

$$P_{\mathrm{FM}} = \frac{U_{\mathrm{cm}}^2}{2R_{\mathrm{L}}} \tag{6.2.31}$$

上式表明调角波的平均功率等于调制前载波的功率，或等于调频波信号频谱中每个频率的平均功率之和，即角度调制仅是对信号功率进行了重新分配，而总平均功率并不发生变化。

6.3　调频原理及电路

6.3.1　调频信号的产生

由调频信号的频谱分析可知，调制后的调频信号中包含许多新的频率分量，因此，要产生调频信号就必须利用非线性器件进行频率变换。

产生调频信号的方法有很多，归纳起来主要有两种：直接调频和间接调频。直接调频是用调制信号直接控制载波的瞬时频率，以产生调频信号。间接调频是先将调制信号进行积分，然后对载波进行调相，结果也可产生调频信号。下面就对这两种调频原理加以分析。

1. 直接调频原理

直接调频的基本原理是用调制信号直接去线性地改变载波振荡的瞬时频率。因此，在电路中只要找出能直接影响载波振荡频率的电路参数，就可用调制信号去控制振荡器的这些电路参数，从而使载波的瞬时频率随调制信号的变化规律线性地改变，达到产生调频信号的目的。

我们知道振荡器的频率主要取决于振荡回路的元件参数。例如，在 LC 正弦波振荡器

中其振荡频率主要取决于振荡回路的电感量和电容量。因此，可以在振荡回路中并入可变电抗元件，作为回路的一部分，用调制信号去控制可变电抗元件的参数，即可产生振荡频率随调制信号变化的调频信号。图 6.3.1 说明了这一过程的原理。

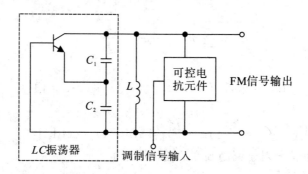

图 6.3.1　直接调频原理图

在实际运用中，可变电抗元件的类型有许多，如变容二极管、电抗管等。这里主要讨论变容二极管调频。

直接调频的优点是可以得到较大的频偏；缺点是载频的频率稳定度变差，这是由于调制器变成了振荡回路的负载，使振荡回路参数的稳定性变差了。

2. 间接调频原理

从前面的知识可知，用调制信号对载波进行调频时，其瞬时相位也随之变化，相偏与调制信号成积分关系：

$$\Delta\varphi(t) = k_{\mathrm{f}}\int u_{\Omega}(t)\mathrm{d}t \tag{6.3.1}$$

因此，如果将调制信号先积分，然后对载波再进行调相，则所得到的调相信号就是用 $u_{\Omega}(t)$ 作为调制信号的调频信号。根据这一原理，间接调频的组成原理方框图如图 6.3.2 所示。这种调频方法可以采用频率稳定度非常高的振荡器（如石英晶体振荡器）作为载波振荡器，再在它的后级进行调相，这样就可以得到中心频率稳定度很高的调频波。

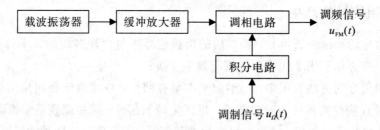

图 6.3.2　间接调频原理框图

由于间接频偏时其调制电路与振荡器是分开的，对振荡器的影响较小，故其主要优点是中心载波频率的稳定度较高，缺点是频偏小，要扩展频偏必然要使设备复杂。

6.3.2　对调频振荡器的要求

通常，对调频振荡器有如下要求：

（1）调制特性的线性要好。调制特性是指频率偏移 Δf 与调制电压 $u_{\Omega}(t)$ 的变换关系，如图 6.3.3 所示，曲线的线性范围要宽而直，以保证 $\Delta f \sim u_\Omega(t)$ 的线性关系。图中实线表示的是实际曲线，虚线代表理想情况。

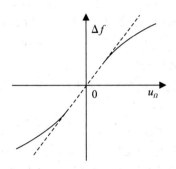

图 6.3.3　调制特性曲线

（2）调制灵敏度要高。在调制特性线性范围内，单位调制电压所产生的频率偏移称为调制灵敏度。通常用调制特性零点附近的斜率表示，即调制灵敏度

$$S_{\mathrm{f}} = \left. \frac{\Delta f}{\Delta u_\Omega(t)} \right|_{u_\Omega(t)=0} \tag{6.3.2}$$

显然，S_{f} 愈大，调制信号的控制作用越强，越易产生大频偏的调频信号。

（3）载波频率 f_{c} 要稳定。调频波的瞬时频率是以 f_{c} 为中心变化的，若 f_{c} 不稳定，不仅会使接收质量变差，调制特性也会产生失真。

（4）振荡器的振荡电压幅度要稳定，寄生调幅要小。

6.3.3　变容二极管直接调频电路

变容二极管就是一种非线性电抗元件。现在，由它构成各种非线性电路，在无线电技术中得到了非常广泛的应用。利用变容二极管调频的主要优点是变容管电容基本上不消耗能量、几乎不需要功率、产生的噪声较小、能够获得较大的频偏、线路简单等，是较理想的高效率、低噪声非线性器件。其主要缺点是中心频率稳定度低。它主要用在移动通信及自动频率微调系统中。

变容二极管实际上是一个电压控制可变电容元件。当外加反向偏置电压变化时，变容二极管 PN 结的结电容会随之变化。其特性如图 6.3.4 所示。

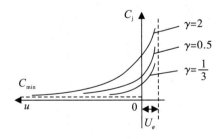

图 6.3.4　不同 γ 值时变容二极管的 $C_{\mathrm{j}} \sim u$ 曲线

变容二极管的结电容 $C_{\mathrm{j}}(t)$ 与变容二极管两端所加的反向偏置电压 $u(t)$ 之间的关系可以用下式来表示：

$$C_j(t) = \frac{C_0}{\left[1 + \dfrac{u(t)}{U_\varphi}\right]^\gamma} \qquad (6.3.3)$$

式中：U_φ 为 PN 结的势垒电位差（硅管约为 0.7 V，锗管约为 $0.2 \sim 0.3$ V）；C_0 为未加外电压，即 $u(t) = 0$ 时的结电容；$u(t)$ 为变容二极管二端所加的电压；γ 为变容二极管结电容变化指数，它与 PN 结的掺杂情况有关。

图 6.3.4 给出了不同 γ 值时的 $C_j(t) \sim u$ 曲线。图中 $C_{\min}$ 表示 $u(t)$ 等于反向击穿电压时的结电容值（最小值）。

变容二极管的外形与普通二极管没有什么区别。它在电路中的符号如图 6.3.5 所示。为了保证变容二极管在调制信号电压变化范围内保持反向偏置，必须给电路外加反向固定偏压 E，此电压作为变容二极管的静态工作电压，在此基础上加入调制信号电压 $u_\Omega(t)$。因此，$u(t)$ 由反向固定偏压 E 和调制电压 $u_\Omega(t)$ 两部分组成。假定调制信号为单音余弦信号，$u_\Omega(t) = U_{\Omega m}\cos\Omega t$，则加于变容管两端的电压 $u(t)$ 为

$$u(t) = E + u_\Omega(t) = E + U_{\Omega m}\cos\Omega t \qquad (6.3.4)$$

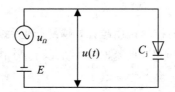

图 6.3.5　变容二极管的符号及偏置

把式(6.3.4)代入式(6.3.3)，得

$$C_j(t) = C_{jQ}(1 + m\cos\Omega t)^{-\gamma} \qquad (6.3.5)$$

式中：C_{jQ} 为变容二极管在静态工作点处，即 $u(t) = E$ 时的电容量；$m = \dfrac{U_{\Omega m}}{U_\varphi + E}$ 为结电容调制指数，它反映了结电容受调制的深浅程度。

由式(6.3.5)可以看出，变容二极管电容量 $C_j(t)$ 受信号 $u_\Omega(t)$ 所调制，$C_j(t)$ 的变化规律一般不是与 $u_\Omega(t)$ 成正比的，而是取决于电容变化指数 γ。

假设振荡回路由变容二极管 C_j 与电感 L 组成，如图 6.3.6 所示，其振荡频率为

$$\omega = \frac{1}{\sqrt{LC_j(t)}} \qquad (6.3.6)$$

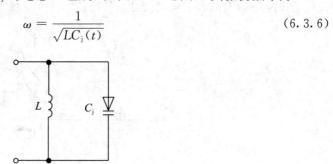

图 6.3.6　变容管组成的谐振回路

将式(6.3.5)代入式(6.3.6)，得

$$\omega = \omega_c (1 + m\cos\Omega t)^{\gamma/2} \qquad (6.3.7)$$

式中，$\omega_c = \dfrac{1}{\sqrt{LC_{jQ}}}$ 是未加调制信号（$u_\Omega(t) = 0$）时的振荡频率，即载频。

由式（6.3.7）可见，调频振荡器的振荡频率是随着调制信号的 $\gamma/2$ 次方变化。如果适当地选择 γ 值，就可改善调制线性。下面来进行定性分析。

（1）若取 $\gamma = 2$，则由式（6.3.7）可得 $\omega = \omega_c(1 + m\cos\Omega t)$，即调频振荡器的瞬时频率与调制电压成正比，实现了频率调制的功能。

（2）若取 $\gamma \neq 2$，虽然变容管的变容特性 $C_j \sim u$ 是非线性的，而 $\omega \sim C_j$ 也是非线性的，适当选择 E 的大小，可使这两个非线性互相补偿，从而使 $\omega \sim u_\Omega(t)$ 达到较好的线性关系，于是便完成了调频功能。在此条件下，式（6.3.7）可以用泰勒级数展开，在展开项包含了 Ω 的基波分量，即体现了 ω 与 $u_\Omega(t)$ 的线性关系。

图 6.3.7(a) 是某通信电台的变容管调频器电路。图中：R_1、R_2 是振荡管的偏置电阻，L_3、C_8 和 C_9 组成电源滤波电路；L_5 为高频扼流圈，防止高频信号流过音频放大器；电容 C_1、C_6、C_7、C_9 的数值均为 1000 pF，起高频滤波作用；振荡回路由 C_2、C_3、C_5 电容及可调电感及变容二极管组成。其简化电路如图 6.3.7(b) 所示，它构成电容三端式振荡电路。

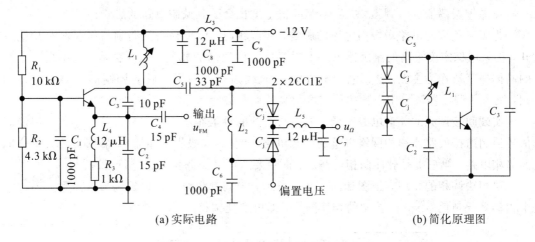

(a) 实际电路　　　　　　　　　　　　　　　　(b) 简化原理图

图 6.3.7　变容二极管直接调频电路实例

两个变容二极管为反向串联组态，直流偏置同时加至两个变容管的正端，调制信号经电感 L_5 加到两管的负端，由于 L_5 的数值为 12 μH，对音频信号可视为短路，因此对于直流偏置及调制信号而言，两管是并联关系。L_5 对高频则呈现很大的阻抗，可视为开路，故对高频而言，两变容管等效为串联关系。两管串联后的总电容 $C_j' = C_j/2$。

当变容管为部分接入时，采用两个变容管对串联有如下好处：一是与单管比较，在 Δf_m 要求相同时，所要求的结电容调制指数 m 可以降低，这是由于接入系数加大的结果；二是对高频而言，两管串联，加到每个变容管的高频电压降低一半，可减弱高频电压对电容的影响；三是由于采用了反向串联组态，在高频信号的任意半周期内，一个变容管的寄生电容增大，而另一半则减小，两者相互抵消，能减弱寄生调制。

改变两变容管的工作点反向偏置电压，并调节可变电感 L_1，即可使变容管调频器的中心频率在 50 $\sim$ 100 MHz 范围变化。

广义地讲,调频振荡器都可称为压控振荡器(VCO),因为这类振荡器的振荡频率都是受外加电压的控制。但在实际中,压控振荡器通常是指受慢(对于高频信号而言)变化电压控制的受控振荡器,即改变变容管的静态工作点,使其中心频率随调制信号变化的受控振荡器。压控振荡器是自动频率微调系统(AFC)和自动相位控制系统(PLL)环路中的一个重要部件。本书将在后面的章节中专门讨论 VCO 的应用。

变容二极管调频电路的优点是电路简单,容易获得较大的频偏,因此在频偏不大的场合,线性可以很好,非线性失真可以很小。这种电路的缺点是变容二极管的一致性较差,提高了生产工艺的复杂度。另外,变容管的结电容易受环境温度、电源电压的变化影响,使结电容产生漂移,从而造成调频波的中心频率不稳。因此在频率稳定度要求较高的场合,就不能用简单变容二极管调频电路。

为了提高调频器振荡电路频率的稳定度,可以采用间接调频,或者采用"自动频率微调"的方法加以改善。

6.3.4 变容二极管间接调频电路

直接调频电路的优点是容易获得较大的频偏,缺点是中心频率稳定度低,即使是直接对石英晶体振荡器进行调频,中心频率的稳定度也会受到调制电路的影响。

为了避免调制电路对振荡电路的影响,在调频时,可想办法把调制与振荡两个功能分开,再采用稳定度很高的振荡器来产生频率稳定度很高的载波。其方法是:采用高稳定度的晶体振荡器作为主振,然后再对这个稳定的载频信号用积分后的调制信号对其进行调相,则可从调相器输出中心频率稳定度很高的调频波。

实现间接调频的关键电路是调相器。调相器的种类很多,通常有三类:一类是用调制信号控制谐振回路或移相网络电抗的调相电路(如变容二极管调相器);第二类是矢量合成的移相电路;第三类是脉冲调相电路。下面主要对第一类调相电路进行讨论。

移相法调相的原理方框图如图 6.3.8 所示,未调制载波由晶体振荡器产生后,通过一个相移受调制信号 $u_\Omega(t)$ 控制的相移网络,即可实现调相。

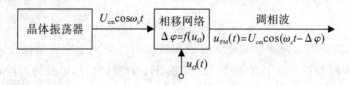

图 6.3.8 移相法调相方框图

图 6.3.8 中,要求相移网络的相移在一定范围内正比于调制信号电压,即

$$\Delta\varphi(t) = k_p u_\Omega(t) \tag{6.3.8}$$

常用的移相网络有多种形式,如 RC 移相网络、LC 调谐回路移相网络等。这里仅介绍 LC 调谐回路移相网络组成及实现调相的原理。

图 6.3.9(a)是用变容二极管对 LC 调谐回路作可变移相的一种调相电路,图 6.3.9(b)是其交流等效电路。

由图 6.3.9 可知,电感 L 和变容管构成等效的 LC 谐振回路相移电路,其中变容管的等

效电容 C_j 受调制电压的控制。调相的工作过程如下：当输入调制电压 $u_\Omega(t)$ 为零时，LC_j 组成的并谐回路的固有谐振频率等于载波频率 f_c，载波通过回路时，由于并谐回路对 f_c 谐振，呈纯阻性，因此电路不产生相移。当 $u_\Omega(t)$ 不为零时，变容管的等效电容 C_j 将随 $u_\Omega(t)$ 变化，此时相移回路的固有谐振频率将偏离载波频率，回路呈电抗性质（容性或感性），其频差 $\Delta f = f - f_c$ 必产生对应的相移 $\Delta\theta$（大于零或小于零），若回路工作在相频特性的线性（近似）部分，则可完成对载波信号的相移，实现调相功能。

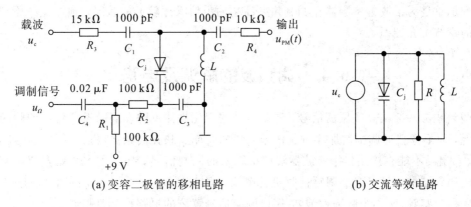

(a) 变容二极管的移相电路　　　　　　(b) 交流等效电路

图 6.3.9　变容管移相的单回路移相电路

6.3.5　调频信号产生方案举例

图 6.3.10 为某调频广播发射机的方框图，发射机的中心频率 $f_c = 88 \sim 108$ MHz，最大频偏 $\Delta f_m = 75$ kHz。

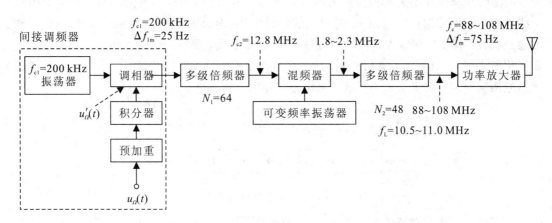

图 6.3.10　调频广播发射机的方框图

由图 6.3.10 可以看出，为了提高发射机中心频率的频稳度，该机采用了间接调频方式。高稳定度晶振产生 $f_{c1} = 200$ kHz 的初始载频与 $u_\Omega(t)$ 积分所得的 $u'_\Omega(t)$ 信号输入到调相器，实现了 $u'_\Omega(t)$ 线性调相，实质上是对 $u_\Omega(t)$ 实现调频。因线性调相的范围很窄，因而间接调频器输出的是载频 f_{c1} 为 200 kHz，频偏 $\Delta f_{1m} = 25$ Hz 的调频波，可见间接调频的频偏是很低的，不扩展频偏难以满足系统要求。

为满足频偏 $\Delta f_m = 75$ kHz，同时工作频率又要在 $88 \sim 108$ MHz 范围内的要求，本机采用了倍频结合混频的方法。先对载频为 200 kHz、频偏为 25 Hz 的调频波进行 64 倍的倍频，倍频后调频波的中心频率和频偏均同时扩大 64 倍，中心频率变为 12.8 MHz。12.8 MHz 的已调波再与可变本振 $f_L (= 10.5 \sim 11.0$ MHz$)$ 混频，取差频输出为 $1.8 \sim 2.3$ MHz，最后经 48 倍的倍频后，发射机输出载频即可覆盖 $88 \sim 108$ MHz 的频率范围，同时又实现频偏为 75 kHz 的要求。FM 信号带宽 $B_{FM} = 2(m_f + 1)F_{max} = 180$ kHz(取 $m_f = 5$)。

预加重是为了改善鉴频器在调制频率高端输出信噪比较低的状况，预加重的原理将在后面的章节中介绍。

6.4   调频波的解调及电路

调频波是一等幅高频振荡信号，调制信号的变化规律反映在高频振荡信号的瞬时频率变化上，而不像普通调幅波那样调制信号变化的规律反映在高频振荡信号的振幅(包络)变化上。因此，不能直接用包络检波器解调出原来的调制信号，必须用本节所介绍的鉴频器来完成调频波的解调任务。调频接收机的解调是从调频波中恢复出原调制信号的过程，这个过程称为鉴频(又称为频率检波)，完成调频信号解调的电路称为鉴频器。

6.4.1   鉴频方法及实现模型

鉴频就是把调频波瞬时频率变化转换成电压的变化，完成频率—电压的变换。鉴频的方法常用的有两种。一种方法是振幅鉴频：把输入调频波进行频—幅变换，就是将输入调频波的瞬时频率变化不失真地变换为调频波的包络变化(即为调幅—调频波)，再采用一个线性的包络检波器检出调幅—调频波的包络变化(即反映调制信号变化规律)。另一种方法是相位鉴频：先将输入的调频信号进行频—相变换，变换为频率和相位都随调制信号而变化的调相—调频波，然后根据调相—调频波相位受调制的特征，通过相位检波器还原出原调制信号。如图 6.4.1 所示是振幅鉴频器的基本框图。

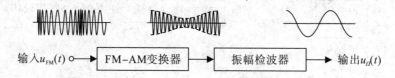

输入$u_{FM}(t)$ ━━▶ FM-AM变换器 ━━▶ 振幅检波器 ━━▶ 输出$u_o(t)$

图 6.4.1   振幅鉴频器的基本框图

鉴频特性是指鉴频器的输出电压 u_o 与输入信号频偏 Δf 之间的关系，频偏 Δf 定义为输入信号频率与鉴频器中心频率之差，通常鉴频器的中心频率选择为调频波的中心频率 f_c。图 6.4.2 为典型的鉴频特性曲线，由于它的曲线像英文字母"S"，所以有时又称为 S 曲线。当输入信号的频率等于鉴频器中心频率时，$\Delta f = 0$，对应的输出电压 $u_o = 0$；输入信号的频率大于鉴频器中心频率，即 $\Delta f > 0$ 时，$u_o > 0$；输入信号的频率小于鉴频器中心频率，即 $\Delta f < 0$ 时，$u_o < 0$。和包络检波器一样，希望这一关系是线性的，但实际上只能在一定的频率范围内近似实现。

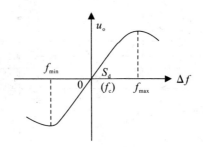

图 6.4.2　鉴频特性曲线

6.4.2　振幅鉴频器

前面已经指出,振幅鉴频器的基本思想是,把等幅调频波通过频 — 幅变换器,变换为频率和振幅都随调制信号而变化的调幅 — 调频波,再通过振幅检波器检出调幅 — 调频波的包络变化,还原出原调制信号,达到调频波解调的目的。

1. 单调谐回路斜率鉴频器

图 6.4.3 是一种最简单的斜率鉴频的原理电路,图中 T 的右边是包络检波器,它与调幅波的二极管包络检波器完全相同。T 的左边部分则是调频 — 调幅变换器。实际上左边的电路就是单调谐放大器,只不过谐振回路是工作在失谐状态而已。晶体三极管与谐振回路组成的频一幅变换器,把调频信号 $u_{FM}(t)$ 变为 $u_i(t)$(AM—FM 信号),再经二极管检波器变为低频信号 $u_o(t)$,回路谐振频率 f_0 与调频信号中心频率 f_c 是不相等的,也就是说,使回路对 f_c 失谐,让调频信号处在谐振曲线的倾斜部位。

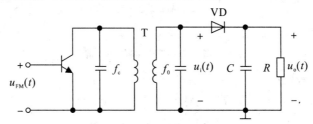

图 6.4.3　单调谐回路鉴频器原理电路

鉴频器的关键部分就是频 — 幅变换器。把调频波转换成 AM—FM 波最简单的电路就是利用失谐的 LC 并联回路。任何非电阻性电路对于输入不同频率的正弦信号具有不同的传输能力。图 6.4.4(a) 为单调谐回路的工作波形示意图,图 6.4.4(b) 为调幅 — 调频波。

如果选用曲线中接近于直线的那部分线段,使调频信号的中心频率 f_c 置于它的幅频特性曲线倾斜区的中点,也就是使谐振回路对于 f_c 是失谐的,那么,当调频波的瞬时频率按某一规律变化时,谐振回路的输出调频电压的振幅将基本不失真地按瞬时频率的变化规律而变化。

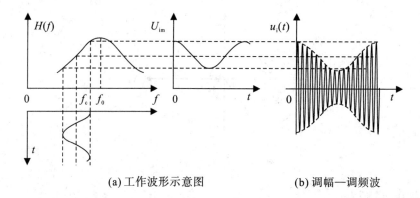

(a) 工作波形示意图　　　　　　　(b) 调幅—调频波

图 6.4.4　单调谐回路斜率鉴频器的幅频特性曲线

2. 双失谐回路斜率鉴频器

为了获得较好的线性鉴频特性以减小失真，并适用于解调较大频偏的调频信号，一般采用由两个失谐回路构成的斜率鉴频器，其原理电路如图 6.4.5 所示，它称为双失谐回路（斜率）鉴频器。

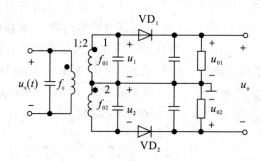

图 6.4.5　双失谐回路斜率鉴频器

双失谐回路鉴频器也由频 — 幅变换器和振幅检波器两部分组成。由图 6.4.5 可见，它共有三个谐振回路，初级回路调谐于调频信号的中心频率 f_c，次级回路 1 调谐在 f_{01} 上，次级回路 2 调谐在 f_{02} 上，且 f_{01}、f_{02} 均对调频波的中心频率 f_c 呈左右失谐，并满足 $\Delta f = f_{01} - f_c = f_c - f_{02}$ 的关系，谐振回路 1 和谐振回路 2 的幅频特性如图 6.4.6(a) 所示。

若设输入调频信号为 $u_{FM}(t)$，变压器初次级线圈的匝数比为 1：2，回路 1、2 幅频特性分别用 $H_1(f)$ 和 $H_2(f)$ 表示，则信号在回路 1、2 两端产生的电压分别为 u_1 和 u_2，其幅度分别为 $H_1(f) \cdot U_{sm}$ 和 $H_2(f) \cdot U_{sm}$。若两个包络检波器的检波电压传输系数均为 k_d，则双失谐回路斜率鉴频器的输出解调电压为

$$u_o = u_{01} - u_{02} = k_d U_{sm} H_1(f) - k_d U_{sm} H_2(f)$$
$$= k_d U_{sm} [H_1(f) - H_2(f)] \tag{6.4.1}$$

式 (6.4.1) 就是双失谐回路斜率鉴频器的鉴频特性方程。它表明，当输入信号电压幅度 U_{sm} 和检波器电压传输系数 k_d 一定时，输出电压 u_o 随 f 的变化特性就是将两个失谐回路的幅频特性相减后的曲线合成，如图 6.4.6(b) 所示。显然，双失谐回路的鉴频特性曲线的直线性和线性范围这两个方面都比单失谐回路鉴频器有显著的改善。这是因为，当一边鉴

频输出波形有失真，例如正半周大、负半周小时，对称的另一边鉴频输出波形也必定有失真，但却是正半周小、负半周大，因而相互抵消。合成曲线鉴频特性的形状除了与两回路的幅频特性曲线形状有关外，还取决于 f_{01}、$f_{02}(\Delta f)$ 的选择。若 f_{01}、f_{02} 配置得好，则可使两回路幅频特性曲线中的弯曲部分得到有效补偿，增大了鉴频特性曲线的线性范围。

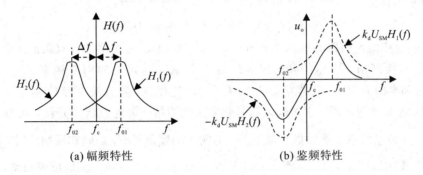

(a) 幅频特性　　　　　　　　　　(b) 鉴频特性

图 6.4.6　双失谐回路斜率鉴频器的幅频特性与鉴频特性

6.4.3　相位鉴频器

相位鉴频器和斜率鉴频器不同，它不是利用谐振回路的幅频特性来做变换器，而是利用回路的相位 — 频率特性（相频特性）来完成调频 — 调幅的变换。相位鉴频器的实现方法可分为叠加型和乘积型两大类。

图 6.4.7 是相位鉴频器的组成框图。在叠加型中又分为电感耦合相位鉴频器、电容耦合相位鉴频器和比例鉴频器。在这里主要介绍叠加型中的两种电路：电感耦合相位鉴频器和比例鉴频器。

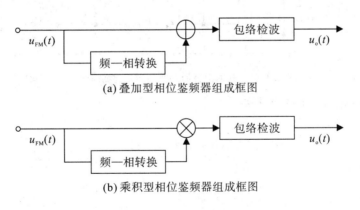

(a) 叠加型相位鉴频器组成框图

(b) 乘积型相位鉴频器组成框图

图 6.4.7　相位鉴频器的组成框图

1. 电感耦合相位鉴频器

叠加型相位鉴频器的电路形式有很多。图 6.4.8 所示的耦合回路相位鉴频器是常用的叠加型相位鉴频器，它的相位检波器是由两个包络检波器组成的叠加型相位检波器，线性移相网络采用耦合回路。为了扩大线性鉴频范围，这种相位鉴频器通常都接成平衡差动输出。

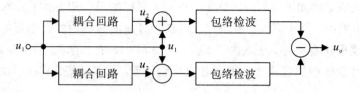

图 6.4.8 耦合回路相位鉴频器框图

电感耦合相位鉴频器如图 6.4.9 所示，L_1C_1 和 L_2C_2 为互感耦合双调谐回路，作为鉴频器的频相转换网络，回路的初、次级均调谐在输入调频波的中心频率 f_c 上。二极管 VD_1、VD_2 和电阻 R_L 以及电容 C_3、C_4 构成叠加型鉴相器。隔直流电容 C_c 对输入信号频率呈短路。L_3 为高频扼流圈，它对输入信号频率呈高阻抗，可近似认为开路，而对平均分量接近短路，并为包络检波器提供直流通路。当输入调频信号 $\dot{U}_1$ 加到初级回路时，该信号通过互感耦合在次级回路 L_2C_2 上产生 $\dot{U}_2$，同时又通过 C_c、L_3 和 C_4 至地形成回路，由于 C_c、C_4 对高频近似短路，所以 L_3 上的电压近似为 $\dot{U}_1$。

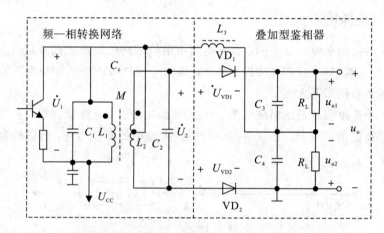

图 6.4.9 电感耦合回路相位鉴频器原理电路

二极管 VD_1、VD_2 上的电压关系为

$$\begin{cases} \dot{U}_{VD1} = \dot{U}_1 + \dfrac{\dot{U}_2}{2} \\[2mm] \dot{U}_{VD2} = \dot{U}_1 - \dfrac{\dot{U}_2}{2} \end{cases} \tag{6.4.2}$$

当调频波的瞬时频率改变时，由于谐振回路的相位特性随频率而变化，$\dot{U}_1$ 和 $\dot{U}_2$ 的相位差就要改变，由这两个相量合成的 $\dot{U}_{VD1}$ 和 $\dot{U}_{VD2}$ 的幅度也随之改变，导致调频波转变成调幅 — 调频波。设两个二极管检波器的电压传输系数分别为 k_{d1} 和 k_{d2}，并令 $k_{d1} = k_{d2} = k_d$，则两个检波器的输出电压分别为

$$u_{o1} = k_d \, | \dot{U}_{VD1} | \tag{6.4.3}$$

$$u_{o2} = k_d \, | \dot{U}_{VD2} | \tag{6.4.4}$$

由于鉴频器的输出端接成差动形式，所以鉴频器的输出电压为

$$u_o = u_{o1} - u_{o2} = k_d(|\dot{U}_{VD1}| - |\dot{U}_{VD2}|) \tag{6.4.5}$$

下面讨论 $\dot{U}_1$ 和 $\dot{U}_2$ 两高频信号之间的相位差引起的输出幅度变化规律。耦合回路是对输入调频波进行频相转换、实现相位鉴频的一个重要部件。为了便于讨论频相转换的过程，特将鉴频器的耦合回路部分单独画出，如图 6.4.10 所示，实际应用中，双调谐回路常满足等振等 Q 的条件，即 $L_1 = L_2 = L$，$C_1 = C_2 = C$，$r_1 = r_2 = r$，r 为电感线圈中的固有损耗电阻。

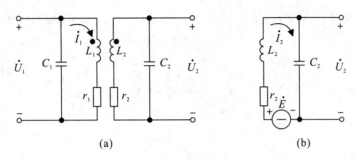

图 6.4.10 互感耦合回路

设以初级电压 $\dot{U}_1$ 为基准，可以求出初级电流 $\dot{I}_1$ 为

$$\dot{I}_1 = \frac{\dot{U}_1}{r + j\omega L_1} \approx \frac{\dot{U}_1}{j\omega L_1} \tag{6.4.6}$$

通过互感耦合在次级回路中产生的感应电动势为

$$\dot{E} = j\omega M \dot{I}_1 \tag{6.4.7}$$

感应电动势 $\dot{E}$ 在次级产生的电流为

$$\dot{I}_2 = \frac{\dot{E}}{\dot{Z}_2} = \frac{\dot{E}}{r + j\left(\omega L - \frac{1}{\omega C}\right)} \approx \frac{\dot{E}}{r\left[1 + Q_e \frac{2(\omega - \omega_0)}{\omega_0}\right]} = \frac{\dot{E}}{r(1 + j\xi)} \tag{6.4.8}$$

式中，$\dot{Z}_2$ 为次级谐振回路（串联谐振回路）的阻抗，$\omega_0 = \frac{1}{\sqrt{LC}}$ 为回路固有谐振角频率，$Q_e \approx \omega L/r$ 为回路有载品质因数，ξ 为广义失谐。

$\dot{I}_2$ 在次级回路两端产生的电压为

$$\dot{U}_2 = \dot{I}_2 \cdot \frac{1}{j\omega C_2} \tag{6.4.9}$$

我们用相量图对应调频波不同的瞬时频率来说明，可分为以下三种情况。

(1) 当 $f = f_c$ 时，即输入调频信号的瞬时频率等于调频波的中心频率时的情形。设定初级回路电压 $\dot{U}_1$ 为基准，由式(6.4.6)知，初级回路电压 $\dot{U}_1$ 超前初级回路电流 $\dot{I}_1$ 的相位 $90°$。由式(6.4.7)知，次级回路的感应电动势 $\dot{E}$ 超前 $\dot{I}_1$ 的相位 $90°$，因而 $\dot{E}$ 与 $\dot{U}_1$ 同相。由于 $f = f_c$，次级回路呈串联谐振，$\dot{Z}_2$ 为一纯电阻，因此 $\dot{I}_2$ 与 $\dot{E}$ 同相。由式(6.4.9)可知，$\dot{U}_2$

落后于 $\dot{I}_2$ 的相位90°。将以上推导的矢量关系用矢量相加的方法，按式(6.4.2)可画出二极管 VD_1、VD_2 两端电压 $\dot{U}_{\mathrm{VD1}}$ 和 $\dot{U}_{\mathrm{VD2}}$ 的矢量，如图6.4.11(a)所示。由图可以看出，$|\dot{U}_{\mathrm{VD1}}|=|\dot{U}_{\mathrm{VD2}}|$。检波后电压 u_{o1} 与 u_{o2} 大小相等，但方向相反，因而输出电压 $u_o=u_{o1}-u_{o2}=0$。

　　(2) 当 $f>f_c$ 时，即输入信号的瞬时频率大于调频波中心频率时，$\dot{U}_1$、$\dot{E}$、$\dot{I}_1$ 的相位情况与 $f=f_c$ 时一样。但由于 $f>f_c$，此时次级回路失谐呈感性，$\dot{I}_2$ 落后于 $\dot{E}$，且 $\dot{U}_2$ 始终要落后于 $\dot{I}_2$ 的相位90°，此时 $\dot{U}_2$ 和 $\dot{U}_1$ 的相差大于90°，由此可画出 $\dot{U}_{\mathrm{VD1}}$ 和 $\dot{U}_{\mathrm{VD2}}$ 的矢量图如图6.4.11(b)所示，显然有 $|\dot{U}_{\mathrm{VD1}}|<|\dot{U}_{\mathrm{VD2}}|$，$u_o=u_{o1}-u_{o2}<0$，输出为负值。

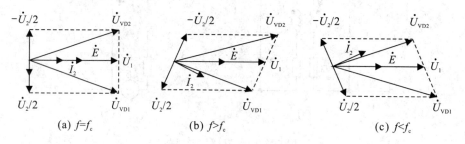

图 6.4.11　叠加型相位鉴频器矢量图

　　(3) 当 $f<f_c$ 时，$\dot{U}_1$、$\dot{E}$、$\dot{I}_1$ 之间的相位关系不变。由于 $f<f_c$，次级回路失谐呈容性，$\dot{I}_2$ 超前于 $\dot{E}$，且 $\dot{U}_2$ 始终要落后于 $\dot{I}_2$ 的相位90°，此时 $\dot{U}_2$ 和 $\dot{U}_1$ 的相差小于90°，由此可画出 $\dot{U}_{\mathrm{VD1}}$ 和 $\dot{U}_{\mathrm{VD2}}$ 的矢量图如图6.4.11(c)所示，显然有 $|\dot{U}_{\mathrm{VD1}}|>|\dot{U}_{\mathrm{VD2}}|$，输出电压 $u_o=u_{o1}-u_{o2}>0$。

　　综合以上三种情况，可以定性地画出如图6.4.12所示的鉴频特性曲线。即 $f=f_c$ 时，$u_o=u_{o1}-u_{o2}=0$；随着失谐的逐渐增大，$\dot{U}_{\mathrm{VD1}}$ 与 $\dot{U}_{\mathrm{VD2}}$ 的幅度差也逐渐增大，u_o 的绝对值跟着增大；且 $f>f_c$ 时 u_o 为负值，$f<f_c$ 时，u_o 为正值。当失谐太严重时，$\dot{U}_{\mathrm{VD1}}$ 与 $\dot{U}_{\mathrm{VD2}}$ 的幅度急剧下降，u_o 不再增长，反而减小了。

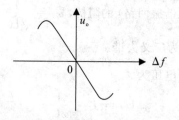

图 6.4.12　叠加型相位鉴频器的鉴频特性曲线

　　调整互感耦合回路的耦合系数和回路的有载品质因数，可以改变鉴频特性曲线的形状，获得较宽的线性范围和较高的灵敏度，以满足调频波的 $2\Delta f_m$ 频偏范围的要求。另外，上述分析是假定初级回路准确调谐在中心频率 f_c 上的。若初级回路失谐，则鉴频特性的线性范围将会变窄，易产生失真。叠加型相位鉴频器与斜率鉴频器比较，它的优点是线性较好、灵敏度较高、调整方便，缺点是工作频带较窄。

2. 比例鉴频器

对于前面所讨论过的斜率鉴频器和相位鉴频器，当输入调频波的振荡器幅度变化时，鉴频输出电压的幅度也会发生变化。这一点可以从图 6.4.11 所示的矢量图不难看出。也就是说这些电路不具备自限幅能力。因此，噪声、各种干扰以及电路频率特性的不均匀而引起的输入信号的寄生调幅，都将直接在鉴频器的输出信号中反映出来。为了抑制这些寄生调幅的影响，要求在鉴频器之前预先接有限幅器。而且为了使限幅器能有效地起限幅作用，要求限幅器输入端电压必须大于一定的电压(往往要求输入电压在 1 V 左右)，这就需要在限幅器之前对调频信号有较大的放大量，导致接收机高频放大级数的增加。

能否对前面的相应鉴频器的电路做某些改动来获得一定的自限幅作用，以省掉限幅器呢?比例鉴频器就是一种兼有限幅作用的鉴频器，它是在相位鉴频器的基础上改进而来的。目前调频接收机和电视机的伴音部分，为了降低成本、减小体积而广泛采用比例鉴频器。下面就来讨论这类鉴频器电路。

1) 比例鉴频器的基本电路

如图 6.4.13 所示是比例鉴频器的基本电路。从图中可以看出，比例鉴频器也是由两部分组成的。一部分为频 — 相变换网络，它与耦合回路相位鉴频器相同。另一部分为相位检波器，它与耦合回路相位鉴频器的相位检波部分不同，其主要差别如下:

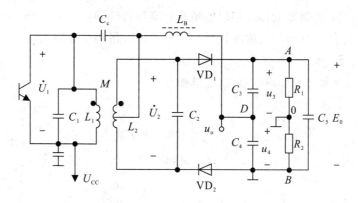

图 6.4.13 比例鉴频器电路

(1) 将电容 C_3 和 C_4 串联的中点 D 与电阻 R_1 和 R_2 串联的中点 0 分开，鉴频器输出电压 u_o 是从这两个中点之间取出的。

(2) 在 A、B 两端增接了一个大电容量的电容 C_5，其容量约为 $10~\mu F$，它和电阻 $R_1 + R_2$ 构成的放电时间常数很大，约为 $0.1 \sim 0.2~s$，这样在检波过程中，该并联电路对 15 Hz 以上变化的寄生调幅呈惰性，使其两端电压来不及跟着寄生调幅的幅度变化，而保持在某一恒定不变的数据值 E_0 上。

(3) 为了能构成检波器的直流通路，其中一个二极管必须反接，因而在电容 C_3 和 C_4 上产生的检波电压 u_3 和 u_4 的极性相同。这样，A、B 两端就不像耦合回路相位鉴频器那样属于差动输出，而是这两个电压之和，即 $u_{AB} = u_3 + u_4 = E_0$，且数值基本上保持不变。

2) 比例鉴频器的工作原理

尽管此电路与相位鉴频器有以上三点不同，但加在每个检波二极管上的电压并没有区

别，仍然是

$$\dot{U}_{VD1} = \dot{U}_1 + \frac{\dot{U}_2}{2}$$

$$\dot{U}_{VD2} = \dot{U}_1 - \frac{\dot{U}_2}{2}$$

(6.4.10)

所以耦合回路将调频波的变换过程也是调频 — 调相 — 调幅，其原理与相位鉴频器是一样的。下面讨论比例鉴频器的输出电压 u_o。由图 6.4.13 可以看出，当 $R_1 = R_2$ 时有

$$u_o = u_4 - \frac{1}{2}u_{AB}$$

(6.4.11)

或

$$u_o = -u_3 + \frac{1}{2}u_{AB}$$

(6.4.12)

将上述两式相加，就可得到：

$$u_o = \frac{1}{2}(u_4 - u_3) = \frac{1}{2}k_d(|\dot{U}_{VD2}| - |\dot{U}_{VD1}|)$$

(6.4.13)

把上式与相位鉴频器的输出电压公式(6.4.5)进行比较：

$$u_o = u_{o1} - u_{o1} = k_d(|\dot{U}_{VD1}| - |\dot{U}_{VD2}|) = -k_d(|\dot{U}_{VD2}| - |\dot{U}_{VD1}|)$$

(6.4.14)

比较结果表明，比例鉴频器与相位鉴频器的鉴频特性曲线形式一样，但是在电路参数相同的情况下，比例鉴频器的灵敏度较低，只有耦合回路相位鉴频器的一半，鉴频灵敏度 s_d 的符号正负相反。

3) 比例鉴频器抑制寄生调幅原理(自限幅原理)

由式(6.4.14)有

$$u_o = \frac{1}{2}(u_4 - u_3)$$

(6.4.15)

把分子分母同时乘以 $u_{AB} = u_3 + u_4 = E_0$，可得

$$u_o = \frac{1}{2}u_{AB}\frac{u_4 - u_3}{u_4 + u_3} = \frac{1}{2}E_0 \cdot \frac{1 - \dfrac{u_3}{u_4}}{1 + \dfrac{u_3}{u_4}}$$

$$= \frac{1}{2}E_0 \cdot \frac{1 - k_d\left[\dfrac{|\dot{U}_{VD1}|}{|\dot{U}_{VD2}|}\right]}{1 + k_d\left[\dfrac{|\dot{U}_{VD1}|}{|\dot{U}_{VD2}|}\right]}$$

(6.4.16)

在图 6.4.13 中，由于 C_5 很大，$u_{AB} = E_0$ 近似不变，输出电压 u_o 的大小取决于 u_3 与 u_4 的比值，而不取决于 u_3、u_4 本身的大小。当等幅调频波的瞬时频率变化时，比例鉴频器两个二极管上的电压 U_{VD1} 和 U_{VD2} 朝反方向变化，即一个增大，另一个减小时，u_3 与 u_4 的比值也随 U_{VD1} 与 U_{VD2} 的比值而变化，所以鉴频器的输出电压 u_o 随调频波的瞬时频率而变化，完成鉴频任务。当输入调频波的振幅发生变化时(寄生调幅)，u_3 和 u_4 在以等幅情况变化的基础上，还会跟随寄生幅度的变化而变化，但其比值保持不变，即比值 u_3/u_4 不受调频波振

幅变化的影响。所以，比例鉴频器的输出电压 u_o 与调频波振幅变化无关，起到了自限幅的作用。正因为输出电压 u_o 取决于检波二极管两端的高频电压 U_{VD1} 和 U_{VD2} 的比值大小，所以这种电路称为比例鉴频器。

从上述分析可知，比例鉴频器的自限幅作用实际上是利用了输入电路的可变衰减的结果。二极管检波器构成了一个自动控制衰减的系统，它总是力图维持输入信号的振幅稳定。

6.4.4　脉冲计数式鉴频器

脉冲计数式鉴频器的工作原理与前面几种鉴频器不同。由于这种鉴频器是利用过零点脉冲数目的方法实现的，所以叫做脉冲计数式鉴频器。它的突出优点是线性好、频带很宽，因此得到了广泛应用，并可做成集成电路。

脉冲计数式鉴频器的基本原理是将调频波变换为重复频率等于调频波频率的等幅等宽脉冲序列，再经低通滤波器取出直流平均分量。其原理方框图和波形图分别如图 6.4.14 和图 6.4.15 所示。

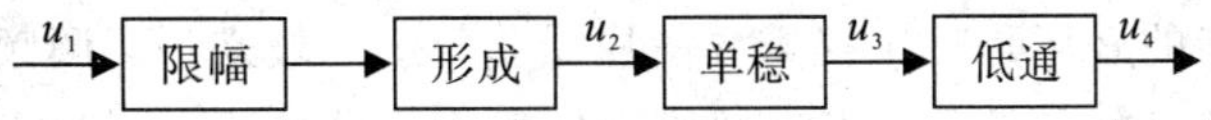

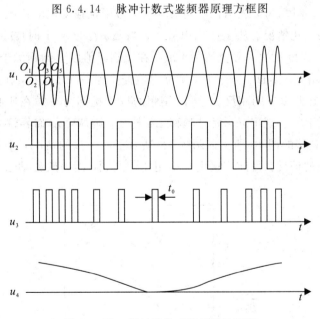

图 6.4.14　脉冲计数式鉴频器原理方框图

图 6.4.15　脉冲计数式鉴频器波形图

调频信号 u_1 经限幅加到形成级进行零点形成，这可采用施密特电路，形成级给出幅度相对、宽度不同的脉冲信号 u_2，由 u_2 触发一级单稳态触发器。这里是用正脉冲沿触发，在触发脉冲作用下，单稳电路产生等幅等宽（宽度为 t_0）的脉冲序列 u_3。

因为频率就是每秒内振动的次数，而单位时间内通过零点的数目正好反映了频率的高低。图 6.4.15 中曲线的 O_1、O_2、O_3、O_4、… 都是过零点，其中 O_1、O_3、… 点是调频信号从负到正，所以叫正过零点；而 O_2、O_4、… 点是从正到负，所以叫负过零点。图 6.4.15 是以正过零点进行解调的(也可用负过零点进行解调)。从图中 u_1 和 u_3 的波形可看出,在单位时间内,矩形脉冲的个数直接反映了调频信号的频率,即矩形脉冲的重复频率与调频信号的瞬时频率相同。因此,若对矩形脉冲计数,则单位时间内脉冲数的多少,就反映了脉冲平均幅度的大小,在频率较高的地方,脉冲序列拥挤,直流分量较大;在频率较低的位置,脉冲序列稀疏,直流分量就很小。如果低通滤波器取出脉冲序列的平均直流成分,就能恢复低频调制信号 u_4。

6.5　调制方式的比较

调幅、调频和调相这三种调制方式各有特点,在实际工作中应根据具体条件确定适当的调制方式。下面比较两种用得较多的方式 —— 调幅和调频。

1. 抗干扰能力

通信的距离和可靠性,在相当大的程度上取决于抗干扰性能的好坏。如果无干扰或干扰对信号完全无影响,那么即使发射机功率很小通信距离也很远。事实上,干扰总是存在的,所以抗干扰性能的好坏是一个很重要的质量指标。一般来说,调频系统的抗干扰能力比调幅系统强。但这是有条件的,当收到的信号干扰强度比小于某一临界值时,调频甚至比调幅系统还要差。图 6.5.1 表示在不同的输入信号干扰强度比的情况下调频接收机输出信号干扰强度比的变化情况。从图中可以看出,当 $\Delta\omega/\Omega_{\max} = 1$ 时($\Omega_{\max}$ 是最高调制角频率),输入信号干扰强度比的临界值约为 4 dB,在此临界值以上调频优于调幅,而在此值以下则相反。当频移增到 $\Delta\omega/\Omega_{\max} = 4$ 时,则临界值提高到 16 dB 左右,在此以上调频比调幅有更大的改善,而在此以下则相反。可见,调频的抗干扰能力必须在所收到的信号比干扰强一定倍数的情况下才表现出来。而且频移 $\Delta\omega$ 越大,则所需的临界输入信号干扰强度比值越大。所以,大频移的调频(即宽带调频)只适合于弱干扰的情况,小频移的调频则比较适合中等强度干扰的情况。目前广播电视采用宽带调频,而一般移动通信设备则采用窄带调频。

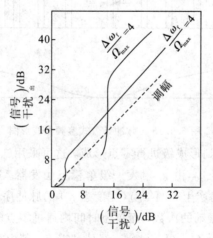

图 6.5.1　调频接收机输出信号干扰强度对比图

2. 占用频带的宽带

调频信号所占据的频带宽带大于调幅信号，也即调幅制比较经济。但发射机所能传送的音频频带越宽，声音越逼真，即音质越好，所以从这个角度看，调频信号比调幅信号好。

3. 发射机所需的功率和耗电量

由于调频发射机发射的是等幅波，所以调频波的功率不因调制而增大，而调幅波的功率随着调制的深度而加大。当 $m = 1$ 时，调幅波的平均功率可达到载波功率的 1.5 倍，最大工作点的峰值功率则达载波功率的 4 倍。因此，调频发射机的功率和耗电量要比相同载波功率的调幅发射机小。

4. 强信号堵塞现象

在移动通信中，由于传输距离差别悬殊，接收到的信号强度也差别很大。在强信号情况下，接收机的载频放大级常工作于限幅状态，使调幅波严重失真，甚至失去调幅的特点，造成接收机在强信号情况下反而接收不好甚至完全不能接收的情况，这种情况称为强信号堵塞现象。假如采用调频系统，则由于调频接收不受限幅的影响，这种情况可以在一定程度上得到改善。

6.6　集成调频、解调电路介绍

6.6.1　MC2833 调频电路

MC2833 是美国 Motorola 公司生产的单片集成 FM 低功率发射器电路，其工作频率可达 $100\ \text{MHz}$ 以上，适用于无绳电话和其他调频通信设备。

图 6.6.1 是 MC2833 内部结构，它包括一个话筒放大器、射频电压控制振荡器、缓冲器和两个辅助的晶体管放大器等几个主要部分，使用时需要外接晶体、LC 选频网络以及少量电阻、电容和电感。

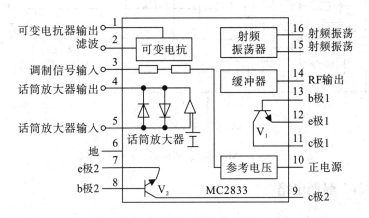

图 6.6.1　MC2833 内部结构

MC2833 的电源电压范围较宽，为 $2.8 \sim 9.0$ V。当电源电压为 4.0 V、载频为166 MHz 时，最大频偏可达 10 kHz，调制灵敏度可达 15 Hz/mV。输出最大功率为 10 mW(50Ω 负载)。图 6.6.2 是由 MC2833 组成的调频发射机电路。

在应用电路中，话筒产生的音频信号从引脚 5 输入，经放大后去控制可变电抗元件。可变电抗元件的直流偏压由片内参考电压 U_{REF} 经电阻分压后提供。由片内振荡电路、可变电抗元件、外接晶体引脚15、16 两个外接电容组成的晶振直接调频电路（皮尔斯电路）产生载频为 16.5667 MHz 的调频信号。

与晶体串联的 3.3 μH 电感用于扩展最大线性频偏。缓冲器通过 14 脚外接三倍频网络将调频信号载频提高到 49.7 MHz，同时也将最大线性频偏扩展为原来的 3 倍，然后从引脚 13 返回片内，经两级放大后从引脚 9 输出。

MC2833 输出的调频信号可以直接用天线发射，也可以接其他集成功放电路后再发射出去。MC2833 通常用于无线电话和载频通信设备中，具有使用方便、工作可靠、性能良好等优点。

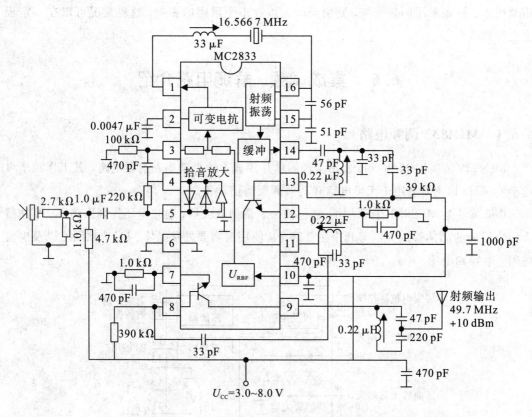

图 6.6.2 MC2833 组成的调频发射机电路

6.6.2 MC3367 解调电路

20 世纪 80 年代以来，Motorola 公司陆续推出了 FM 中频电路系列 MC3357/3359/3361B/3371/3372 和 FM 接收电路系列 MC3362/3363/3367。它们都采用二次混频，即将输入调频信号的载频先降到 10.7 MHz 的第一中频，然后降到 455 kHz 的第二中频，再进行鉴频。不同之处在于 FM 中频电路系列芯片比 FM 接收电路系列芯片缺少射频放大和第一混频电路，而 FM 接收电路系列芯片则相当于一个完整的单片接收机。两个系列均采用双差分正交移相式鉴频方式。

　　MC3367 是一种新颖的低电压调频接收芯片，它由振荡器、混频器、中频放大器、中频限幅器和正交鉴频器等组成。由于该芯片具有电源电压低、灵敏度高、功耗低和低电压监视等特点，所以在频率为 75 MHz 的窄带音响设备和数据接收系统中广泛应用。同时也成为无绳电话等通信设备中的首选器件。MC3367 采用标准 28 脚表面封装。

　　MC3367 的各引脚功能如表 6.6.1 所示。

表 6.6.1　MC3367 各引脚功能表

引脚号	引脚功能	引脚号	引脚功能
1	混频器耦合	15	比较器输出
2	混频器输出	16	接收允许
3	混频器输入	17	U_{reg}
4	振荡器耦合	18	U_{CC}
5	振荡器基极	19	1.2 V 选择
6	振荡器发射极	20	低电压(电池)检测
7	I_{src} 耦合	21	音频缓冲器输入
8	中频地线	22	音频缓冲器输出
9	U_{CC2}	23	第一级中频放大器输入
10	缓冲器输出	24	U_{CC2}
11	正交解调器	25	第一级中频放大器输出
12	正交解调器	26	数据缓冲器输入
13	解调地线	27	数据缓冲器输出
14	比较器输入	28	第二级中频放大器输入

MC3367 低电压调频接收器有如下特点：

① 电源电压低；

② 灵敏度高，信噪比为 12 dB 时，信号源灵敏度为 0.5 μV；

③ 功耗低；

④ 内含低电压检测电路；

⑤ 具有线性稳压电源；

⑥ 具有工作和备用两种工作状态；

⑦ 内含自偏置音频缓冲器和电压增益为 3.2 的数据缓冲器；

⑧ 内含频移键控(FSK)的数据整形比较器；

⑨ 输入频带宽。

由 MC3367 和少量外围元件组成的接收机电路如图 6.6.3 所示。

可以看出，当射频或中频信号由天线接收后，首先经混频器混频放大，并把它变换为 455 kHz 中频信号，然后将该信号送入中频陶瓷滤波器 FL1，经滤波后的信号送入中频放大器输入端，再进入第二个中频滤波器 FL2，经两次滤波后的信号馈入中频限幅放大器和检波电路，从而恢复原来的低频信号。该信号经低频功率放大器 MC34119D 放大，并推动喇叭发出声音。在该接收机电路中，FL1 和 FL2 是中频（455 kHz）陶瓷带通滤波器，其输入、输出阻抗应在 $1.5 \sim 2.0$ kΩ 范围内选择，它的设置能使电路获得最好的邻接信道和灵敏度。L_1、C_1 和 C_2 是谐振网络，当射频或中频输入时，它能在混频器输入和 50 Ω 的阻抗之间提供良好的匹配。C_{c1} 和 C_{c3} 是射频耦合电容，在规定的输入和振荡频率下，阻抗应小于或等于 20 Ω。C_{c2} 也是耦合电容，它能为振荡信号和混频器提供轻耦合。在规定的振荡频率下，它的阻抗应为 $3 \sim 5$ kΩ。C_B 为旁路电容，在希望的射频和本振频率下，它的阻抗应小于或等于 20 Ω。LC1 是一个中频谐振器，其频率为 455 kHz。

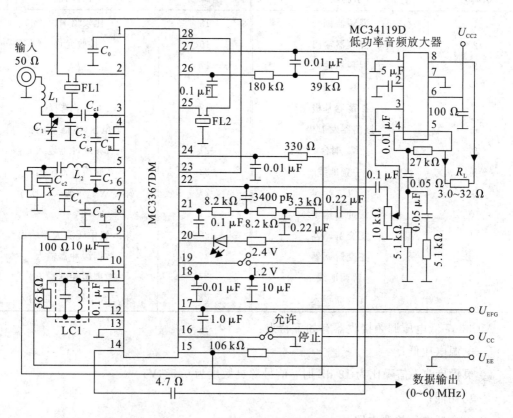

图 6.6.3　MC3367 组成的接收机电路

小　　结

本章主要讨论了调频、调相及鉴频、鉴相等频率非线性变换的原理和电路。

1. 调频及调相分别是调制信号对高频载波的频率及相位进行调制，都体现为载波总相角随调制信号的变化。为区分、联系调频和调相的原理、性质及实现方法，首先应明确其瞬时频率、瞬时相位的变化及相互关系；在 FM 波中，瞬时频率变化量和调制信号成正比；在 PM 波中，瞬时相位变化量和调制信号成正比。由于频率的变化和相位的变化都表现为总相角的变化，因此，将 FM 和 PM 统称为调角。

2. 通过对调角波某些性质(频偏、带宽及调制系数)的简单讨论，表明调角在时域上不是两信号的简单相乘，频域上也不是频谱的线性搬移，而是频谱的非线性变换，会产生无数个组合频率分量，其频谱结构与调制指数 m 有关，这一点不用于振幅调制。

3. 实现调频的方法有两种，一是直接调频，二是间接调频。直接调频电路的原理是，在振荡器中引入决定振荡频率的可变电阻元件(一般是引入变容二极管)，其参数变化受控于调制信号。在变容二极管调频电路中，调频波的相对角频偏决定于变容二极管的结电容调制度，即应正确选择变容二极管的特性参数、工作电压和调制信号幅值。间接调频的关键是调相。调频和调相之间存在密切的关系，即调频必调相，调相必调频。

4. 调频波的解调称为鉴频，完成鉴频功能的电路称为鉴频器。调相波的解调称为鉴相，完成鉴相功能的电路称为鉴相器。同样，鉴频和鉴相也可相互利用，既可以用鉴频的方法实现鉴相，也可以用鉴相的方法实现鉴频。鉴频的主要工作是从瞬时频率的变化中还原出调制信号。其电路模型主要由波形变换的线性电路和频率变换的非线性电路组成。斜率鉴频器等是将频率变化通过一个频 — 幅线性网络变换成幅度随调制信号的变化，再进行包络检波。各类相位鉴频器则是先将频率变化通过频 — 相线性网络转换成相位变化(变化规律与调制信号相同)，再进行鉴相。

5. 调频波的解调电路有许多种，本章介绍了斜率鉴频器、相位鉴频器、比例鉴频器和脉冲计数式鉴频器。

思考与练习

一、填空题

1. 与调幅方式相比，调频方式的能量利用率(   )，抗干扰性能(   )。

2. 角度调制过程是(   )调制，它是功率重新分配的过程，而(   )不变。

3. 若载波 $u_c(t) = U_{cm}\cos\omega_c t$，调制信号 $u_\Omega(t) = U_{\Omega m}\sin\Omega t$，则调频波的表达式为(   )。

4. 某一调频电路，调频灵敏度 $k_f = 20$ kHz/V，输入调制信号 $u_\Omega(t) = 2\cos 8\pi \times 10^3 t$(V)，载波 $u_c(t) = 10\cos 2\pi \times 20 \times 10^6 t$，则调频信号的信号带宽为(   ) kHz。

5. 频率为 90 MHz 的载波被频率为 6 kHz 的正弦信号调频，最大频偏 $\Delta f_m = 60$ kHz，此时调频信号带宽 $B_w = ($ $)$，信号调制度 $m_f = ($ $)$。

6. 频率为 90 MHz 的载波被频率为 6 kHz 的正弦信号调频，最大频偏 $\Delta fm = 60$ kHz，此时调频信号带宽 $B_w = ($ $)$，若调制信号频率值加倍，则信号带宽 $B_w = ($ $)$。

7. 若调制信号频率为 500 Hz，振幅为 2 V，而相应调频波的调制指数 $m_f = 50$，则频偏 $\Delta f_m = ($ $)$，若调制信号的频率降为 250 Hz，同时振幅增加到 3 V，则此时调制指

数 $m_f =$（   ）。

8. 直接调频的优点是（   ），间接调频的优点是（   ）。

9. 比例鉴频器具有（   ）作用，能抑制寄生调幅的影响。

二、选择题

1. 要想提高调频波的最大频偏，在原理上可采取的措施有（   ）。

A. 增大调制信号电压

B. 增大调制信号频率

C. 增大载波幅度

D. 增大载波频率

2. 引起 FM 波带宽变化的因素之一是（   ）。

A. 载波频率的改变

B. 载波幅度的改变

C. 调制灵敏度的改变

D. 载波初始相位的改变

3. 能实现波形变换解调 FM 波的方法是（   ）。

A. 直接积分法

B. 离谐鉴频法

C. 边带滤波法

D. 上述三种方法均可

4. 在电感耦合相位鉴频器中，改变（   ）条件之一会使鉴频特性曲线的斜率正负符号发生变化。

A. 改变输入信号的大小

B. 改变次级线圈的匝数

C. 改变耦合参数

D. 两个二极管均反接

5. 互感耦合相位鉴频器中的互感耦合谐振回路的主要作用是（   ）。

A. 线性频谱搬移

B. 线性频 — 相转换

C. 将 FM 波转换成 AM 波

D. 将 AM 波转换成 FM 波

三、综合题

1. 设某调频波表达式为 $u_{FM}(t) = 8\cos(4\pi \times 10^7 t + 3\sin(4\pi \times 10^3 t))$ V，求 Δf_m、φ_m、m_f、B_W 分别为多少。

2. 已知某调频波的表示式为 $u(t) = 10\cos(2\pi \times 10^6 t + 15\cos 2\pi \times 10^3 t)$（V），试求该已调信号在单位电阻上的功率、最大频偏、信号有效带宽和最大相移分别为多少。

3. 设某鉴频器的鉴频特性如图 P6.1 所示，求：

（1）鉴频跨导 $S_D = ?$

（2）线形鉴频范围为多大？

（3）若解调后输出正弦波，则能进行线性鉴频时允许的最大输出电压振幅为多大？

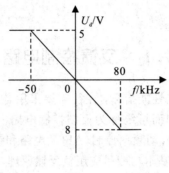

图 P6.1

第7章 反馈控制与整机线路

7.1 反馈控制电路

在电子设备中，为了改善其性能指标，往往需要采用各种类型的控制电路。这些控制电路都是运用了反馈的原理，因而可统称为反馈控制电路。本节讨论三种反馈控制电路，即自动增益控制(AGC)电路、自动频率控制(AFC)电路和锁相环路(PLL)。

AGC、AFC和PLL电路的基本功能是应用负反馈原理，分别稳定输出信号的振幅、频率和相位。其基本工作过程是从输出信号中分别取出反映振幅、频率和相位变化的所谓反馈电压或电流，然后利用这个反馈电压或电流去改变输出信号的相应参数(振幅、频率或相位)，达到稳定该参数的目的。

锁相环路在电子设备中得到了广泛的应用，尤其是利用锁相环来获得的频率点数目众多、频率稳定度很高的频率合成器，几乎已是现代通信系统不可缺少的组成部分。因此锁相环路是本节讨论的重点。

在本章中，我们讨论的不再局限于具体的单元电路，而主要是一些系统性较强的内容。在学习这部分内容时，要从系统的观点去考虑问题，注意各个部件之间以及各个物理量之间的相互关系。

7.1.1 自动增益控制电路

1. AGC 电路的作用

AGC 电路是某些电子设备的重要辅助电路之一，它的主要功能是使设备的输入电平大范围变化时保持其输出电平在很小的电平范围内变化。

AGC 电路中被控制的对象是增益可控的电路或放大器，要保证在输入信号大范围变化时，输出信号基本稳定，则要求在输入信号很弱时，使放大器的增益较大；当输入信号很强时，使放大器的增益较小。

为实现自动增益控制，必须有一个随输入信号改变而改变的控制电压，称为 AGC 电压，利用此电压去控制放大器的增益，达到自动增益控制的目的。

AGC 电路经常用在接收机中，如电视机、收音机、移动电话等中。接收机工作时，其输出信号取决于输入信号和接收机的增益。接收机的输入信号由于发射台的发射功率、接收机与发射台距离的远近、接收环境的不同等原因而差别很大，所以必须设置 AGC 电路，保证接收机的输出信号基本保持稳定。图 7.1.1 所示为一具有 AGC 功能的调幅接收机原理方框图。

图 7.1.1 所示的原理方框图中，天线接收到的信号经高频放大、频率变换后得到中频信号。中频信号经中放放大后，一方面经检波器获得原始的低频信号，经低频放大后去推动负载；另一方面，中频放大器输出的中频信号经 AGC 检波和低通滤波器后获得反映输入

信号大小的直流信号，经直流放大器放大后获得 AGC 电压，AGC 电压反映了输入信号的强弱。利用 AGC 电压去控制高频放大器和中频放大器的增益，使输入信号强时放大器的增益小，输入信号弱时放大器的增益大，从而达到自动增益控制的目的。通常 AGC 控制电压只控制中频放大器的增益而不控制高频放大器的增益。当要求 AGC 控制范围比较大时，才会去控制高频放大器的增益。

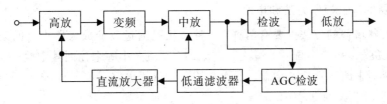

图 7.1.1　具有 AGC 功能的调幅接收机方框图

2. 自动增益控制的主要类型

根据输入信号的类型、特点及控制的要求，AGC 电路主要有两种类型：简单 AGC 电路和延迟 AGC 电路。

1）简单 AGC 电路

在简单 AGC 电路里，参考电平为 0。这样，无论输入信号振幅大小如何，AGC 的作用都会使增益减小，从而使输出信号振幅减小。其输出特性如图 7.1.2 中的曲线 b 所示。

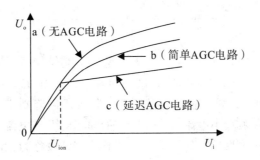

图 7.1.2　AGC 电路的输入输出特性

简单 AGC 电路的优点是线路简单，在实用电路里不需要电压比较器；缺点是对微弱信号的接收很不利，因为输入信号振幅很小时，放大器的增益仍会受到反馈控制而有所减小，从而使接收灵敏度降低。所以，简单 AGC 电路适用于输入信号振幅较大的场合。

2）延迟 AGC 电路

延迟 AGC 电路的输出特性如图 7.1.2 中的曲线 c 所示，只有当输入信号电压超过了门限电压 U_{ion} 时，AGC 电路才起控制作用，从而保证在输入信号小时，放大器的放大量较大，而输入信号较大时，图 7.1.1 中的 AGC 检波器才起作用，降低放大器的放大量。所以这种AGC 电路由于延迟到 $U_i > U_{ion}$ 之后才开始起控制作用，故称为延迟 AGC。"延迟"两字不是指时间的延迟。

3. AGC 电路的主要性能指标

AGC 电路的主要性能指标有两个：一是动态范围，二是响应时间。

AGC 电路的动态范围是指输出电平在规定范围内变化时所允许的输入信号电平的变

化范围。在给定输出信号幅值变化范围内，容许输入信号振幅的变化越大，则表明 AGC 电路的动态范围越宽，性能越好。

AGC 电路的响应时间是指从输入信号电平开始变化到放大器增益作相应的变化这一段时间。响应时间长短的调节由环路带宽决定，主要是低通滤波器的带宽。低通滤波器带宽越宽，则响应时间越短，但容易出现反调制现象。

4. 放大器的增益控制方法和电路

控制放大器增益的方法主要有两种：一种方法是通过改变放大器本身的某些参数，如发射极电流、负载、电流分配比、恒流源电流、负反馈大小等来控制其增益；另一种方法是插入可控衰减器来改变整机的增益。下面介绍两种常用电路。

1）晶体管增益控制电路

晶体管集电极电流 I_c 变化将引起放大器功率增益的变化，如图 7.1.3 所示。

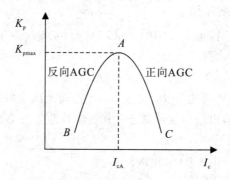

图 7.1.3　放大器 $K_p \sim I_c$ 曲线

在 A 点，K_P 最大；在 AB 段，K_P 随 I_c 减小而减小；在 AC 段，K_P 随 I_c 增大而减小。当输入信号电压 U_i 增大时，为减小输出电压 U_o，必须要求减降功率增益 K_P。若工作在 AB 段，为满足上述要求，必须减小电流 I_c，因此，输出电压 U_i 与电流 I_c 之间的关系为反向关系，故工作在 AB 段时称为反向 AGC。同理，工作在 AC 段称为正向 AGC。

反向 AGC 的优点是工作电流较小，对晶体管安全工作有利，但工作范围较窄，而正向 AGC 正好相反。为了克服正向 AGC 工作电流较大的缺点，在制作晶体管时可以使其 $K_P \sim I_c$ 特性曲线的峰值点左移，同时使右端曲线斜率增大。专供增益控制用的 AGC 管大多是正向 AGC 管。

晶体管增益控制电路的缺点是，当工作电流变化时，晶体管输入／输出电阻、电容也会发生变化，因此将影响放大器的幅频特性、相频特性和回路 Q 值。但由于电路简单，在一些要求不太高的 AGC 电路中仍被广泛应用。

2）可控衰减器电路

在两级放大器之间插入由二极管和电阻组成的可控衰减器，可以用 AGC 电压来改变衰减器的衰减量，从而改变增益。

图 7.1.4 为单个二极管构成的可控衰减器电路，随着 U_c 的增大，流过二极管的直流电流增大，二极管的动态电阻 r_d 减小，由于组成的衰减器的衰减量增大，整机增益下降。

可控衰减器的优点是控制效果好，衰减器的衰减量变化较大（可大于 40 dB）且不影响放大器的频率特性。其缺点是对信号有一定的衰减量。另外，用二极管做可变衰减器要注

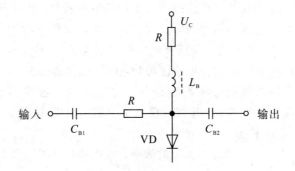

图 7.1.4　可控衰减器电路

意极间电容的影响，极间电容越大则衰减器的频率特性越差。

7.1.2　自动频率控制电路

在电子设备中，除了采用自动增益控制电路外，还广泛采用自动频率控制电路（AFC）。自动频率控制电路又称为自动频率微调电路，它具有自动调节振荡器的频率，使之稳定在某一预期的标准频率附近。

1. AFC 电路的工作原理

AFC 的原理方框图如图 7.1.5 所示。图 7.1.5 中，标准频率源（ω_R 或 f_R）常采用石英晶体振荡器，压控振荡器（VCO）是一个振荡频率受控制电压 $u_c(t)$ 控制的振荡器（输出频率为 ω_v 或 f_v），通常用它产生所需的频率信号；频率比较器将标准信号频率 ω_R 与压控振荡器产生的频率 ω_v 进行频率比较，产生一个反映两者频率差的误差信号 $u_e(t)$，误差信号经滤波后控制压控振荡器的频率，使之稳定在接近标准信号的频率上。

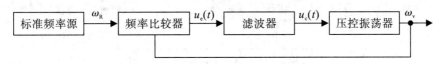

图 7.1.5　AFC 原理方框图

AFC 原理方框图中，频率比较器一般采用鉴频器，其鉴频特性曲线在前面的章节中介绍过。鉴频器分正鉴频特性和负鉴频特性两种鉴频曲线，正鉴频特性如图 7.1.6(a) 所示。压控振荡器也有两种压控特性，即正压控特性和负压控特性，负压控特性如图 7.1.6(b) 所示。

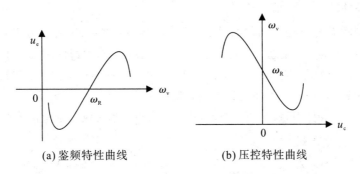

(a) 鉴频特性曲线　　　　　(b) 压控特性曲线

图 7.1.6　鉴频特性曲线与压控特性曲线

如果鉴频器采用正鉴频特性，压控振荡器采用负鉴频特性，则当压控振荡器的输出频率高于标准信号频率时，这两路信号同时加到鉴频器中，根据鉴频器的鉴频特性，此时鉴频器输出的误差信号 $u_e(t)$ 大于零，经滤波器后的控制电压 $u_c(t)$ 大于零，此控制信号加到压控振荡器中，根据压控振荡器的压控特性可知，压控振荡器的振荡频率将下降。

显然，压控振荡器输出信号的频率比标准频率高得越多，鉴频器输出的误差信号就越大，经滤波器后的控制信号也越大，压控振荡器输出的信号频率下降得越多，从而达到把压控振荡器的输出信号频率稳定在标准信号频率附近的目的；相反，当压控振荡器的输出信号频率低于标准信号的频率时具有类似的效果，也能够把压控振荡器的输出信号频率稳定在标准信号频率附近。

2. AFC 电路的应用

AFC 电路的应用范围非常广泛，可应用于调频波的调制与解调，也可应用于超外差接收机的自动频率微调中。下面以超外差接收机中的自动频率微调电路为例，简单介绍自动频率微调的工作过程。

利用 AFC 电路可自动控制超外差接收机的本振频率，使其与外来信号的频率维持在一个固定的中频频率上。图 7.1.7 所示为超外差接收机组成框图。通常情况下，外来信号即高放输出信号的频率稳定度较高，而压控振荡的频率稳定度较低。在理想情况下，外来信号与本振信号的频率之差为一固定的中频频率，但由于不稳定因素的影响，使本振频率产生漂移，混频后，中频信号也将产生同样的频率漂移。此漂移后的中频信号经中频放大器放大后加入到鉴频器中，由鉴频器产生的控制信号加到压控振荡器中，使压控振荡器输出信号的频率朝相反的方向变化，最终使混频器输出信号的频率稳定在中频频率附近，即稳定后与标准中频信号的频率只有一个稳态误差，从而达到稳定中频的目的。

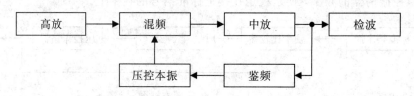

图 7.1.7 具有自动频率微调的超外差调幅接收机

7.1.3 锁相环路

1. 锁相环路概述

锁相技术广泛应用于通信、雷达、导航、遥控、遥测、测量、广播电视及计算机技术等领域。目前，锁相技术正朝多用途、集成化、数字化、系列化方向发展。锁相环路根据相位比较器输出信号的不同分为模拟锁相环和数字锁相环。模拟锁相环相位比较器输出的相差信号是连续的，环路对输出相位的调节也是连续的；而数字锁相环则与之相反，相位比较器输出的相差信号是离散的，环路对输出相位的调节也是离散的。本书仅讨论模拟锁相环。

2. 锁相环的基本原理

1) 锁相环的基本组成

锁相环的基本组成方框图如图 7.1.8 所示，它是由鉴相器(PD)、环路滤波器(LF)、压控振荡器(VCO)和参考频率源组成的。

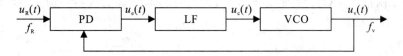

图 7.1.8　锁相环路的基本组成方框图

锁相环路的工作过程如下：当压控振荡器的振荡频率由于某种原因发生变化时，其相位必然也产生相应的变化，这个相位变化反馈到鉴相器中，与参考信号的稳定相位比较，然后输出一个与相位差成比例的误差电压，经环路滤波器后，输出直流电压分量，去控制压控振荡器压控元件的参数，使压控振荡器的振荡频率回到原稳定值。这样，压控振荡器的振荡频率稳定度即由参考频率源决定，环路处于锁定状态。

瞬时频率和瞬时相位之间有如下关系：

$$\omega(t) = \frac{d\theta(t)}{dt}$$

$$\theta(t) = \int_0^t \omega(t)dt + \theta_0$$

(7.1.1)

两个信号的频率差 $\Delta\omega_e(t)$ 与相位差 $\theta_e(t)$ 的关系为

$$\Delta\omega_e(t) = \frac{d\theta_e(t)}{dt}$$

$$\theta_e(t) = \int_0^t \Delta\omega_e(t)dt + \theta_{e0}$$

(7.1.2)

由上述关系可知：当两个信号的瞬时相位差为常数时，两者的频率必然相等；当两者的频率相等时，两者的瞬时相位差必然是一个常数。

锁相环路在相位锁定时，输出信号与参考信号的频率相等，而两者之间存在固定的相位差(即稳态差)，此稳态差经过鉴相器和低通滤波器转化为一固定的直流误差信号，去控制压控振荡器的振荡频率，使输出信号的频率与参考信号的频率严格相等，而两者之间的相位只有一个固定的相位差，锁相环路的这种状态称为锁定状态。如果由于某种原因使振荡器的振荡频率发生变化，则输出信号的频率和参考信号的频率不再相等，两者的相位差必将发生变化，这个变化的相位差加到鉴相器中，鉴相器输出信号经过环路滤波器后输出的误差控制信号也将发生相应的变化，用这个变化的误差控制信号去控制压控振荡器的振荡频率，使压控振荡器的振荡频率向参考信号的频率变化，直到压控振荡器的振荡频率等于参考信号的频率为止，即重新锁定。

2) 锁相环路的相位模型

为获得锁相环路的相位模型，先对锁相环路的各个部件的相位模型进行分析。

(1) 鉴相器。在锁相环路中，鉴相器作为相位比较器，它有两个输入信号，即参考信号 $u_R(t)$ 和压控振荡器的输出信号 $u_v(t)$，输出信号 $u_e(t)$ 反映了两个输入信号的相位差，如果采用正弦型鉴相器，则输出信号与输入信号之间有如下关系：

$$u_e(t) = K_d \sin\theta_e(t)$$

(7.1.3)

式中：$\theta_e(t) = \theta_R(t) - \theta_v(t)$，即为鉴相器两输入信号的相位差；$K_d$ 为鉴相灵敏度，是与鉴相器本身有关的一个常数。由以上分析可知，鉴相器的相位模型如图 7.1.9 所示。

（2）环路滤波器。环路滤波器的作用是滤除鉴相器输出误差信号中的高频分量和干扰信号，获得控制信号 $u_c(t)$。下面以图 7.1.10 所示的 RC 低通滤波器为例介绍环路滤波器的传输函数。

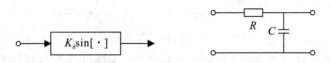

图 7.1.9　鉴相器的相位模型　　图 7.1.10　RC 低通滤波器

设低通滤波器的传输函数为 $F(p)$，其中，p 为微分算子，则环路滤波器的相位模型为

$$F(p) = \frac{1}{1 + p\tau} \tag{7.1.4}$$

式中，$\tau = RC$。环路滤波器还有其他的电路形式，不管它具有什么样的电路形式，其作用是一致的，因此，可以用图 7.1.11 描述环路滤波器的相位模型。

（3）压控振荡器。压控振荡器的作用是产生频率随控制电压变化而变化的振荡信号。压控振荡器的电路很多，前面的调频电路中介绍过，这里不再讨论。根据压控振荡器的作用，可以描述其输出信号与输入信号的关系：

$$\theta_v(t) = \frac{K_c u_c(t)}{p} \tag{7.1.5}$$

其中，K_c 为压控特性在 $u_c(t) = 0$ 时的斜率。压控振荡器的相位模型可用图 7.1.12 来描述。

图 7.1.11　环路滤波器的相位模型　　图 7.1.12　VCO 的相位模型

（4）锁相环路的相位模型和基本方程。由前面的分析可知，锁相环路的相位模型可用图 7.1.13 描述。根据该图所示的相位模型，可以写出锁相环路的基本方程：

$$\theta_e(t) = \theta_R(t) - \theta_v(t) = \theta_R(t) - \frac{K_d K_c F(p) \sin\theta_e(t)}{p} \tag{7.1.6}$$

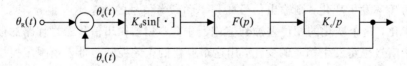

图 7.1.13　锁相环路的相位模型

即

$$p\theta_e(t) + KF(p)\sin\theta_e(t) = p\theta_R(t) \tag{7.1.7}$$

式（7.1.7）为锁相环路的非线性微分方程，其中 $K = K_d K_c$。

式（7.1.7）又可以写成如下形式：

$$p\theta_e(t) = \frac{\mathrm{d}\theta_e(t)}{\mathrm{d}t} = \frac{\mathrm{d}\theta_R(t)}{\mathrm{d}t} - \frac{\mathrm{d}\theta_v(t)}{\mathrm{d}t} = \Delta\omega_0(t) - \Delta\omega_v(t)$$

即

$$\Delta\omega_e(t) = \Delta\omega_0(t) - \Delta\omega_v(t) \tag{7.1.8}$$

式（7.1.8）中左边一项表示压控振荡器输出信号频率偏离输入信号频率的数值，称为瞬时频差，用 $\Delta\omega_e(t)$ 表示；右边第一项表示输入信号频率偏离振荡器固有频率的数值，称为环路的固有频差或开环频差，用 $\Delta\omega_0(t)(=\omega_R-\omega_{v0})$ 表示；第二项表示压控振荡器在控制电压的作用下振荡频率偏离振荡器固有频率的数值，称为控制频差，用 $\Delta\omega_v(t)(=\omega_v-\omega_{v0})$ 表示；ω_R、ω_v 分别表示输入的参考信号频率和 VCO 输出的瞬时频率，ω_{v0} 表示的是 VCO 在没有受控电压作用下（$u_c=0$ 时）的频率，即 VCO 的固有频率。根据锁相环路的基本方程可知，锁相环路的瞬时频差等于开环频差（固有频差）和控制频差的代数和。

如果环路的固有频差 $\Delta\omega_0(t)$ 固定不变，则环路在进入锁定的过程中，控制频差 $\Delta\omega_v(t)$ 不断增大，瞬时频差 $\Delta\omega_e(t)$ 则不断减小，直到瞬时频差等于 0，此时 $\omega_v=\omega_R$，即压控振荡器的输出信号频率严格等于输入信号频率，而控制频差等于瞬时固有频差，环路进入锁定状态。环路进入锁定状态时，$\Delta\omega_e(t)=0$，则瞬时相差为一常数，称为环路的稳态相位差，用 $\theta_{e\infty}$ 表示。

在锁相环路中有两种不同的相位自动调整过程。一种是环路原先是锁定的，然后输入参考信号的频率发生变化，环路通过自身的调节来维持锁定的过程，即始终保持振荡器输出信号频率等于输入参考信号频率的过程，称为跟踪过程或同步过程。相应的，能够维持锁定所允许的输入参考信号频率偏离振荡器输出信号频率的最大值，称为锁相环路的跟踪带或同步带。另一种是环路原先是失锁的，即环路不能通过相位调节达到锁定，则当减小振荡器输出信号频率与输入参考信号频率之差到某一数值时，环路能够通过相位调节达到锁定，这种由失锁进入锁定的过程称为环路的捕捉过程。相应的，能够由失锁进入锁定所允许的最大频差称为捕捉带。

3. 锁相环的应用

锁相环路具有良好的跟踪及同步特性，当环路锁定时，其剩余频差为零，即振荡器的输出信号频率等于输入参考信号频率。所以，锁相环路可以实现各种性能优良的频谱变换，该电路在通信、电视、广播、仪器仪表等方面获得了广泛的应用。下面介绍锁相环路的主要应用。

1）锁相倍频电路

锁相倍频电路是在基本锁相环路的反馈通道中插入一个分频电路构成的，其组成方框图如图 7.1.14 所示。

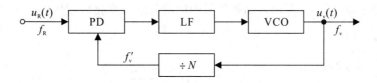

图 7.1.14　锁相倍频器的组成方框图

当环路锁定时，鉴相器（PD）的两个比较信号频率严格相等，即 $f_R=f'_v$，而 $f'_v=f_v/N$，则有 $f_R=f'_v=f_v/N$，所以 $f_v=Nf_R$，即锁相环路的输出信号频率为输入参考信号频率的 N 倍，实现倍频功能。

2）锁相分频电路

锁相分频电路与锁相倍频电路类似。只不过在锁相环路的反馈通道中插入一个倍频电路，即可以实现分频功能。其组成方框图如图 7.1.15 所示。

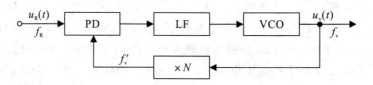

图 7.1.15　锁相分频器的组成方框图

同理，当环路锁定时，鉴相器的两个比较信号频率严格相等，即有 $f_v = f_R/N$。

3）锁相混频电路

锁相混频电路的组成方框图如图 7.1.16 所示，在锁相环路的反馈通道中插入中频滤波器和混频电路。环路锁定时，$f_1 = f_v - f_2$ 或 $f_1 = f_2 - f_v$，即输出为 $f_v = f_1 + f_2$ 或 $f_v = f_2 - f_1$，这取决于图中 f_v 是高于 f_2 还是低于 f_2。当 $f_2 > f_1$ 时，由于其差频、和频同 f_2 十分靠近，如果用普通混频器进行混频，要取出有用分量 $f_2 + f_1$ 或 $f_2 - f_1$，则对 LC 滤波器要求相当苛刻。而利用锁相环混频电路进行混频则十分方便。

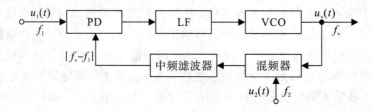

图 7.1.16　锁相混频器的组成方框图

4）锁相鉴频

采用锁相鉴频器时其门限值低于一般的鉴频器，有利于解调信噪比低的输入信号。所谓门限效应，是指输入信噪比比较高时，鉴频器输出信噪比将高于输入信噪比，且输出信噪比与输入信噪比成线性关系；而当输入信噪比低到一定数值时，输出信噪比将急剧下降，不再遵循线性关系，如图 7.1.17 所示。调频波解调时的门限效应所对应的值称为门限值。

锁相环作鉴频器的组成方框图如图 7.1.18 所示。作为鉴频器用的锁相环，其环路带宽应设计得足够宽，那么 VCO 就能跟踪输入调频信号中的调制变化，也就是说，VCO 输出信号和输入有相同调制规律的调频波。通常把这种环路称为跟踪型环路。VCO 频率变化与控制电压 u_c 成正比，即 u_c 和输入调频信号中的瞬时频率变化成正比，u_c 即为解调器输出。

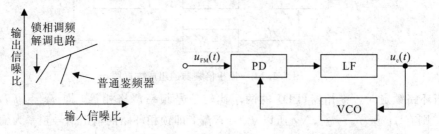

图 7.1.17　鉴频器的门限效应　　　　图 7.1.18　锁相鉴频器组成方框图

5）调相信号的解调

图 7.1.19 所示为锁相环解调调相信号的组成方框图。鉴相器输出电压 u_d 作为解调器的输出，这时环路的带宽应设计得足够窄，VCO 只能跟踪输入信号中的载波频率，而不能跟踪输入信号频率的调制变化，我们把这种环路称为载波跟踪型锁相环路。VCO 的频率等于输入信号中的载波频率，相位差 θ_e 等于输入信号中的相位调制分量，鉴相器输出电压 u_d 正比于相位差 θ_e，即和输入相位调制成正比，所以 u_d 就是所需的鉴相器的输出电压。

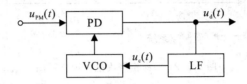

图 7.1.19　锁相环鉴相器组成方框图

6）调幅波的同步检波

图 7.1.20 是调幅波的同步检波电路组成方框图。采用锁相环路可以从所接收的信号中提取载波信号，实现调幅波的同步检波。图中，输入电压为调幅信号或带有导频的单边带信号。环路滤波器的通频带很窄，使锁相环路锁定在调幅波的载频上，这样压控振荡器就可以跟踪调幅信号载波频率变化的同步信号。不过，采用模拟鉴相器时，由于压控振荡器输出电压与输入已调信号的载波电压之间有 $\pi/2$ 的固定相移，为了使压控振荡器输出电压与输入已调信号的载波电压同相，应将压控振荡器输出电压经 $\pi/2$ 的移相器加到同步检波器。

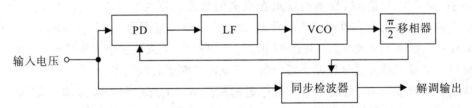

图 7.1.20　采用锁相环路的同步检波方框图

7）锁相接收机

当地面接收装置接收卫星发来的无线电信号时，由于卫星离地面距离远，卫星发射功率有限，因此地面接收机接收到的信号极其微弱。又由于卫星环绕地球运行时，存在多普勒效应，频率漂移严重。对于这种强度弱、中心频率偏离大的信号，采用普通接收机进行接收，势必要求接收机有足够大的带宽。这样，接收机的输出信噪比将严重降低，甚至远小于 1。在这种情况下，普通接收机就无法解调出有用信号。

采用锁相接收机，由于环路具有窄带跟踪特性，因此可以十分有效地接收窄带信号。图 7.1.21 是锁相接收机的原理方框图。环路输入信号频率为 $f_c \pm f_d$，其中 f_d 是多普勒效应引起的频移。在锁定状态下，环路内的中频信号频率 f_i 与参考信号频率 f_R 相等，即 $f_i = f_R$，此时 VCO 频率 $f_o = f_c \pm f_d + f_R$，它包含有多普勒频移 f_d 的信息。因此，不论输入频率如何变化，混频器的输出中频总是自动地维持为恒值。这样，中频放大器通频带可以做得很窄，保证鉴相器输入端有足够的信噪比。同时，将 VCO 频率中的多普勒频移信息送到测速系统中，可用作测量卫星运动的数据。

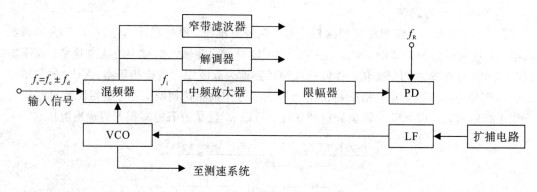

图 7.1.21　锁相接收机原理方框图

锁相接收机的环路带宽一般都做得比较窄，所以要加扩捕电路，帮助环路捕捉锁定。此外，如果输入信号是已调波，只要把混频后的中频信号通过解调器进行解调，便可提取调制信息。如果需要载波信号，可以通过窄带滤波器提取。当然，锁相环的应用还有很多，下节还可以看到锁相环路在频率合成器中的应用。

7.2　频率合成器

随着现代通信技术的不断发展，对通信设备的频率准确度和稳定度提出了很高的要求。我们知道，石英晶体振荡器虽然具有很高的频率稳定度和准确度，但它只能产生一个稳定频率。然而，许多通信设备则要求在很宽的频段范围内有足够数量的稳定工作频率点。如短波单边带电台，通常要求工作在 2 ~ 30 MHz 范围内，每隔 1 kHz、100 Hz 或 10 Hz 有一个稳定工作频率点，共有 28 000 个、280 000 个或更多个工作频率点。采用一块晶体稳定一个频率的方法显然是不可行的，这就需要频率合成技术。

所谓频率合成技术，就是将一个高稳定度和高精度的标准频率经过加、减、乘、除的四则运算方法，产生同样稳定度和精度的大量离散频率的技术。频率合成器中的标准频率是由一个或几个高稳定晶体振荡器产生的，这个高稳定晶振常称为频率标准。由于频率标准决定了整个合成器的频率稳定度，因此，应尽可能地提高频率标准的稳定度和精度。

从频率合成技术的发展过程来看，频率合成的方法可以分为三种：直接合成法、锁相环路法（也称间接合成法）和直接数字合成法。相应地，频率合成器可分为三类：直接式频率合成器（DS）、锁相式频率合成器（PPL）和直接数字式频率合成器（DDS）。下面简单讨论直接合成法、锁相环路法与直接数字合成法。

7.2.1　频率合成器的技术指标

频率合成器应用广泛，但在不同的使用场合，对它的要求则不完全相同。大体来说，主要的技术指标有频率范围、频率间隔、频率转换时间、频率准确度、频率稳定度、频谱纯度等。

1. 频率范围

频率范围是指频率合成器输出最低频率和输出最高频率之间的变化范围。通常要求在规定范围内，在任何指定的频率上，频率合成器都能工作，而且电性能都能满足质量指标要求。

2. 频率间隔

频率合成器的输出频率是不连续的。两个相邻频率之间的间隔称为频率间隔，又称为分辨力，用 ΔF 表示。对短波单边带通信来讲，现在多取频率间隔为 100 Hz，有的甚至取为 10 Hz 或 1 Hz。对于超短波通信来说，频率间隔多取为 50 kHz 或 10 kHz。

3. 频率转换时间

频率转换时间是指频率合成器由一个频率转换到另一个频率，并达到稳定工作时所需要的时间。它与采用的频率合成方法有密切关系。对于直接式频率合成器，转换时间取决于信号通过窄带滤波器所需要的建立时间；对于锁相式频率合成器，则取决于环路进入锁定所需要的暂态时间，即环路的捕捉时间。

4. 频率准确度

频率准确度表示频率合成器输出频率偏离其标称值的程度。若设频率合成器实际输出频率为 f_g，标称频率为 f_0，则频率准确度定义为

$$A_f = \frac{f_g - f_0}{f_0} = \frac{\Delta f}{f_0}$$

式中

$$\Delta f = f_g - f_0$$

应该指出，晶体振荡器在长期工作时，频率会发生漂移，不同时刻的准确度则不同。因此，在描述频率准确度时，除应指出大小和正负外，还需要给出时间，说明是何时的准确度。

5. 频率稳定度

频率稳定度是指在一定的时间间隔内频率准确度的变化。对频率稳定度的描述应该引入时间概念，有长期、短期和瞬时稳定度之分。长期稳定度是指年或月范围内频率准确度的变化。短期稳定度是指日或小时内的频率准确度的变化。瞬时稳定度是指秒或毫秒内的随机频率准确度的变化，即频率的瞬间无规则变化。

事实上，稳定度与准确度有密切关系，因为只有频率稳定，才谈得上频率的准确，通常认为频率误差已包含在频率不稳定的偏差内，因此，一般只提频率稳定度。

6. 频谱纯度

频谱纯度是衡量频率合成器输出信号质量的一个重要指标。若用频谱分析仪观察频率合成器的输出频谱，就会发现在主信号的两边出现了一些附加成分，叫做相位噪声与杂散频率，见图 7.2.1。根据相位噪声偏离中心频率 f_0 的数值大小，又可将它们分为带外噪声、带内噪声和相位抖动三种。带外噪声是指偏离 f_0 在 3 kHz 以外的相位噪声，相位抖动是指偏离 f_0 在 100 Hz 以内的相位噪声，而处于两者中间的为带内噪声。理想的频率合成器输出频谱应该是纯净的，即只有 f_0 处的一条谱线。

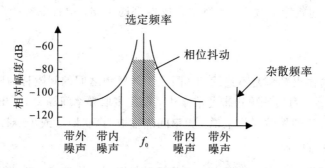

图 7.2.1 单一频率信号的实际频谱图

7.2.2 直接式频率合成器

图 7.2.2 为直接式频率合成器的原理方框图。若要从高稳定晶体振荡器输出 5 MHz 信号中获得频率为 21.6 MHz 的信号，可以先将 5 MHz 信号经 5 分频后，得到参考频率 $f_R = 1$ MHz 的信号，该信号输入到谐波发生器中产生各次谐波，再从谐波发生器中选出 6 MHz 信号，经分频器除以 10 变成 0.6 MHz 信号。然后从谐波发生器中再选出 1 MHz 信号，使它与 0.6 MHz 信号同时进入混频器进行混频，得到 1.6 MHz、0.4 MHz 信号。经滤波器选出 1.6 MHz 信号并除以 10 后，得到 0.16 信号。再将它与谐波发生器选出的 2 MHz 信号进行混频，得到 2.16 MHz 信号再经过 10 次倍频后，得到 2.16 MHz 的信号。

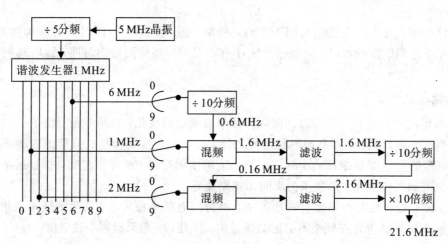

图 7.2.2 直接式频率合成器原理方框图

从图 7.2.2 中可看出，为得到 21.6 MHz 的信号，只需把频率合成器的面板开关放在 2、1、6 的位置即可。直接式频率合成器的优点是频率转换时间短，缺点是频率范围受到限制(上限)，因为分频器的输入频率不能太高。这种合成器由于采用了大量的倍频、混频、分频、滤波部件，不仅使成本高、体积大，而且输出的谐波、噪声及寄生调制都难以抑制，从而影响频率稳定度。

7.2.3 锁相式频率合成器

锁相式频率合成器的基本构成方法主要有脉冲控制锁相法、模拟锁相合成法和数字锁相合成法。

　　图 7.2.3 为脉冲控制锁相频率合成器的原理方框图。图中压控振荡器的输出信号与参考信号的谐波在鉴相器中进行相位比较。当振荡频率调整到接近于参考信号的某次谐波频率时，环路就可能自动地把振荡频率锁定到这个谐波频率上。例如，5 MHz 的晶振产生的振荡信号，经参考分频器降低到 $f_R = 100$ kHz。当振荡频率调整到接近 f_R 的 216 次谐波时，VCO 输出信号就能自动锁定到 21.6 MHz 的频率上。这种频率合成器的最大优点是结构简单，指标也可以做得较高。但是 VCO 的频偏必须限制在 $\pm 0.5 f_R$ 以内，超过这个范围就可能出现错锁现象，也就是可能锁定到邻近的谐波上，因而造成选择频道困难。谐波次数越高，对 VCO 的频率稳定度要求就越高，因此这种方法提供的频道数（又叫波道数）是有限的。

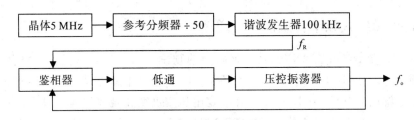

图 7.2.3　脉冲控制锁相频率合成器原理方框图

　　图 7.2.4 为模拟锁相频率合成器的原理方框图。由该图可见，锁相环路中接入了一个由混频器和带通滤波器组成的频率减法器。当环路锁定时，可使 VCO 振荡频率 f_o 与外加控制频率 f_L 之差 $f_o - f_L$ 等于参考频率 f_R，所以，VCO 的振荡频率 $f_o = f_L + f_R$。改变外加控制频率 f_L 的值，就可以获得不同频率信号输出。图 7.2.4 所示为模拟锁相频率合成器的一个基本单元，该单元提供的信道数不可能很多，而且频率间隔比较大。为了增加模拟锁相频率合成器的输出频率数和减小信道间的频率间隔，可采用由多个基本单元组成的多环路级联工作方式；也可以在基本单元环路中，串接多个由混频器和带通滤波器组成的频率减法器，把 VCO 的频率连续与特定的等差数列频率进行多次混频，逐步降低到鉴相器的工作频率上，通过单一的锁相环路，获得所需的输出频率，这称为单环工作方式。

　　图 7.2.5 为数字锁相频率合成器的原理方框图。图中，输入参考信号由高稳定晶振输出，经参考分频器分频后获得。VCO 输出信号在与参考信号进行相位比较之前先进行 N 次分频，VCO 输出频率由程序分频器（可变分频器）的分频比 N 来决定。当环路锁定时，程序分频器的输出频率 f_N 等于参考频率 f_R，而 $f_R = f_o / N$，所以 VCO 输出频率 f_o 与参考频率 f_R 的关系是 $f_o = N f_R$。从这个关系式可以看出，数字式频率合成器是一个数字控制的锁

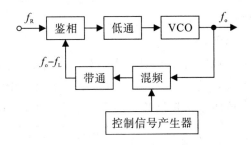

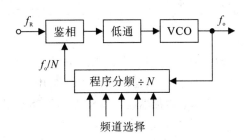

图 7.2.4　模拟锁相频率合成器原理方框图　　　图 7.2.5　数字锁相频率合成器原理方框图

相压控振荡器,其输出频率是参考频率的整数倍。通过程序分频器改变分频比,VCO 输出频率将被控制在不同的频道上。图 7.2.5 所示的数字锁相频率合成器电路比较简单,构成比较方便。因它只含有一个锁相环路,故称为单环式电路,它是数字频率合成器的基本单元。

数字频率合成器的主要优点是环路相当于一个窄带跟踪滤波器,具有良好的窄带跟踪滤波性能和抑制干扰的能力,节省了大量的滤波器,而且参考分频器的程序分频器可以采用数字集成电路。

设计良好的压控振荡器具有较高的短期频率稳定度,而一个高精度标准晶体振荡器具有很高的长期频率稳定度,从而使数字式频率合成器能得到高质量的输出信号。由于这些优点,数字式频率合成器获得了广泛的应用。

7.2.4 直接数字式频率合成器

直接数字式频率合成法(DDS)是一种新型的频率合成方法,与直接频率合成法(DS)和锁相式频率合成法(PLL)在原理上完全不同。DDS 的基本原理是建立在不同的相位会给出不同的电压幅度的基础上;DDS 给出按一定电压幅度变化规律组成的输出波形。由于它不但给出了不同频率和不同相位,而且还可以给出不同的波形,因此这种方法又称波形合成法。从 DDS、PLL 和 DS 三种频率合成器的比较来看:频率转换速度方面,DDS 和 DS 比PLL 快得多;在频率分辨率方面,DDS 远高于 PLL 和 DS;在输出频带方面,DDS 远小于PLL 和 DS;在集成度方面,DDS 和 PLL 远高于 DS。DDS 作为一种新型的频率合成方法已成为频率合成技术的第三代方案。频率合成器的发展趋势是数字化和集成化。

1. 直接数字式频率合成器的基本原理

直接数字式频率合成器的基本原理也就是波形合成原理。最基本的波形合成是一个斜升波的合成,其原理方框图如图 7.2.6 所示。波形合成的过程如下:由一个标准频率的时钟产生器产生时钟脉冲,送到计数器进行计数。计数器根据计数脉冲的多少给出不同的数码,数/模转换器(DAC)就产生一个上升的阶梯波,阶梯波的上升包络即为一斜升波。当计数器记满时,计数器复零又重新开始计数,阶梯波又从零开始。如此反复循环,阶梯波经平滑滤波器检出其包络,便成为斜升波。

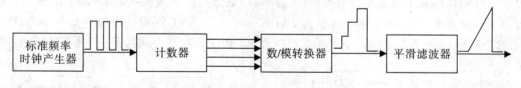

图 7.2.6　斜升波合成原理方框图

就像数字锁相频率合成器中用可变分频器代替固定分频比的计数器一样,在直接数字式频率合成器中改变频率的方法是用一个累加计数器代替计数器。累加器的原理图如图7.2.7 所示。累加器是由加法器和寄存器组成的,按照频率控制数据的不同给出不同的编码。由图 7.2.7 可知

$$\sum_4 \sum_3 \sum_2 \sum_1 = (A_4 + B_4 + C_3)(A_3 + B_3 + C_2)(A_2 + B_2 + C_1)(A_1 + B_1)$$

式中，C_1、C_2、C_3 对应加法器 1、2、3 的进位端。设 $A_4A_3A_2A_1 = 0001$，$Q_4Q_3Q_2Q_1 = 0000$，则

$$D_4D_3D_2D_1 = \sum_4 \sum_3 \sum_2 \sum_1 = 0001$$

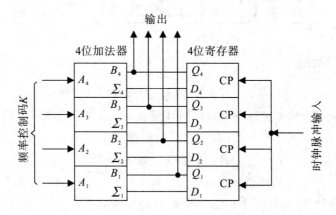

图 7.2.7　累加器原理图

第一个时钟脉冲到来时，$Q_4Q_3Q_2Q_1 = 0001$；第二个脉冲到来时，$Q_4Q_3Q_2Q_1 = 0010$；随着时钟脉冲的到来，累加器输出按照 $0000 \rightarrow 0001 \rightarrow 0010 \rightarrow 0011 \rightarrow 0100 \rightarrow 0101 \rightarrow \cdots$ $\rightarrow 0100 \rightarrow 0101 \rightarrow \cdots$ 步进，每次增量为 $0001(1_{10})$。若频率控制数据为 0010，则累加器输出按照 $0000 \rightarrow 0010 \rightarrow 0100 \rightarrow 0110 \rightarrow \cdots$ 步进，每次增量为 $0010(2_{10})$。如果计数器满量状态为 0000，显然当频率控制数据为 0001 时要经过 16 个时钟脉冲计数器才能满量；当频率控制数据为 0010 时，需经过 8 个时钟脉冲计数器才能满量。这样，频率控制数据为 0001 时完成一个周期动作所需要的时间比频率控制数据为 0010 时多 1 倍，也就是说，输出斜升波的频率低至一半。这就表明通过改变频率控制数据，可以改变累加器输出状态增量，从而得到不同频率的斜升波输出。

可见，计数器或累加器的级数愈多，得出的阶梯波越接近斜升波，控制斜升波的精度也就越高。数/模转换器的分辨率与计数器或累加器位数 n 的关系为

$$分辨率 = \frac{1}{2^n}(\%)$$

例如，当 $n = 8$ 时，分辨率为 0.39%。

斜升波频率取决于频率控制数据，频率控制数据越大，斜升波频率越高，但数/模转换器的分辨率越差。累加器的位数与数/模转换器的位数相等。设累加器的位数为 n，频率控制数据为 $K(K = 1, 2, 3, \cdots)$，那么所形成的阶梯数为 $2^n/K$。一个周期内阶梯数越多，越接近斜升波，非线性失真越小。因此，除要求累加器和数/模转换器位数高以外，对于频率控制数据则应要求不能太高，一般应保证一个周期内至少有四个阶梯。所以最大的频率控制数据为 $K_{max} = 2^{(n-2)}$。

斜升波幅度变化与其相位变化成正比，故可以把相位数码直接转换成幅度数码，但是对于任意波形来说，相位和幅度的关系一般不是成正比关系，如正弦波的相位和幅度的关系就是正弦关系。如果要合成任意波形，就应找出波形幅度和相位的关系，然后用相码/幅码转换器将相码转换成相应合成波形的幅码，再用数/模转换器变换成阶梯波形，通过平

滑滤波器滤除谐波得到所需要的合成波形。任意波形合成的方框图如图 7.2.8 所示,该方框图也就是直接数字式频率合成器的基本结构图。

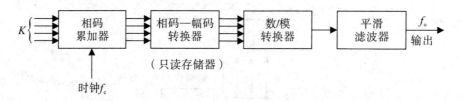

图 7.2.8　任意波合成的方框图(DSB 方框图)

直接数字式频率合成器进行频率合成的过程如下:给定输出频率范围,即 $f_o = f_{min} \sim f_{max} = (K_{min}/2^n)f_c \sim (K_{max}/2^n)f_c$;确定输入时钟频率 $f_c = 4f_{max}$,即时钟周期 $T_c = 1/f_c = 1/(4f_{omax})$。因为 $K_{max} = 2^{(n-2)}$,确定累加器位数 n,n 越大,输出信噪比越高;确定幅度等分的间隔数 $B = 2^m$。一般来说 $m < n$,若令 $2^n = A$,则 $B < A$;把 A 个相位点对应的幅度编码存入只读存储器(ROM)中;按时间顺序(即相位顺序),每个时钟周期 T_c 内取出一个相位编码,并由相码转换成它对应的幅码。取出相码的增量通过累加器用频率控制数据 K 来确定;输出幅码通过数/模转换器变为对应的阶梯波,这个阶梯波的包络恰好是对应所需合成频率的波形;经过平滑滤波器输出连续变化的所需合成频率的波形。滤波器截止频率应为 $f_{omax} = f_c/4$。

值得注意的是,在图 7.2.8 中,若输出波形为一个具有正负极性的波形,如正弦波,则应考虑正负半周的幅度编码问题。这样,在 ROM 前后要加所谓求补器(因为最高位是符号位,如正半周时最高位为 1,负半周时为 0)。

2. 直接数字式频率合成器的特点

与数字锁相频率合成器中通过改变可变分频器分频比来改变环路输出频率一样,在直接数字式频率频率合成器中,合成信号频率为 $f_o = K(f_c/2^n)$,显然,改变频率控制数据 K,便可以改变合成信号频率 f_o。

直接数字式频率合成器的主要优点是:具有高速的频率转换能力;高度的频率分辨率;能够合成多种波形;具有数字调制能力;集成度高、体积小、重量轻等。

直接数字式频率合成器的主要缺点是:杂散成分复杂,在时钟频率低时,杂散成分主要由相位量化和幅度量化引起,在时钟频率高时,主要由系统中数/模转换器的非理想特性所决定;输出频率范围有限。

3. 直接数字式频率合成器的应用

DDS 主要用于频率转换速度快及频率分辨率高的场合,如用于跳频通信系统中的频率合成器。但是,在快速跳频系统中,单独采用 DDS 或 PLL 或 DS 都难以达到设计要求,一般是采用以 DDS 为核心的混合体系。以 DDS 为核心的混合体系有三种结构,即 DDS + DS、DDS + PLL 和 DDS + PLL + DS。每一种结构都有其自身的特点。

图 7.2.9 是超高速跳频转换的一个实例。采用 DDS + PLL 结构,要求输出频率范围为 $700 \sim 900$ MHz,频率转换时间小于 $5\ \mu s$,频率分辨率小于 1 Hz,杂波电平小于 -50 dB,相位噪声小于 -100 dB/Hz(偏离主信号 1 kHz 处)。一种高性能的 DDS 芯片的时钟为

50 MHz，$n = 32$，12 位幅度码输出，经 DAC 和滤波，输出在 $14 \sim 18$ MHz 范围，杂散为 -84 dB，经 50 倍频达到所需要的输出频段，最终分辨率为 0.58 Hz，满足要求，杂散成分经 50 倍频增加 $20\,\lg 50 = 34$ dB，刚好满足小于 -50 dB 的要求，同样，相位噪声也能满足要求。图 7.2.9 中，$f_{\circ} = 50K \cdot f_{c}/2^{n}$。

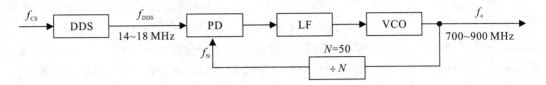

图 7.2.9　超高速跳频频率合成器

图 7.2.10 为 DDS＋PLL＋DS 结构的原理方框图，它能满足 $f_{R} < BW_{DDS}$（DDS 的输出频带）。混频滤波电路由相乘器和带通滤波器组成，其输出频率取两个输入频率的和频。该系统输出频率为：$f_{\circ} = Nf_{R} + f_{DDS} = Nf_{R} + K(f_{c}/2^{n})$。

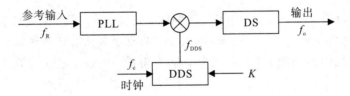

图 7.2.10　DDS＋PLL＋DS 结构原理方框图

该结构的特点为：通过改变 PLL 中的可变分频比 N，粗调到某一输出频段，再通过改变 DDS 的频率控制数据 K，细调到某一输出频率。由于 DDS 保证了高的频率分辨率，从而能提高鉴频频率，缩短 PLL 的频率转换时间（因 PLL 的频率转换时间受频率分辨率的限制）。在频率粗调范围内，频率细调时间完全由 DDS 确定。要求 $f_{\circ} < B_{WDDS}$ 是为了避免在输出频率范围内出现空白点。

7.3　整机线路

7.3.1　波段划分

根据不同的要求，收发信机的波段划分大体上有三种方法，即等比法、等差法和比差都不相等法。

等比法即保持各分波段系数相等，而各分波段的波段宽度不相等。这种波段划分法的优点是比较简单，分波段数目也不多，适合于波段不太宽的收发信机。其缺点是分波段宽度随分波段序数的增加而增加，因而在高分波段的度盘刻度比较密集，各分波段的度数不能共用即需要分开。

等差法即是保持各分波段的波段宽度相等，而各分波段的波段系数不相等。这种方法的优点是度盘刻度均匀，各分波段可共用一个度盘刻度，一般只适用于窄频段收发信机。

比差都不相等法是指各分波段系数不相等，各分波段的波段宽度也不相等。这种方法只要选择适当，可以既不明显增加分波段的数目，又相对地减小高分波段刻度盘上刻度的密集程度，在军用通信设备中应用较为广泛。

以上的波段划分方法，在相邻的分波段中是相互衔接的，最低波段的低端和最高波段的高端，也是恰好满足工作频率要求的值，但是当更换器件时，或因温度、湿度、震动等使回路参数发生改变，会引起各分波段的频率变化，这就有可能使某些相邻的分波段频率不能互相衔接，出现"空白点"，妨碍正常的通信联络。为了避免以上缺点，应在划分波段时，考虑波段覆盖的波段富余。所谓"波段覆盖"就是指相邻的分波段之间有一定的频率重叠，即把低波段的最高频率增加，高波段的最低频率减小。所谓"波段富余"就是指最高波段高端和最低波段低端的频率富余，即把最高波段高端频率增加，最低波段低端频率减小。频率减小和增加的数量约为边界频率的 $1\% \sim 3\%$。

7.3.2 混频次数与中频数值的选择

1. 混频次数的选择

前面讨论的超外差接收机采用的是一次混频，其特点是：第一，全机总增益及抑制邻近干扰主要依靠中放；第二，中频数值不能太高，以保证高增益和窄通频带的获得；第三，对中频和镜像干扰的抑制能力较差；第四，结构简单，组合干扰比多次混频的小，应用广泛。

在超外差接收机中，原则上应该尽量减少混频次数，因为混频器本身是一个非线性电路，容易产生各种非线性失真。但是，在一些高质量通信中，为了提高抑制中频干扰和镜像干扰的能力，往往采用二次混频或多次混频。

采用二次混频的超外差接收机的方框图如图 7.3.1 所示，图中 f_{L1}、f_{L2} 分别为第一本振和第二本振频率。第一中频 $f_{i1} = f_{L1} - f_s$，第二中频 $f_{i2} = f_{L2} - f_{i1}$。为了保证较窄的通频带，抑制邻近干扰，第二中频 f_{i2} 总是采用低中频（即 $f_{i2} < f_{i1}$），通常取为 465 kHz。

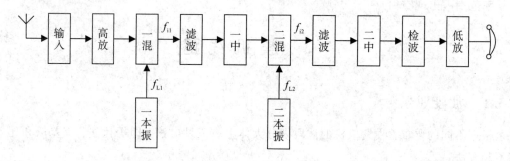

图 7.3.1 采用二次混频的超外差接收机方框图

2. 中频数值的选择

中频数值必须选择在接收机的工作频率范围以外，这样才能避免中频干扰在某些工作频率上无阻挡地进入接收机。低于接收机最低工作频率的中频称为低中频，高于接收机最高工作频率的中频称为高中频。对于一次混频的超外差接收机，一般采用低中频。

对于采用二次混频的超外差接收机，第二中频仍为低中频，第一中频可根据不同要求选择为低中频或者高中频。

采用低中频可以提高抑制中频干扰的能力，同时接收机的通频带容易做得很窄，又可以提高抑制邻道干扰的能力，带通滤波器也容易设计和制作，而且每级中频放大器具有较大的回路谐振阻抗和较小的寄生反馈，因此可以得到较高的稳定增益。

采用高中频除了可以提高抑制中频干扰和镜像干扰的能力，还可以减小组合干扰。

7.3.3　加重技术与静噪电路

1. 加重技术

在调频接收机中，鉴频器的输出噪声功率随调制信号频率的增加按抛物线增大，但各种消息信号（如话音、图像、音乐等）的能量都集中分布在低频端，其功率谱密度随频率增高而下降。因此，在调制频率的高频端输出信噪比明显下降，这对调频信号的接收是不利的。为了提高鉴频器在调制频率高端的信噪比，在调频信号的传输中广泛采用了加重技术，它包括预加重和去加重两个方面。

预加重是在发送端将调制信号经预加重网络后再进行调频，预加重网络人为提高了调制信号频谱中的高频分量振幅。这样，在接收端将明显改善鉴频器在高调制频率上的输出信噪比，从而整个调制信号频带内都可以获得较高的信噪比，同时，由于改变了原调制信号各调制信号分量之间的比例关系，会造成解调信号的失真。在调频接收机的鉴频器输出端加接一个去加重网络，使它的传输函数特性恰好与加重网络的相反，就可以把在发送端人为提升的高调制频率上的信号振幅降下来，使调制信号中高、低频端各频率分量的振幅保持原来的比例关系，因而避免了因发送端采用加重网络而造成的解调信号的失真。去加重网络与预加重网络的传输函数乘积为一常数，这是保证在调频信号的传输中，调制信号经过调制器的预加重和解调器的去加重后，鉴频器还原的原调制信号不失真的必要条件。

采用预加重和去加重技术后，既保证了鉴频器在调制频率的高、低端都有均匀的信噪比，又避免了采用预加重后造成的解调信号的失真，在调频通信、调频广播及电视伴音信号收发系统中都广泛采用了加重技术。

2. 静噪电路

由于鉴频器的非线性解调作用，鉴频器输入信噪比低于某一门限值时，鉴频器输出信噪比急剧下降，导致有用信号被噪声所淹没，这就是调频接收（解调）时的门限效应。在调频系统的设计中，应设法降低门限值，考虑调频信号传输的距离和信道传输衰减的情况，应使调频收发信机的设计满足在正常传输条件下鉴频器输入信噪比在门限值以上，以实现调频时在抗噪声方面的优越性，获得较高的解调输出信噪比。

静噪的方式和电路很多，常用的方式是用静噪电路去控制鉴频器之后的低频放大器。在需要静噪时，利用鉴频器输出噪声大的特点，通过静噪电路使低频放大器停止工作，便可达到静噪的目的。在有信号时，只要满足一定的信号强度，噪声就小，低频放大器正常工作，解调后的信号可以通过低放输出。静噪电路与鉴频器的连接方式有两种，一种是接在鉴频器的输入端，另一种是接在鉴频器的输出端。两种静噪电路的接入方式如图 7.3.2 所示。

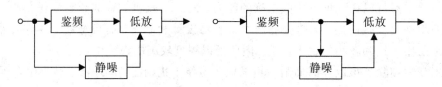

图 7.3.2　静噪电路接入方式

7.3.4　软件无线电通信与系统结构

　　随着无线电通信的集成化、小型化、数字化、智能化和网络化，无线电通信已开始从模拟型转向数字型，而且正在向软件型方向发展。与之相对应通信机的系统结构也将随之发生重大的变化。例如，传统的接收机结构都是超外差式的，也就是将射频已调信号通过变频(一次变频或二次变频)变换到易于处理的中频上，然后对这一中频已调信号进行放大、滤波与解调等处理，解出包含信息的基带信号。近年来，由于数字信号处理(DSP)技术、多层贴片(MCM)技术和专用集成电路(ASIC)等技术的高速发展，使新一代接收机发展成数字中频式接收机和直接数字变频式接收机。数字中频接收机的结构仍是超外差型，而仅仅是用模拟变频方法把射频已调信号变换到易于采用 DSP 的中频上，然后再用 A/D 变换和 DSP 技术对这一中频已调信号进行提取和解调。而直接数字变频接收机已经接近软件无线电接收机了，它是利用现有的 A/D 技术和 DSP 技术，采用分阶段实现软件化的通信机结构，如图 7.3.3 所示。显然，直接数字变频通信机的结构与数字中频式接收机的结构是类似的。因为现有的 ADC 和 DAC 不可能直接从 RF 进行采样处理，所以还必须保留超外差型的模拟变频电路。它们之间的差别仅仅是 ADC 和 DAC 更接近 RF，直接数字变频式处理的 IF 已调信号在 70 MHz 以上，而且采用正交变频直接产生 I/Q 中频信号送入 ADC、DAC 进行数字处理，目前的移动通信系统(包括基站和移动手机)都类似于这种直接数字变频式通信系统结构。

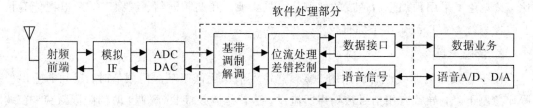

图 7.3.3　直接数字变频通信机系统结构框图

　　软件无线电是指由软件来确定和完成无线电通信机的功能，使得多频段、多模式、多信道、多速率、多协议等的多功能通信成为可能。它的重要特点是射频直接数字化，采用高速 DSP 和 FPGA 取代传统的专用芯片 ASIC 进行从射频到基带部分的软件化数字信号处理。因此，软件无线电通信机是通信与计算机的有机结合，其结构也必然是处理通信信号的计算机系统结构，如图 7.3.4 所示，其中 μP 控制表示计算机控制。由图中可知，软件无线电系统的结构是由信道处理模块、控制管理模块和软件工具模块等三部分组成的。其中信道处理模块实际上是一个无线电收发信机，包括 RF、IF、基带处理、信源编解码和 A/D、D/A 等部分，而 A/D、D/A 应尽可能地靠近天线端，理想的 A/D、D/A 要求直接与天线相连。

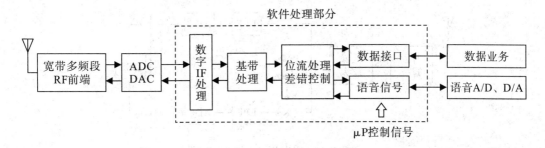

图 7.3.4　软件无线电通信的典型系统结构框图

软件无线电已成为目前商用和民用通信研究和开发的新热点，要实现软件无线电通信目前还有很多关键技术有待解决。

第一个关键技术是宽带多频段天线和射频前端技术。目前还不能研制出 2 MHz ～ 2 GHz 的全频段天线，只能采用多频段组合式天线方案，即把 2 MHz ～ 2 GHz 的频段分为 3 段：2 ～ 30 MHz，30 ～ 500 MHz，500 MHz ～ 2 GHz。而低噪声前置放大器可放大 2 MHz ～ 2 GHz 的射频信号。

第二个关键技术是模拟信号的数字化技术。将模拟信号数字化的器件是 ADC，即 A/D 转换器件。对 ADC 器件的主要要求是采样速率、分辨率和输入信号的动态范围，现有的 ADC 器件还不能同时满足上述三者要求。根据 Nyquist 定理，ADC 的采样速率 $\omega_s > 2\omega_a$ (ω_a 是被采样信号的最高角频率) 时，采样后可真实地保留原模拟信号的信息。但在实践中，由于 ADC 器件的非线性失真、量化噪声以及接收机噪声等因素的影响，故一般选择 $\omega_s > 2.5\omega_a$。显然，目前 ADC 器件的关键技术还在于如何提高采样速率的问题。

第三个关键技术是 DSP 器件的高速处理速度问题。目前 TI 公司的 DSP 产品 TMS320C6000 系列产品的时钟频率可以达到 1.1 GHz，理想软件无线电是用 DSP 完成 ADC 之后的数字信号处理过程，而上述 DSP 芯片仍然无法完全胜任这一工作。

软件无线电的最后一个关键技术是软件算法问题。软件无线电通信机的功能是由软件重构的，即由软件决定软件无线电通信机的功能，而软件又渗透于物理层在内的各层协议栈中。要以软件实现信道 (信源) 编码、调制解调以及某些数字信号处理，这就是软件无线电软件算法需要重点研究的问题。

7.3.5　零中频接收机

为清除片外外接元件，就促使了零中频接收机体系结构的出现，图 7.3.5 为该接收机的结构框图。这是一个用于直接序列扩频系统的直接变频接收机，从结构框图上看，零中频接收机比超外差接收机少了镜频抑制滤波器、混频器、本振、中频滤波器和中频放大器等 5 个模块。它仅包括射频滤波器、低噪声前置放大器、本振锁相环 PLL、下变频器 M 和片上滤波器 LPF 等，两只 ADC 输出分别为 I/Q 信号。

本振 PLL 频率 (ω_{L2}) 等于频射，下变频器 M (乘法器) 将全部射频频谱下变频到 DC，片内高滚降 (高阶) LPF 实现频道选择。由于只有一个本振用于下边频，所以减少了混频处理。显然，这种体系结构的片外元件大大减少了，具有很好的集成性。

因为采用零中频方案，镜频干扰信号的功率电平将等于或者小于接收信号电平。所

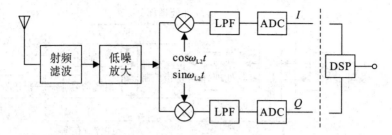

图 7.3.5　零中频接收机结构框图

以，该体系结构仅要求较低的镜频抑制能力，而且镜像干扰抑制滤波器可以集成在片内，这就减少了外接器件。零中频方案存在的问题是直流偏移和混频的高线性问题，即由于在下边频之前没有设置滤波器，为了减少失真（特别是互调失真）和干扰，就要求混频器具有高线性，这也给混频器的设计和集成增加了一定的难度。

7.3.6　整机实际线路举例

为了了解信号的流程，初步建立通信设备的整体概念，下面对超外差调幅接收机的整机线路进行分析。图 7.3.6 所示为 ULN2204 组成的 AM/FM 单片收音机电路图。

在图 7.3.6 中，当波段开关 SW_{1a} 和 SW_{1b} 拨到 AM 端时，调幅收音机接收调幅电台信号，此时电路主要由以下几部分组成。

1. 输入信号回路

由天线线圈 L_7 与两个可变电容组成调谐回路，起选择电台的作用。选择到的调幅信号由 ULN2204 的 6、7 脚送入片内的混频器，C_{24} 是高频旁路电容。

2. 本振电路

ULN2204 的 5、13 脚外接 LC 调谐回路（由本振变压器初级线圈、C_{27} 和两个可变电容组成）构成差分对正弦波振荡器。外接变压器 AT2 的初级回路中有一电容与调幅信号输入回路中的一个电容是双连可调的，使本振频率与输入信号载频正好相差一个中频（465 kHz）。振荡电压约 150 mV。

3. 混频电路

从片外调谐回路馈入的调幅信号由 6、7 脚输入，片内实现乘积混频，乘法器输出端 4、13 脚外接 LC 中频调谐回路，选取中频信号后又经 2、1 脚送回片内的中频放大器。AT1 是中频变压器。

4. 中放电路

调幅接收时，中放输入端 AT1 与输出端 AT3 的选频回路均调谐在 465 kHz 上；而在调频接收时，中放输入端 FT2 与输出端 FT3 的选频回路均调谐在 10.7 MHz 上。虽然 AT1 的次级与 FT2 的次级串联，AT3 与 FT3 串联，但在任何一种接收情况下，总有两个回路是失谐的，可视为短路。另外，调幅接收时，因工作频率低（小于 1.65 MHz），故 L_5 视为短路，C_{15} 视为开路；调频接收时，因工作频率高（大于 88 MHz），故 L_5 和 C_{15} 作为鉴频器中的移相电路元件。片内的中放电路是调幅接收和调频接收共用的。片内存在 AGC 电路，当输入

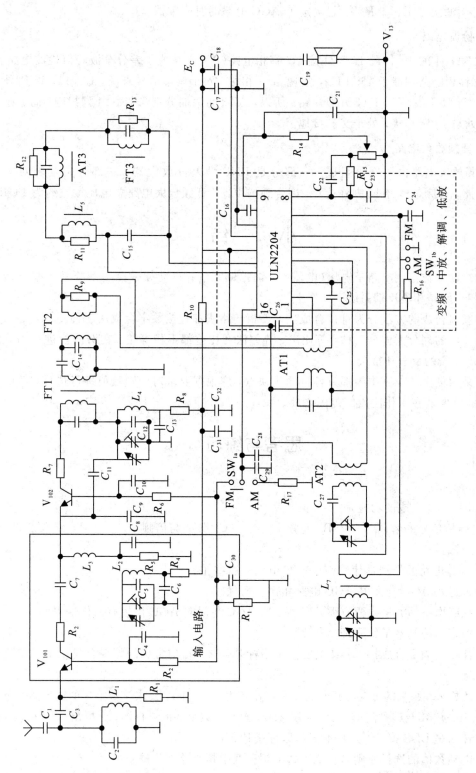

图7.3.6 ULN2204组成的AM/FM单片收音机电路图

信号较强时，检波器输出平均电压升高，从 8 脚取得的 AGC 电压升高。16 脚外接电容 C_{28}、C_{29} 起音频滤波作用，和 R_{17} 一起确定了 AGC 电路的时间常数。

5. 检波电路

ULN2204 的 13、14、15 脚外接 LC 移相电路（AT3）组成了差分全波峰值检波电路。

LC 移相电路调谐于 465 kHz，实现 180° 相移。对于调幅信号来说，13、14、15 脚外接电容 C_{15} 近似开路，L_5、FT3 近似短路。所以，AT3 的两端分别与 15、14 脚相连，而电感中点抽头处与 13 脚相接，处于交流接地。

6. 音频放大电路

音频放大电路由两部分组成。一部分是 PNP 型差分放大器，一部分是互补对称的 OTL 电路，音频信号经 12 脚外接 C_{19} 耦合到扬声器，音频放大电路总电压增益约为 43 dB。

小　　　结

1. 自动增益控制电路是电压（电流）反馈控制系统；自动频率控制系统是频率反馈系统；锁相环路是相位反馈系统。

2. 频率合成的方法分为直接合成法、锁相环路法和直接数字合成法三种。

3. 波段的划分大体分三种：等比法、等差法和比差都不相等法。在对波段进行划分时还要考虑波段的覆盖和富余。

4. 采用低中频或高中频都有各自的优缺点，应根据要求对中频数值进行选择，但中频的数值一定要选在工作波段的范围之外。

思考与练习

一、选择题

锁相环不能完成的功能是（　　　）。

A. 调角信号的解调　　　　B. 混频　　　　C. 分频与倍频　　　　D. 振幅检波

二、综合题

1. AGC 电路的作用是什么？对 AGC 电路有哪些主要要求？

2. 延迟式 AGC 与简单 AGC 电路相比有何优点？

3. 控制增益的方法主要有哪几种？正向 AGC 与反向 AGC 比较有何优缺点？

4. 锁相环的基本工作原理是什么？

5. 什么叫频率合成技术？其主要技术指标是什么？目前常用的频率合成技术有哪几种主要类型？

6. 某数字环采用的可变分频器的最高工作频率为 5 MHz，要求该数字环的输出频率范围为 $10 \sim 19.99$ MHz，频率间隔 $\Delta F = 10$ kHz，画出该数字环的方框图，并标出 f_R、N 的数值。

7. 什么是 DDS 技术？其基本工作原理是什么？

8. 中频数值的选择原则是什么？高中频和低中频有什么优缺点？

9. 某接收机的工作频率为 $2 \sim 12$ MHz，若要求分波段数为 3，试用等比法划分波段。

附录一　　余弦脉冲分解系数表

θ	$\cos\theta$	α_0	α_1	α_2	g_1	θ	$\cos\theta$	α_0	α_1	α_2	g_1
0	1	0	0	0	2	27	0.891	0.100	0.195	0.182	1.95
1	1	0.004	0.007	0.007	2	28	0.883	0.104	0.202	0.188	1.94
2	0.999	0.007	0.015	0.015	2	29	0.875	0.107	0.209	0.193	1.94
3	0.999	0.011	0.022	0.022	2	30	0.866	0.111	0.215	0.198	1.94
4	0.998	0.014	0.030	0.030	2	31	0.857	0.115	0.222	0.203	1.93
5	0.996	0.018	0.037	0.037	2	32	0.848	0.118	0.229	0.208	1.93
6	0.994	0.022	0.044	0.044	2	33	0.839	0.122	0.235	0.213	1.93
7	0.993	0.025	0.052	0.052	2	34	0.829	0.125	0.241	0.217	1.93
8	0.990	0.029	0.059	0.059	2	35	0.819	0.129	0.248	0.221	1.92
9	0.988	0.032	0.066	0.066	2	36	0.809	0.133	0.255	0.226	1.92
10	0.985	0.036	0.073	0.073	2	37	0.799	0.136	0.261	0.230	1.92
11	0.982	0.040	0.080	0.080	2	38	0.788	0.140	0.268	0.234	1.91
12	0.978	0.044	0.088	0.087	2	39	0.777	0.143	0.274	0.237	1.91
13	0.974	0.047	0.095	0.094	2	40	0.765	0.147	0.280	0.241	1.90
14	0.970	0.051	0.102	0.101	2	41	0.755	0.151	0.286	0.244	1.90
15	0.966	0.055	0.110	0.108	2	42	0.743	0.154	0.292	0.248	1.90
16	0.961	0.059	0.117	0.115	1.98	43	0.731	0.158	0.298	0.251	1.89
17	0.956	0.063	0.124	0.121	1.98	44	0.719	0.162	0.304	0.263	1.88
18	0.951	0.066	0.141	0.128	1.98	45	0.707	0.165	0.311	0.256	1.88
19	0.945	0.070	0.138	0.134	1.97	46	0.695	0.169	0.316	0.259	1.87
20	0.940	0.074	0.146	0.141	1.97	47	0.682	0.172	0.322	0.261	1.87
21	0.934	0.078	0.153	0.147	1.97	48	0.669	0.178	0.327	0.263	1.83
22	0.927	0.082	0.160	0.153	1.97	49	0.656	0.179	0.333	0.265	1.85
23	0.920	0.085	0.167	0.159	1.97	50	0.643	0.183	0.339	0.267	1.85
24	0.914	0.089	0.174	0.165	1.96	51	0.629	0.187	0.344	0.269	1.84
25	0.906	0.093	0.181	0.171	1.95	52	0.616	0.190	0.350	0.270	1.84
26	0.899	0.097	0.188	0.177	1.98	53	0.602	0.194	0.355	0.271	1.83

θ	$\cos\theta$	α_0	α_1	α_2	g_1	θ	$\cos\theta$	α_0	α_1	α_2	g_1
54	0.588	0.197	0.360	0.272	1.82	86	0.070	0.308	0.492	0.223	1.61
55	0.574	0.201	0.366	0.273	1.82	87	0.052	0.308	0.493	0.223	1.60
56	0.559	0.204	0.371	0.274	1.81	88	0.035	0.312	0.496	0.219	1.59
57	0.545	0.208	0.376	0.275	1.81	89	0.017	0.315	0.498	0.216	1.58
58	0.530	0.211	0.381	0.275	1.81	90	0.000	0.319	0.500	0.212	1.57
59	0.515	0.215	0.386	0.275	1.80	91	-0.017	0.322	0.502	0.208	1.56
60	0.500	0.218	0.391	0.276	1.80	92	-0.035	0.325	0.504	0.206	1.55
61	0.485	0.222	0.396	0.276	1.78	93	-0.052	0.328	0.506	0.201	1.54
62	0.469	0.225	0.400	0.275	1.78	94	-0.070	0.331	0.508	0.197	1.53
63	0.454	0.229	0.405	0.275	1.77	95	0.087	0.334	0.510	0.192	1.53
64	0.438	0.232	0.410	0.274	1.77	96	-0.105	0.337	0.512	0.189	1.52
65	0.423	0.236	0.414	0.274	1.76	97	-0.122	0.340	0.514	0.185	1.51
66	0.407	0.239	0.419	0.273	1.75	98	-0.139	0.343	0.516	0.181	1.50
67	0.391	0.243	0.423	0.272	1.74	99	-0.156	0.347	0.518	0.177	1.49
68	0.375	0.246	0.427	0.270	1.74	100	-0.174	0.350	0.520	0.172	1.49
69	0.358	0.249	0.432	0.269	1.74	101	-0.191	0.353	0.521	0.168	1.48
70	0.342	0.253	0.436	0.267	1.73	102	-0.208	0.355	0.522	0.164	1.47
71	0.326	0.256	0.440	0.256	1.72	103	-0.225	0.358	0.524	0.160	1.46
72	0.309	0.259	0.444	0.264	1.71	104	-0.242	0.361	0.525	0.156	1.45
73	0.292	0.263	0.448	0.262	1.70	105	-0.259	0.364	0.526	0.152	1.45
74	0.276	0.266	0.452	0.260	1.70	106	-0.276	0.366	0.527	0.147	1.44
75	0.259	0.269	0.455	0.258	1.69	107	-0.292	0.369	0.528	0.143	1.43
76	0.242	0.273	0.459	0.256	1.68	108	-0.309	0.373	0.529	0.139	1.42
77	0.225	0.276	0.463	0.253	1.68	109	-0.326	0.376	0.530	0.135	1.41
78	0.208	0.279	0.466	0.251	1.67	110	-0.342	0.379	0.531	0.131	1.40
79	0.191	0.283	0.469	0.248	1.66	111	-0.358	0.382	0.532	0.127	1.39
80	0.174	0.286	0.472	0.245	1.65	112	-0.375	0.384	0.532	0.123	1.39
81	0.156	0.289	0.475	0.242	1.64	113	-0.391	0.387	0.533	0.119	1.38
82	0.139	0.293	0.478	0.239	1.63	114	-0.407	0.390	0.531	0.115	1.37
83	0.122	0.296	0.481	0.236	1.62	115	-0.423	0.392	0.534	0.111	1.36
84	0.105	0.299	0.484	0.233	1.61	116	-0.438	0.395	0.534	0.107	1.35
85	0.087	0.302	0.487	0.230	1.61	117	-0.454	0.398	0.535	0.103	1.34

续表二

θ	$\cos\theta$	α_0	α_1	α_2	g_1	θ	$\cos\theta$	α_0	α_1	α_2	g_1
118	-0.469	0.401	0.536	0.099	1.33	150	-0.866	0.472	0.520	0.014	1.10
119	-0.485	0.404	0.536	0.096	1.33	151	-0.875	0.474	0.519	0.013	1.09
120	-0.500	0.406	0.536	0.092	1.32	152	-0.883	0.475	0.517	0.012	1.09
121	-0.515	0.408	0.536	0.088	1.31	153	-0.894	0.477	0.517	0.010	1.08
122	-0.530	0.411	0.536	0.084	1.30	154	-0.899	0.479	0.516	0.009	1.08
123	-0.545	0.413	0.536	0.081	1.30	155	-0.906	0.480	0.515	0.008	1.07
124	-0.559	0.416	0.536	0.078	1.29	156	-0.914	0.481	0.514	0.007	1.07
125	-0.574	0.419	0.536	0.074	1.28	157	-0.920	0.483	0.513	0.007	1.07
126	-0.588	0.422	0.536	0.071	1.27	158	-0.927	0.485	0.512	0.006	1.06
127	-0.602	0.424	0.535	0.068	1.26	159	-0.934	0.486	0.511	0.005	1.05
128	-0.616	0.428	0.535	0.061	1.25	160	-0.940	0.487	0.510	0.004	1.05
129	-0.629	0.428	0.535	0.061	1.25	161	0.946	0.488	0.509	0.004	1.04
130	-0.643	0.431	0.534	0.058	1.24	162	-0.951	0.489	0.509	0.003	1.04
131	-0.656	0.433	0.534	0.055	1.23	163	-0.956	0.490	0.508	0.003	1.04
132	-0.669	0.436	0.533	0.052	1.22	164	-0.961	0.491	0.507	0.002	1.03
133	-0.682	0.438	0.533	0.049	1.22	165	-0.966	0.492	0.506	0.002	1.03
134	-0.695	0.440	0.532	0.047	1.21	166	-0.970	0.493	0.506	0.002	1.03
135	-0.707	0.443	0.532	0.044	1.20	167	-0.974	0.494	0.505	0.001	1.02
136	-0.719	0.445	0.531	0.041	1.19	168	-0.978	0.495	0.504	0.001	1.02
137	-0.731	0.447	0.530	0.039	1.19	169	-0.982	0.469	0.503	0.001	1.02
138	-0.743	0.449	0.530	0.037	1.18	170	-0.985	0.496	0.502	0.001	1.01
139	-0.755	0.451	0.529	0.034	1.17	171	-0.988	0.497	0.502	0.000	1.01
140	-0.766	0.453	0.528	0.032	1.17	172	-0.990	0.498	0.501	0.000	1.01
141	-0.777	0.456	0.527	0.030	1.16	173	-0.993	0.498	0.501	0.000	1.01
142	-0.788	0.457	0.527	0.030	1.16	174	-0.994	0.499	0.501	0.000	1.00
143	-0.799	0.459	0.526	0.025	1.15	175	-0.996	0.499	0.500	0.000	1.00
144	-0.809	0.461	0.526	0.024	1.14	176	-0.998	0.499	0.500	0.000	1.00
145	-0.819	0.463	0.525	0.022	1.13	177	-0.999	0.500	0.500	0.000	1.00
146	-0.829	0.465	0.524	0.020	1.13	178	-0.999	0.500	0.500	0.000	1.00
147	-0.839	0.467	0.523	0.019	1.12	179	-1.000	0.500	0.500	0.000	1.00
148	-0.848	0.468	0.522	0.017	1.12	180	-1.000	0.500	0.500	0.000	1.00
149	-0.857	0.470	0.521	0.015	1.11						

附录二 OrCAD PSpice 仿真软件介绍

2.1 概 述

PSpice 是一种通用模拟混合模式电路仿真器，能够分析、设计和模拟一般条件下的各种电路特性，这对于集成电路特别重要。1975 年 SPICE 最初在加州大学伯克利分校被开发出来，正如同它的名字所暗示的那样：

Simulation Program for Integrated Circuits Emphasis.

PSpice 是一个 PC 版的 SPICE(Personal-SPICE)，可以从属于 Cadence 设计系统公司 OrCAD 公司获得。它主要包括 Schematics、PSpice、Probe、Stmed(Stimulus Editor)、Parts、PSpice Optimizer 六大模块，具有强大的电路图绘制、模拟仿真以及图形后处理功能，可用于做各种电路实验和测试，以便修改与优化设计。SPICE 可以进行各种类型的电路分析，最重要的有以下几个方面：

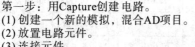
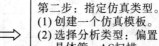
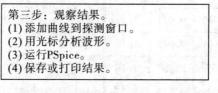

附图 2.1 用 PSpice 仿真电路的步骤

(1) 非线性直流分析：计算直流传递曲线。

(2) 非线性瞬态和傅里叶分析：在大信号时计算作为时间函数的电压和电流；傅里叶分析给出频谱。

(3) 线性交流分析：计算作为频率函数的输出，并产生波特图。

(4) 噪声分析。

(5) 参量分析。

(6) 蒙特卡罗分析。

另外，PSpice 有标准元件的模拟和数字电路库(如 NAND、NOR、触发器、多选器、FPGA、PLD 和许多数字元件)，这使得它成为一种广泛用于模拟和数字应用的有用工具。

附图 2.1 概要说明了有关用 OrCAD PSpice 仿真一个电路的步骤。下面将通过一例子简要地描述这些步骤。

2.2　使用 PSpice 仿真电路的步骤

2.2.1　在 Capture 中创建电路

1. 创建新项目

（1）打开 OrCAD Capture CIS Lite Edition。

（2）选择 File → New → Project 菜单命令创建一个新项目。

（3）输入项目的名字，例如 ce。项目文件的扩展名为 .opj，双击项目文件可以打开项目。

（4）选择 Analog or Mixed-AD 模拟或混合 -AD。

（5）在 Location 框中输入项目路径，点击 OK 按钮。

（6）打开 Create PSpice Project 对话框，选择"Create Blank Project"，一个新的页面将在 Project Design Manager 中打开，如附图 2.2 所示。

附图 2.2　Create Blank Project 窗口

2. 放置元件并连接它们

（1）在 Capture 中点击原理图窗口。

（2）选择 Place → Part 菜单命令放置元件或点击 Place Part 图标，如附图 2.3 所示。

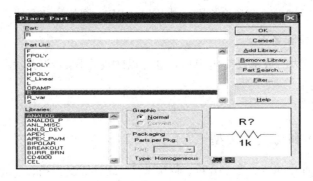

附图 2.3　放置元件窗口 Place Part

（3）选择包含所需元件的库（Library）。常用的库有下面几个：

· Analog：包含信号源 Source，给出不同类型的独立电压和电流源，如 Vdc（直流电压）、Idc（直流电流）、Vac（交流电压）、Iac（交流电流）、Vsin（正弦电压）、Vexp（指数电压）、脉冲、分段线性等。先浏览一下库，看哪些元件可用。

· Eval：提供二极管（D…）、双极型晶体管（Q…）、MOS 晶体管、结型场效应晶体管（J…）、真实运算放大器（如 u741）、开关（SW_tClose，SW_tOpen）、各种数字门和元件。

· Abm：包含一个可以应用于信号的数学运算符选择，如乘法（MULT）、求和（SUM）、平方根（SWRT）、拉普拉斯（LAPLACE）、反正切（ARCTAN）等。

· Special：包含多种其他元件，如参数、节点组等。

· 元件（R、L、C），互感器，传输线，以及电压和电流控制的非独立源（电压控制的电压源 E、电流控制的电流源 F、电压控制的电流源 G 和电流控制的电压源 H）。

（4）从库中选择电阻、电容和直流电压以及电流源（见附图 2.3）。可以用鼠标左键放置元件，用鼠标右键点击旋转元件。如果要放置相同元件的另一个实例，可以再次点击鼠标左键。对某个元件完成特定的操作后按 Esc 键，或右击并选择 End Mode。可以给电容器添加初始化条件；双击该元件将打开看起来像电子表格的 Property 属性窗口，在 IC 列的下面输入初始化条件的值。

（5）在放置好所有的元件后，需要点击 GND 图标放置 Ground 地端子（在右边的工具栏中，见附图 2.4。原因是 PSpice 需要一个地端子作为参考节点，其名字或节点号必须是 0，如附图 2.4 所示。

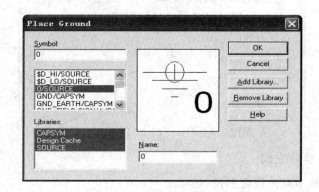

附图 2.4　放置地端子对话框

（6）选择 Place → Wire 菜单命令或点击 Place Wire 图标连接元件。

3. 为元件指定值和名字

（1）双击电阻旁边的数字改变电阻值，也可以改变电阻的名字。对于电容、电压和电流源的操作是一样的。

（2）保存项目。

2.2.2　指定分析和仿真的类型

PSpice 允许做直流偏置、交流分析、蒙特卡罗/最差情况扫描、参量扫描和温度扫描。

（1）打开原理图，在 PSpice 菜单中选择 New Simulation Profile。

（2）在文本框 Name 中输入一个描述性的名字，如 Bias。

（3）从 Inherit From 列表中选择 none 并点击 Create。

（4）当 Simulation Setting 仿真设置窗口打开时，对于 Analyis Type 分析类型，选择 BiasPoint 偏置点并点击 OK 按钮。

（5）选择 PSpice → Run 菜单命令运行仿真。

（6）通过打开的状态窗口可知是否仿真成功，如果有错，可查看仿真输出文件或 Session Log 窗口（该窗口不能关闭）。

（7）为了看到直流偏置点的仿真结果，可以打开仿真输出文件或返回原理图并点击 V 图标（偏置电压显示）和 I 图标（偏置电流显示）显示电压和电流，显示仿真结果。

2.2.3　瞬态分析（时域分析）

瞬态分析（时域分析）的操作步骤如下：

（1）设置瞬态分析：选择 PSpice → New Simulation Profile 菜单命令，命名为 ce。

（2）当仿真设置窗口打开时，选择 Time Domain（Transient）时域瞬态分析，输入运行时间。对于 Maximum Step 最大步长的大小，可以让它空着或输入 $1~\mu s$，如果空着则波形不光滑，该值越小波形越光滑。

（3）运行 PSpice，将打开一个探针窗口。

（4）添加踪迹以显示结果，可在探针窗口中用 Plot → Add Plot to Window 命令添加一个图表。

2.2.4　交流扫描分析（频域分析）

交流分析将使用一个正弦电压，其频率在一个指定的范围内扫描。仿真计算频率所对应的电压和电流的幅度以及相位。当输入幅度被设置为 1 V 时，输出电压基本上是传递函数。对比正弦瞬态分析，交流分析不是时域仿真而是电路的正弦稳态仿真。当电路包含像二极管和晶体管这样的非线性元件时，这些元件将用它们的小信号模型代替，小信号模型的参数值根据相应的偏置点计算。

（1）创建一个新的项目并构造电路。

（2）从 Sources 库选择 VAC 作为电压源。

（3）设置输入源的振幅为 1 V。

（4）创建仿真配置文件，命名为 AC Sweep。在 Simulation Settings 仿真设置窗口中，选择 AC Sweep/Noise。

（5）输入开始和结束频率以及十进制刻度的点数。

（6）运行仿真。

（7）在探针窗口中为输入电压添加踪迹。除了显示输出电压的大小，可添加第二个窗口以显示相位。在 Add Trace 添加踪迹窗口中，电压可以用指定 Vdb(out) 的方法以 dB 显示（在 Trace Expression 框中直接输入 VDB(OUT)。对于相位输入 VP(OUT)）。

（8）另一个以 dB 为单位显示电压和相位的可选方法是在原理图上使用标记：选择 PSpice → Markers → Advanced → dBMagnitude of Voltage 和 Phase of Voltage 菜单命令，在感兴趣的节点上放置标记。

2.2.5　共射放大电路仿真实例

共射（CE）放大电路图如附图 2.5 所示，直流分析如附图 2.6 所示，输入/输出波形如附图 2.7 所示。由仿真电路及输入/输出电压波形，可得静态工作点及电压放大倍数，和理论计算进行比较，几乎一致。

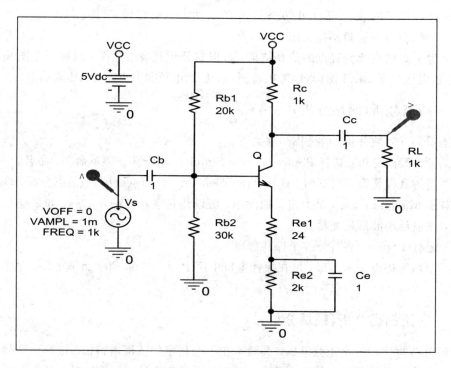

附图 2.5 共射放大电路图

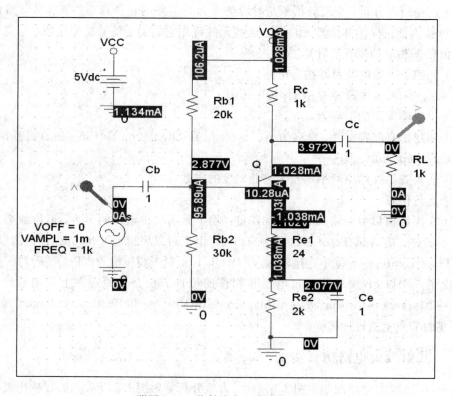

附图 2.6 共射放大电路直流分析

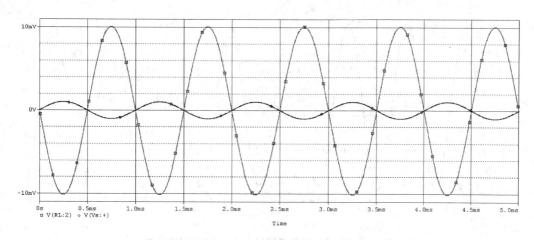

附图 2.7　共射放大电路输入/输出波形

2.3　部分通信电路仿真

2.3.1　高频小信号调谐放大器

在 OrCAD PSpice 电子电路仿真软件中搭建高频小信号谐振放大器电路，电路如附图 2.8 所示。通过探针可观察其输入/输出波形，如附图 2.9 所示。

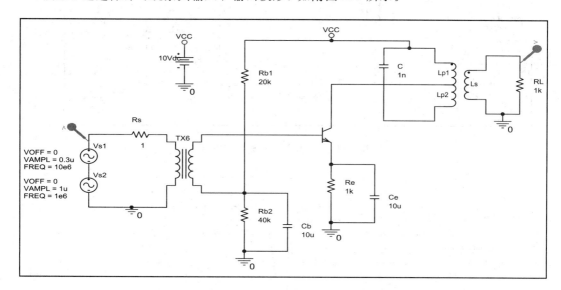

附图 2.8　高频小信号谐振放大器电路

从附图 2.8 中，可以看到输入的 1 MHz 信号被放大，而 10 MHz 信号被滤除，体现放大和滤波的效果。

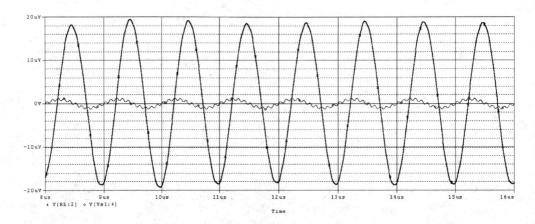

附图 2.9 高频小信号谐振放大器输入/输出电压波形

2.3.2 高频功率放大器

高频功率放大器电路如附图 2.10 所示，集电极电流波形如附图 2.11 所示，输出电压波形如附图 2.12 所示。

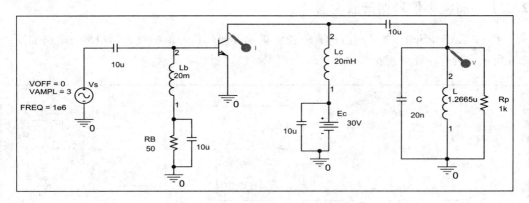

附图 2.10 高频功率放大器电路

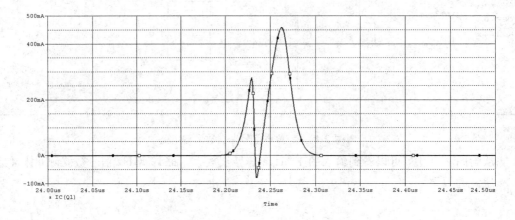

附图 2.11 高频功率放大器集电极电流波形

由附图 2.12 可看出输出电压 E_c 接近 30 V，输出功率为 450 mV。

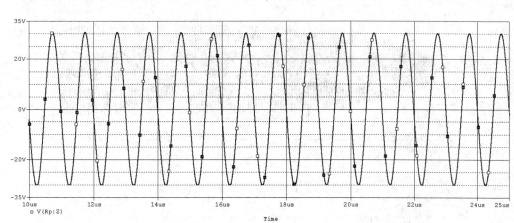

附图 2.12　高频功率放大器输出电压波形

2.3.3　正弦波振荡器

正弦波振荡器(Seiler)电路如附图 2.13 所示，振荡频率 $f_o = \dfrac{1}{2\pi\ \sqrt{L(C_3 + C_4)}}$，输出

电压波形如附图 2.14 所示，输出电压频谱如附图 2.15 所示，等于设计的频率。

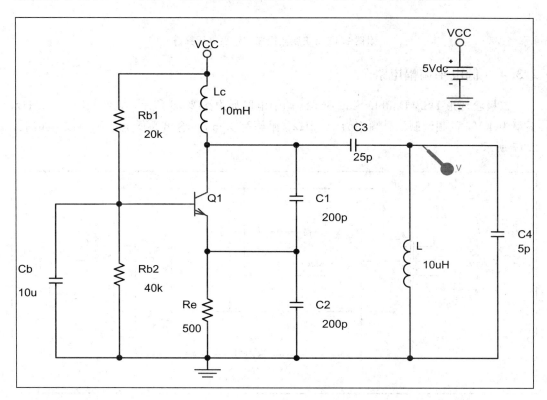

附图 2.13　正弦波振荡器电路

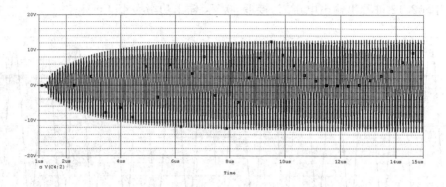

附图 2.14　正弦波振荡器输出电压波形

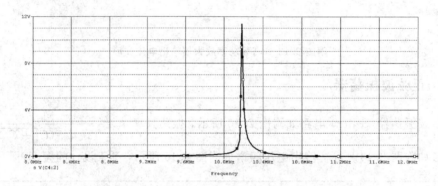

附图 2.15　正弦波振荡器输出电压频谱

2.3.4　低电平调幅电路

二极管环形 DSB(Double Side Band) 调幅电路如附图 2.16 所示，载波频率为 1 MHz，振幅为 4 V，低频调制信号频率为 10 kHz，振幅为 1 mV，输出为低电平调幅波，如附图 2.17 所示。

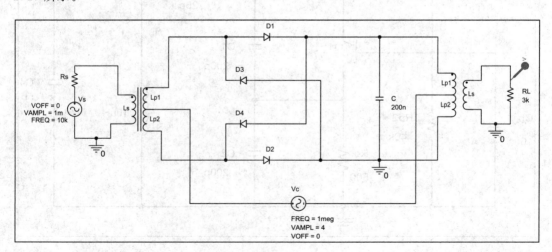

附图 2.16　二极管环形调幅电路

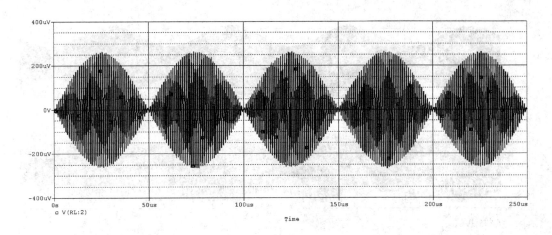

附图 2.17　二极管环形调幅电路输出的 DSB 调幅波

2.3.5　FET 混频电路

　　FET 混频电路如附图 2.18 所示，输入高频已调波为 AM 波，中心频率 $f_s = 2$ MHz，边频为 4 kHz，本振频率 $f_L = 2.465$ MHz，混频后的中频 $f_I = 465$ kHz，输入的 AM 波及中频输出波如附图 2.19 所示。

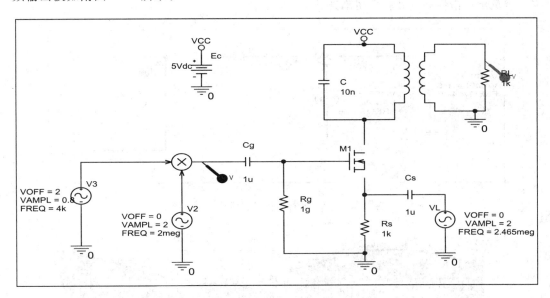

附图 2.18　FET 混频电路

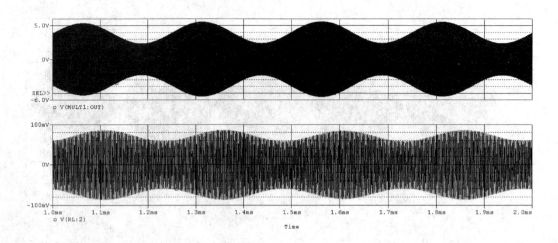

附图 2.19　FET 混频电路 AM 输入波及中频输出波

2.3.6　二极管大信号包络检波器

二极管大信号包络检波器电路如附图 2.20 所示，输入为 AM 波，中心频率 $f_s =$ 1 MHz，边频为 4 kHz，输出为音频信号，如附图 2.21 所示。需要正确设置电容和电阻参数，避免出现惰性失真和底部切割失真。

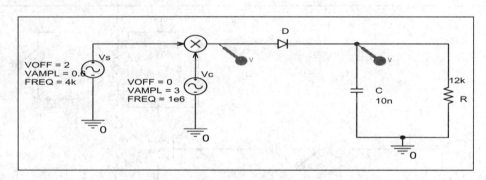

附图 2.20　二极管大信号包络检波器电路

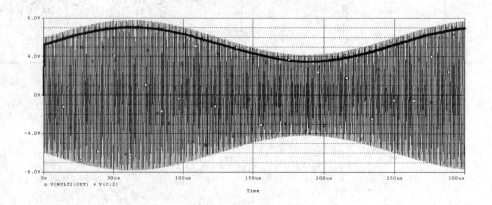

附图 2.21　二极管放大信号包络检波器 AM 输入波及音频输出波

2.3.7　调频波及鉴频电路

鉴频电路如附图 2.22 所示，调频信号直接由信号发生器产生，振幅为 3 V，调制信号的频率为 3 kHz，载波频率为 100 kHz，调频指数为 30。调频信号通过微分电路，经包络检波，输出调制信号。其音频输出波和调频 FM 波如附图 2.23 所示，附图 2.24 为其调频 FM 频谱图。

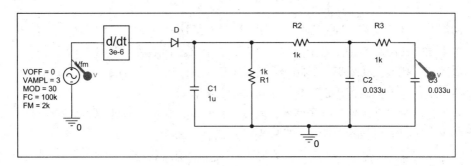

附图 2.22　鉴频电路

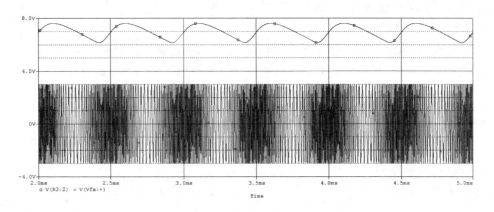

附图 2.23　鉴频电路音频输出波和调频 FM 波

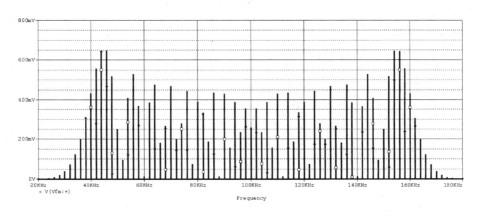

附图 2.24　鉴频电路调频 FM 频谱图

参考文献

[1]　谢嘉奎. 电子线路. 4 版. 北京：高等教育出版社，1999

[2]　李棠之，杜国新. 通信电子线路. 北京：电子工业出版社，2001

[3]　俞家琦. 高频电子线路. 3 版. 西安：西安电子科技大学出版社，1995

[4]　高卫斌. 电子线路. 北京：电子工业出版社，2001

[5]　申功迈，钮文良. 高频电子线路. 西安：西安电子科技大学出版社，2003

[6]　刘骋. 高频电子技术. 重庆：重庆大学出版社，2000

[7]　王锦洪，等. 通信电路. 南京：南京通信工程学院出版社，1988

[8]　清华大学通信教研室. 高频电路. 北京：人民邮电出版社，1999

[9]　谭中华. 模拟电子线路. 北京：电子工业出版社，2004

[10]　于洪珍. 通信电子线路. 北京：清华大学出版社，2005

[11]　谢沅清，邓钢. 通信电子线路. 北京：电子工业出版社，2005

[12]　高如云，等. 通信电子线路. 2 版. 西安：西安电子科技大学出版社，2006

[13]　曾兴雯，等. 通信电子线路. 北京：科学出版社，2006

[14]　王卫东，等. 高频电子电路. 北京：电子工业出版社，2014

[15]　栗欣，等. 软件无线电原理与技术. 西安：西安电子科技大学出版社，2008